战略性新兴领域"十四五"高等教育系列教材

新能源材料概论

主　编　汤玉斐

副主编　李福平

参　编　刘照伟　孟庆男　于晓婧

主　审　赵　康

机械工业出版社

本书绪论部分概述了新能源技术及材料，第 1~5 章从原理和微观机制、材料成分、组织结构与性能的关系等方面分别具体介绍了光电转换新能源材料、热电转换新能源材料、化学-电能转换新能源材料、力电转换新能源材料、储能材料等，第 6 章对这些新能源材料应用过程中涉及的辅助及防护材料等进行了介绍。全书不仅涵盖了主要的新能源材料，也包括能源防护材料领域的知识，并加入了最新的研究进展与成果。

本书可作为普通高等院校材料类专业新能源材料相关专业课的教材或参考书，也可供新能源材料领域的研究人员和工程技术人员参考。

图书在版编目（CIP）数据

新能源材料概论/汤玉斐主编. —北京：机械工业出版社，2024.8
战略性新兴领域"十四五"高等教育系列教材
ISBN 978-7-111-72369-1

Ⅰ.①新… Ⅱ.①汤… Ⅲ.①新能源-材料技术-高等学校-教材
Ⅳ.①TK01

中国国家版本馆 CIP 数据核字（2023）第 030649 号

机械工业出版社（北京市百万庄大街 22 号 邮政编码 100037）
策划编辑：赵亚敏　　　　　　　责任编辑：赵亚敏
责任校对：贾海霞　张　薇　　　封面设计：张　静
责任印制：刘　媛
涿州市京南印刷厂印刷
2024 年 8 月第 1 版第 1 次印刷
184mm×260mm · 14.5 印张 · 359 千字
标准书号：ISBN 978-7-111-72369-1
定价：49.00 元

电话服务　　　　　　　　　　网络服务
客服电话：010-88361066　　机 工 官 网：www.cmpbook.com
　　　　　010-88379833　　机 工 官 博：weibo.com/cmp1952
　　　　　010-68326294　　金 书 网：www.golden-book.com
封底无防伪标均为盗版　　机工教育服务网：www.cmpedu.com

前　言

近年来，新能源材料快速发展，已经成为国家能源战略中的关键材料之一。党的二十大报告指出："积极稳妥推进碳达峰碳中和"。其重要路径之一就是推动能源清洁低碳高效利用，推进工业、建筑、交通等领域清洁低碳转型。因此，新能源材料的研究和应用将进入一个崭新的发展时期，将会有更多的新能源材料获得推广应用。

随着新工科建设不断推进，越来越多的高校设置了新能源材料与器件专业，同时大多数材料类专业以及部分工科专业也开设了新能源材料课程，因此希望本书的出版能为课程建设和教学质量的提高做出一份贡献。新能源材料是依托新能源技术而生的，本书在绪论部分介绍了目前主要的新能源，然后将新能源材料按照能源转换类型和应用类型进行了分类，从材料学的角度对转换工作原理、典型转换材料以及应用进行了阐述。这是本书的特色，目的是让学生在宽泛的材料知识基础上全面了解新能源材料，在较少的课时中掌握较多的新能源材料相关知识。

本书的编者具有多年从事"新能源材料及应用"课程教学的经验，依托国家级课程思政示范教学团队，综合国内现有教材和相关图书的有益内容，吸收国内外新能源材料的最新研究成果，结合教学实践编写了本书。本书主要有6章内容，即光电转换新能源材料、热电转换新能源材料、化学-电能转换新能源材料、力电转换新能源材料、储能材料和能源类防护材料。此外，书中还介绍了我国在新能源材料方面的研究进展和应用，并在每章最后都给出思考题供读者学习思考。同时，书中融入了"与气候一起变化：能源""风力发电""推动绿色发展、促进人与自然和谐共生"等视频，可作为拓展内容供读者学习，也可作为课程思政素材供授课教师参考使用。

本书由汤玉斐担任主编，李福平担任副主编，刘照伟、孟庆男、于晓婧参加编写，赵康担任主审。第1章由于晓婧编写，第2章由刘照伟编写，第3章由孟庆男编写，第4、6章由汤玉斐编写，第5章由李福平编写。本书由汤玉斐进行统稿，由李福平对全书进行校对。本书可作为普通高等院校材料类专业新能源材料相关专业课的教材或参考书，也可供新能源材料领域的研究人员和工程技术人员参考。

本书编写过程中参考了相关文献资料和网络资源，在此向原作者表示衷心的感谢。

由于编者水平有限，同时新能源材料的前沿研究领域日新月异，书中不妥之处在所难免，恳请读者和专家批评指正。

编　者

目　录

绪　论

　　能源是人类文明社会的支柱之一，是推动社会发展和进步的重要物质基础。能源技术的每一次进步都带动了人类社会的发展。随着煤、石油和天然气等不可再生能源逐渐消耗殆尽和带来的环境污染问题，新能源的开发显得尤为迫切和重要。新能源的开发和利用离不开新能源材料的支撑。新能源材料是实现新能源的转换和利用，以及发展新能源技术中用到的关键材料，是新能源技术的核心和新能源应用的基础。

1. 能源

　　能源是能够提供能量的资源。能源按其形成方式不同可以分为一次能源和二次能源。一次能源是指自然界中以原有形式存在的、未经加工转换的能源，主要包括三大类：①来自地球以外天体的能源，主要是太阳能；②地球本身蕴藏的能源，如海洋和陆地内储存的燃料、地热等；③地球与天体相互作用产生的能源，如潮汐能。二次能源是指一次能源经过加工，转换成另外一种形态的能源。能源按其循环方式不同可分为不可再生能源（化石燃料等）和可再生能源（化学能、风能等），按现阶段的技术成熟程度可分为常规能源和新能源。

拓展视频

与气候一起变化：
能源（1）

2. 新能源

　　新能源是相对于常规能源而言，采用新技术和新材料获得的，如太阳能、风能、海洋能等。新能源分布广、储量大且清洁环保，可为人类提供发展的动力。实现新能源的利用需要新技术支撑，新能源技术是人类开发新能源的基础和保障。在能源、气候、环境问题面临严重挑战的今天，大力发展新能源和可再生能源符合国际发展趋势，对维护我国能源安全和生态安全具有十分重要的意义。

拓展视频

与气候一起变化：
能源（2）

　　（1）太阳能　太阳能是人类最主要的可再生能源，太阳每年输出的总能量为 3.75×10^{26} W，其中辐射到地球陆地上的能量大约为 8.5×10^{16} W，这个数量远大于人类目前消耗能量的总和，相当于 1.7×10^{18} t 标准煤燃烧释放的能量。目前太阳能利用技术主要为光电转换技术，即太阳能电池。

　　（2）化学能　化学能是国民经济中不可缺少的重要组成部分，直接把化学能转化成电能的装置为电池。目前化学能电池（包括锂离子电池、燃料电池和金属氢化物-镍电池等），相关研究较活跃并具有较好的发展前景。

（3）风能　风能是大气流动的动能，全球风能储量估计为 $10^{14}MW$，若有千万分之一被人类利用，就有 10^7MW 的可利用风能，这是目前全球的电能总需求量。风能利用技术主要为风力发电，如海上风力发电、小型风机系统和涡轮风力发电。

（4）海洋能　海洋能是依附在海水中的可再生能源，包括潮汐能、潮流、波浪、海水温差和海水盐差能等。全世界海洋能储量估计为 $7.6×10^{13}W$。海洋能的利用涉及很多关键问题需要解决，如海水中的泥沙进入发电装置可能会损坏轴承；海水腐蚀或海洋生物附着会降低水轮机寿命；漂浮式潮流发电装置存在抗台风问题和影响航运问题。未来海洋能发电技术要研究防海水腐蚀、泥沙磨损和防海洋生物附着技术，同时要解决抗台风和易于维修问题。

（5）核能　核能是原子核结构发生变化放出的能量，主要包括核裂变和核聚变。核裂变所用原料铀 $1g$ 可释放相当于 $30t$ 煤的能量，而核聚变所用的氘仅仅 $560t$ 就可以为全世界提供一年的能源。海洋中的氘储量可供人类使用几十亿年，是取之不尽、用之不竭的清洁能源。全球核裂变发电技术发展迅速，各种类型的反应堆不断完善，如压水堆、沸水堆等。核聚变由于控制难度非常大，目前尚处于研究阶段。另外，核电产生的废水、废料处理及核辐射防护材料的开发是核能安全利用的关键问题。

3. 新能源材料

材料的应用是人类发展的里程碑，人类所有的文明进程都是以使用的材料来分类的，如石器时代、铜器时代、铁器时代等。材料科学与工程的研究范围涉及金属、陶瓷、高分子材料和复合材料等。研究材料"成分—组织结构—性能"之间的基本关系，通过各种物理和化学方法发现新材料，改变传统材料的特性使其变得更为有用，是材料科学的核心。新能源材料是材料科学与工程基于新能源理念的演化和发展。新能源材料是新能源开发和利用过程中涉及的关键材料，是新能源技术的基础和核心，包括太阳能电池材料（硅、Ⅲ-Ⅳ族化合物）、热电材料（ Bi_2Te_3、方钴矿化合物和 $Ca_3Co_4O_9$ 等氧化物）、燃料电池材料（ $LiAlO_2$、$LiCoO_2$ 和 YSZ）、锂离子电池材料（ $LiMPO_4$、石墨烯），以及储能材料（无机水合盐、脂肪酸、Al-Si 合金）。

材料的发展日新月异，随着技术的进步，一系列性能优异的新能源材料不断涌现，如超导材料、智能材料、磁性材料和纳米材料等。利用超导材料制作的发电机，其磁场强度提高到 $5\sim6T$，且几乎没有能量损失。与常规发电机相比，超导发电机的单机容量提高 $5\sim10$ 倍，发电效率提高 50%。超导输电线和超导变压器可以把电力几乎无损耗地输送给用户。智能材料是现代高技术新材料发展的重要方向之一，如压电材料、导电高分子材料、电流变液和磁流变液等。纳米材料是指在三维空间中至少有一维处在纳米尺度范围（ $1\sim100nm$）或由它们作为基本单元构成的材料，在电池、储能等方面具有广阔的应用前景。新能源材料的发展必将会极大促进新能源技术的发展，为国民经济发展和生态环境保护提供坚实的基础。

拓展视频

推动绿色发展、促进人与自然和谐共生

第1章
光电转换新能源材料

推动太阳能利用的主要因素是人类社会的可持续发展面临着环境恶化、资源短缺的严峻挑战。随着社会的快速进步和发展，人类对能源的需求量越来越大，常规能源将面临枯竭的危险。因此，新能源的开发和利用被各国列为国家战略，而取之不尽用之不竭的太阳能则成为新能源的首选之一。

太阳能发电的基础是光电转换材料，光电转换材料的光电转换效率越高，太阳能发电的成本就越低，越有利于光伏发电的大规模推广和应用。从第一块锗半导体上做成的转化效率为1%的太阳能电池，到目前转换效率接近30%的叠层太阳能电池，材料科学家进行了无数的尝试，从各种可能性出发，进行材料设计和实验验证。

我国的光伏电站发展日新月异，光伏项目建设方面取得了较大的进展，如世界最"萌"光伏电站——山西大同熊猫光伏电站和世界最大水上漂浮光伏项目——安徽淮南水上漂浮光伏电站，如图1-1所示。光伏电站使用的光电转换新能源材料都有哪些？这些光电转换新能源材料是如何实现光电转换的？我国与国际上光电转换新能源材料是否存在差距？存在差距的关键问题是什么？

拓展视频

a) 世界最"萌"光伏电站——
山西大同熊猫光伏电站

b) 世界最大水上漂浮光伏项目——
安徽淮南水上漂浮光伏电站

向阳而生德胜村

图1-1 我国典型光伏电站

本章主要介绍光电转换工作原理和光电转换效率的影响因素，阐述几种光电转换材料的结构和性能，包括晶体硅、非晶硅、Ⅱ-Ⅵ族多晶薄膜、Ⅲ-Ⅴ族化合物和有机半导体等其他新型光电转换新能源材料，以及其应用情况。

太阳能是一种安全环保、储量极其丰富的可再生能源。太阳能的有效利用方式有光电转换、光热转换和光化学转换三种方式，太阳能的光电利用是近年来发展最快、最具活力的研究领域。太阳能电池是利用太阳光与材料相互作用直接产生电能的器件。由于半导体材料的禁带宽度（0~3.0eV）与可见光的能量（1.5~3.0eV）相对应，所以当光照射到半导体上时，能够被部分吸收，产生光伏效应。目前，利用光伏效应制造的太阳能电池已广泛应用于交通、通信、国防、农村电气化等领域，太阳能电池使用量每年以大于40%的速率增长。

1.1 光电转换工作原理

太阳能电池是通过光伏效应或者光化学效应直接把光能转化成电能的装置。本节以硅太阳能电池为例，介绍光电转换工作原理。

1.1.1 半导体材料结构及性能

扫码看视频

1. 硅半导体的结构

每个 Si 原子各有 4 个最外层电子，即价电子，它们分别与周围另外 4 个硅原子的价电子组成共价键，这 4 个原子的地位是相同的，以对称的四面体方式排列，组成了金刚石晶格结构。硅的原子结构如图 1-2 所示。由于共价键中的电子同时受两个原子核引力的约束，具有很强的结合力，不但使各自原子在晶体中严格按一定形式排列形成点阵，而且自身不易脱离公共轨道。

2. 本征半导体

完全不含杂质且无晶格缺陷的纯净半导体称为本征半导体。实际上，半导体没有绝对的纯净，本征半导体一般指的是导电主要由材料的本征激发决定的纯净半导体。在绝对零度温度下，半导体价带填满电子，而导带为空的，此时半导体和绝缘体的情况相同，不能导电。但一般来说，在温度的影响下，价电子在热激发下有可能克服原子的束缚跳出来，使共价键断裂。这使电子离开本来的位置，在整个晶体内活动，也就是说价电子由价带跳到导带，成为能导电的自由电子。同时，在共价键中留下一个空位，称为空穴，也称为价带中产生了空穴，如图 1-3 所示。

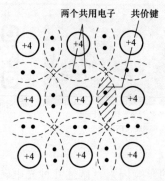

图 1-2 硅的原子结构示意图

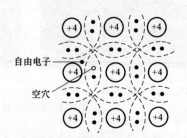

图 1-3 具有断键的硅半导体

价带中空穴可被相邻满键上的电子/价电子填充而出现新的空穴。空穴不断被电子填充，又不断产生新的空穴，结果形成空穴在晶体内的移动。空穴可以看成是一个带正电的粒子，它所带的电荷与电子相等，但符号相反。这时自由电子和空穴在晶体内的运动都是无规则的，所以并不产生电流。如果存在电场，自由电子和空穴将分别沿着与电场方向相反和相同的方向运动而产生电流。因电子产生的导电称为电子导电，因空穴产生的导电称为空穴导电。电子和空穴称为载流子。本征半导体的导电（本征导电）就是由于这些载流子（电子和空穴）的运动产生的。

3. P 型与 N 型半导体

常温下本征半导体中只有极少的电子-空穴对参与导电，部分电子与空穴会复合成共价键电子结构，所以从外特性来看它们是不导电的。实际使用的半导体都掺有少量的杂质，使晶体中的电子与空穴数目不相等。为增加半导体的导电能力，一般都在 4 价的本征半导体材料中掺入一定浓度的硼、镓、铝等 3 价元素或磷、砷、锑等 5 价元素，这些杂质元素与周围的 4 价元素组成共价键后，会出现多余的电子或空穴。

掺入 3 价元素（又称受主杂质）的半导体，在硅晶体中会出现一些空穴，这些空穴因为没有电子而变得很不稳定，容易吸收电子而中和，形成 P 型半导体（图 1-4）。在 P 型半导体中，位于共价键内的空穴只需外界给很少能量，即会吸引价带中的其他电子摆脱束缚过来填充，电离出带正电的空穴，由此产生因空穴移动而形成带正电的空穴传导电流。同时该 3 价元素的原子成为带负电的阴离子。

同样，掺入少量 5 价元素（又称施主杂质）的半导体，在共价键之外会出现多余的电子，形成 N 型半导体（图 1-5）。位于共价键之外的电子受原子核的束缚力要比组成共价键的电子小得多，只需得到很少能量，即会电离出带负电的电子激发到导带中。同时该 5 价元素的原子成为带正电的阳离子。由此可见，无论是 P 型还是 N 型半导体，虽然掺杂浓度极低，其导电能力却比本征半导体大得多。

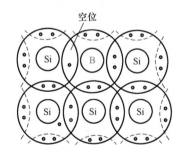

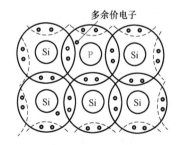

图 1-4　掺入硼时硅半导体的结构示意图　　　图 1-5　掺入磷时硅半导体的结构示意图

在半导体的导电过程中，运载电流的粒子可以是带负电的电子，也可以是带正电的空穴。每立方厘米中电子或空穴的数目就称为载流子浓度，它是决定半导体电导率大小的主要因素。在本征半导体中，电子的浓度和空穴的浓度是相等的。在含有杂质的和晶格缺陷的半导体中，电子和空穴的浓度不相等。把数目较多的载流子称为多数载流子，简称多子；把数目较少的载流子称为少数载流子，简称少子。例如，N 型半导体中，电子是多子，空穴是少子。

4. PN 结

两种不同导电类型的材料结合时（材料直接接触不能达到原子间距，故多采用扩散或离子注入等方法），在其交界处形成 PN 结，如图 1-6 所示（d_N，d_P 分别为 N 区与 P 区耗尽层厚度）。PN 结是构成各种半导体器件的基础。由于 N 型半导体中含有较多的电子，而 P 型半导体中含有较多的空穴，在两种半导体的交界面区域会形成一个特殊的薄层，N 区一侧的电子浓度高，形成要向 P 区扩散的正电荷区域；P 区一侧的空穴浓度高，形成要向 N 区扩散的负电荷区域。N 区和 P 区交界面两侧的正、负电荷薄层区域为空间电荷区，又称为耗尽区，即 PN 结。扩散越强，空间电荷区越宽。

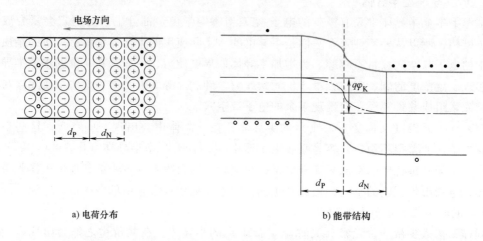

a) 电荷分布　　　　　　　　　　　　　b) 能带结构

图 1-6　PN 结的电荷分布与能带结构

在 PN 结内，有一个由内部电荷产生、从 N 区指向 P 区的电场，称为内建电场。由于存在内建电场，在空间电荷区内将产生载流子的漂移运动，使电子由 P 区拉回 N 区，空穴由 N 区拉回 P 区，其运动方向和扩散运动方向相反。开始时，扩散运动占优势，空间电荷区内两侧的正负电荷逐渐增加，空间电荷区增宽，内建电场增强；随着内建电场的增强，漂移运动也随之增强，阻止扩散运动的进行，使其逐步减弱；最后，扩散的载流子和漂移的载流子数目相等而方向相反，达到动态平衡。此时在内建电场两边，N 区的电势高，P 区的电势低，这个电势差称为 PN 结势垒，也称内建电势差。

当 PN 结加上正偏电压（即 P 区接电源的正极，N 区接负极）时，外加电压的方向与内建电场的方向相反，使空间电荷区中的电场减弱，这样就打破了扩散运动和漂移运动的相对平衡，有电子不断地从 N 区扩散到 P 区，空穴从 P 区扩散到 N 区，使载流子的扩散运动超过漂移运动。由于 N 区电子和 P 区空穴均是多子，通过 PN 结的电流（称为正向电流）很大。

当 PN 结加上反偏电压（即 N 区接电源的正极，P 区接负极）时，外加电压的方向与内建电场的方向相同，增强了空间电荷区中的电场，载流子的漂移运动超过扩散运动。这时 N 区中的空穴一旦到达空间电荷区边界，就要被电场拉向 P 区；P 区的电子一旦到达空间电荷区边界，也要被电场拉向 N 区。它们构成 PN 结的反向电流，方向是由 N 区流向 P 区。由于 N 区中的空穴和 P 区的电子均为少子，故通过 PN 结的反向电流很快饱和，且很小。电流容易从 P 区流向 N 区，不易从相反的方向通过 PN 结，这就是 PN 结的单向导电性。太阳能电池正是利用了光激发少数载流子通过 PN 结而发电的。

1.1.2 光伏效应和光电转换效率

1. 光伏效应

光伏效应也称光电效应，是指物体由于吸收光子而产生电动势的现象。当光照到半导体 PN 结并且光能大于半导体的禁带宽度时，在 PN 结附近产生电子-空穴对，由于内建电场的存在，电子-空穴对被分开到两极，产生光生电势，如果与外电路接通，就出现电流。

严格来讲，光伏效应包括两种类型：一类发生在均匀半导体材料内部；另一类发生在半导体的界面。虽然二者间有相似之处，但两个效应产生的具体机制不同。通常前者称为丹倍效应，而光伏效应的含义只局限于后一类情形。在半导体中可以利用各种势垒，如 PN 结、肖特基势垒、异质结势垒等形成光伏效应。为了方便，以 PN 结势垒为例来论述光伏效应，因为它是最常用的一种。

2. 光电转换效率

太阳能电池的转换效率是首要的关键指标，决定着电池的成本、质量、材料消耗、辅助设施等。为了了解影响太阳能电池转换效率的因素，先分析一下太阳光照射到太阳能电池表面以后的经历和产生损失的环节，如图 1-7 所示。

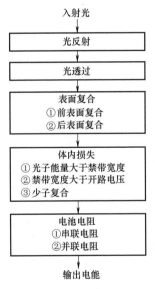

图 1-7　太阳光照射到太阳能电池表面以后的经历和产生损失的环节

光电转换效率用来表示照射在太阳能电池上的光能量转换成电能的效率。太阳能电池的效率取决于电池的材料与结构。影响因素主要有以下几方面。

（1）禁带宽度　禁带宽度对转换效率的影响是双向的。一方面，禁带宽度增大，能激发光生电流的光子数减少；会使短路电流减少；另一方面，开路电压则随着禁带宽度增大而增大。这种双向关系通过定义理想情况作为实际太阳能电池的参考，经复杂的运算处理，获得了不同禁带宽度材料的最大转换率的理论值（最大理论效率），如图 1-8 所示。

（2）太阳能电池的服役温度　太阳能电池材料的最大理论效率随着温度升高而下降，因为温度升高会造成禁带宽度的降低，促进电子-空穴对的复合。

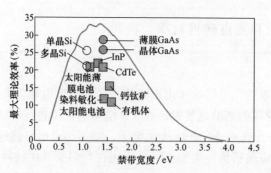

图 1-8　各种太阳能电池材料的最大理论效率与禁带宽度的关系

（3）少数载流子的寿命　光生载流子产生后，少数载流子要运动到 PN 结的另一侧。在此期间，只有它不被复合，才有可能形成电流。少数载流子寿命除了取决于材料的本性外，主要取决于复合中心的浓度，该浓度是由晶体缺陷和杂质浓度构成的。载流子的长寿命还会减少暗电流和提高开路电压。

（4）掺杂浓度及其分布　在一定的范围内，掺杂浓度越高，开路电压也随之升高，这有利于转换效率的提高。但由于载流子的简并效应，过多的掺杂反而会降低开路电压，而且少子寿命也会降低。Tan 等人创新性地提出了通过将硫掺杂到六方氮化硼（h-BN）中来构造 h-BN 和石墨氮化碳（CN）的 Z 型异质结的方法，并用于制备基于六方氮化硼（h-BN）的自供电光电化学（Photoele ctrochemical，PEC）适体传感器，具有出色的光电转换效率。另外，当掺杂浓度从电池表面的扩散区向 PN 结的方向不均匀降低时，可提高光生载流子的收集效率，有利于转换效率的提高。

（5）光强　提高太阳光的强度有助于提高转换效率。如将太阳光集中 x 倍，一般来说，短路电流与 x 成正比，这就保证了光强增大，转换效率保持不变；但另一方面还会发生场助效应，即在基区中产生强大的光生电流，这个电流产生一个促使光生载流子流向 PN 结的电场。高的光强还可以提高电池的填充因子。

（6）串联电阻　电池的排列、欧姆接触、电池的内阻都构成电池的串联电阻。通常情况，串联电阻越大，光电转换效率越低。

1.2　晶体硅光电转换材料

扫码看视频

晶体硅太阳能电池包括单晶硅太阳能电池、多晶硅太阳能电池、带状硅太阳能电池及单晶硅薄膜太阳能电池。目前，单晶硅太阳能电池和多晶硅太阳能电池是太阳能光伏行业应用占比最大的两种太阳能电池，占 90% 以上。表 1-1 是我国主要晶体硅太阳能电池技术的产业化平均转换效率。

表 1-1　我国主要晶体硅太阳能电池技术的产业化平均转换效率

电池类别		平均转换效率（%）
多晶硅	P 型铝背场多晶硅黑硅太阳能电池	19.3
	P 型钝化发射器和后部接触多晶硅黑硅太阳能电池	20.5
	P 型钝化发射器和后部接触准单晶硅太阳能电池	22.0

（续）

电池类别		平均转换效率（%）
P 型单晶硅	P 型钝化发射器和后部接触单晶硅太阳能电池	22.3
N 型单晶硅	N 型钝化发射器和后部隧穿氧化层钝化接触 单晶硅太阳能电池（正面）	22.7
	N 型硅基异质结单晶硅太阳能电池	23.0
	N 型背接触单晶硅太阳能电池	23.6

注：所有电池均为 M2 尺寸（长 156.75mm，宽 68mm，高 90mm）。

1. 晶体硅太阳能电池的结构

晶体硅太阳能电池是以硅半导体材料制成大面积的 PN 结，一般采用 N^+/P 同质结结构，即在 P 型硅片上制作层很薄的经过重掺杂的 N 型层，然后在 N 型层制作金属栅线作为正面接触电极，在整个背面也制作金属膜作为背面接触电极，其结构示意图如图 1-9 所示。为了减少光的反射损失，一般在整个表面再制备一层减反射膜。

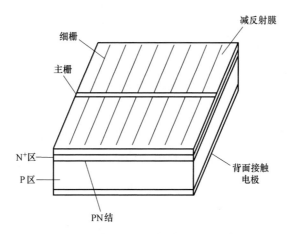

图 1-9　晶体硅太阳能电池的结构示意图

2. 晶体硅太阳能电池的制备工艺过程

晶体硅太阳能电池的制备工艺包括制备硅片、硅片预处理、掺杂形成 PN 结、制备电极、制备减反射膜组装及检验等过程。

1.2.1　单晶硅光电转换材料

单晶硅太阳能电池是研究最早，最先进入应用的太阳能电池。由于其可靠性高，转换效率高，与半导体工业的许多技术与设备相通，至今仍在不断研究与发展。单晶硅太阳能电池由电池片和模板组成，电池片的制造过程大致可分为三步：从原材料制造单晶硅棒；将单晶硅棒切断，加工成半圆片状；形成 PN 结，加入电极，制成电池片。

1. 单晶硅铸模的制造

图 1-10 表示的是单晶硅铸模的制造过程。原材料用硅砂，先将其还原为纯度为 97% ~ 98% 的结晶硅，为了进一步提高纯度，将结晶硅与盐酸反应，生成三氯氢硅，再将其还原、

热分解，可得到纯度为 99.99999% 以上的多晶硅（棒状或粒状）。

将得到的多晶硅进行溶解，做成单晶硅，其方法有乔克莱尔斯基（Czo-Chralski，CZ）法和浮游带熔融（Floating Zone Melting，FZ）法两种。主要用于制造单晶硅太阳能电池的方法是 CZ 法。CZ 法是将熔融后的多晶硅与单晶硅的结晶进行接触，缓慢旋转提拉，使结晶生长，最后得到长棒形状的单晶硅铸模，这与通常的大规模集成电路（Large-Scale Integrated Circuit，LSI）及微型电子器件（Integrated Circuit，IC）用的半导体是相同的过程。由于太阳能电池用的单晶硅不需要像半导体那么高的纯度，故可将作为半导体用的规格之外的铸模边角材料便宜地购入使用。

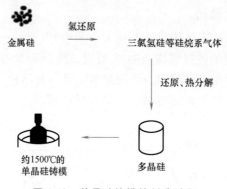

图 1-10　单晶硅铸模的制造过程

2. 单晶硅片的制造

对单晶硅片的制造过程介绍如下。首先，将用 CZ 法得到的单晶硅铸模用专用切割机（内刀刃切割机或者线形锯）进行切制。目前太阳能电池用的铸模，仍以生产性能高的线形锯切割为主。然后，对切制面进行研磨，使其表面平滑。由于切制面是被机械冲击过的，会残留结晶变形，使电气特性变差，因此需用氢氟酸加硝酸进行腐蚀，使表面减薄 $10 \sim 20 \mu m$，最终得到厚约 $300 \mu m$ 的硅片。

3. 电池片的形成

用前述的方法得到的单晶硅片，通常具有 P 型电气特性，还要经过图 1-11 所示的方法形成 PN 结及电极，才能得到太阳能电池片。

首先，在硅片的表面形成 N 型层，得到 PN 结。N 型层的形成方法有气体扩散法和涂层扩散法等。气体扩散法是将含磷的气体三氯氧磷在高温（800~900℃）下向硅片进行扩散，形成 PN 结。涂层扩散法是用含有磷的溶液代替气体进行涂层和加热（900℃），使磷向硅片中扩散形成 PN 结，具有简单、易于大型化生产的优点。

PN 结形成后，在硅片的表面一侧形成减反射膜及表面电极，在硅片的背面形成背面电极，就完成了单晶硅太阳能电池片的制作。一般而言，结深和表面浓度对单晶硅太阳能电池的电性能也有影响。在结深不变的情况下，随着单晶硅太阳能电池表面掺杂浓度的增加，电池的光电转换效率先缓慢增加，后迅速下降，且结深越深，光电转换效率的变化趋势越明显。在表面掺杂浓度不变的情况下，随着单晶硅太阳能电池表面结深的降低，电池的光电转换效率提高。工业单晶硅太阳能电池可以采用表面浓度高、降低结深的工艺来提升效率。

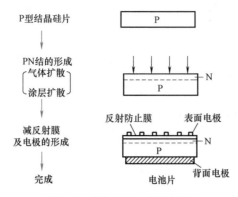

图 1-11　PN 结及电极的形成

1.2.2　多晶硅光电转换材料

多晶硅的出现主要是为了降低晶体硅太阳能电池的成本，其优点是能直接制出方形硅锭，设备比较简单并能制出大型硅锭，已形成工业化生产规模。材质及电能消耗较少，也能用较低纯度的硅作为投炉料；此外可在电池工艺方面采取措施来降低晶界及其他杂质的影响。

1. 多晶硅的提拉法

多晶结构的硅材料提拉法过程是，首先，将多晶硅置于石英坩埚中，再把石英坩埚置于石墨坩埚中，然后在稀有气体的保护下使用感应加热器进行加热熔化。然后，再向熔融液体中加入晶种，边旋转边缓慢提拉。但由于使用了二氧化硅坩埚，每立方厘米硅晶体中依然存在 $10^{17} \sim 10^{18}$ 个填隙氧原子。

为解决这个问题，人们发明了一种改进了的晶体生长技术，即浮置区熔法（Float Zone Method），该方法的工艺示意图如图 1-12 所示。该方法不需要坩埚，所以所得硅晶体要比提拉法纯度高，但是同时其造价也高。因此，浮置区熔法只限于实验室或者公司的研发机构使

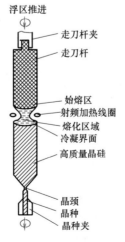

图 1-12　浮置区熔法工艺示意图

用，在工业上没有太多利用价值。值得注意的是，现在绝大多数保持着较高光电转换效率的晶体硅太阳能电池，都使用了浮置区熔法制备的材料。

2. 多晶硅的铸模制造法

为节约成本，20 世纪 70 年代还出现了铸硅法，用于太阳能电池的生产。目前，大部分多晶硅基片都是用所谓的铸造法生产的。基片技术中最引人注目的是基片的薄形化技术，目前可达到 $200\sim300\mu m$，如果能够通过减少切割损失并将基片的厚度薄形化到 $150\mu m$，每个铸模可得到的数目就有可能增加。单晶基片由于强度的关系可以加工到 $50\mu m$，但多晶基片通过线径缩小等技术，也只能达到 $100\sim150\mu m$ 的程度。如图 1-13 所示，电解液的高度微细喷射流喷射到铸模上，喷射流中央有激光束。喷射流起到了光纤维的作用，激光束在铸模上与电解液一同被照射。根据基本的热效应原理促进化学反应，使铸模熔解，就有可能将其切断。目前典型的喷射流直径为 $50\mu m$，如果可以达到 $10\sim30\mu m$，则切割损失会大幅下降，就有可能实现薄形基片的制造，并可达到 $7.2cm/h$ 的切制速度，与线切割相比毫不逊色。

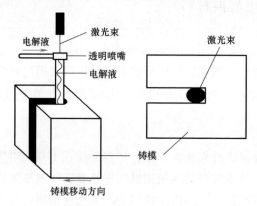

电解液　　激光束
　　　　　透明喷嘴
　　　　　电解液
　　　　　　　　　激光束

铸模
铸模移动方向

图 1-13　电解液和激光束铸模切割法

3. 多晶硅太阳能电池的高效率化

转换效率受粒径大小的影响非常大，因此大面积电池片转换效率的改善是当务之急。2014 年，铸造法制造基片得到的小面积（$1cm^2$）电池片的最高转换效率可达到 19.8%，输出特性见表 1-2。将氮化硅膜用作表面钝化膜或者通过在表面进行蚀刻以增大其面积（$100\sim225cm^2$），实现了转换效率提高到 $17.1\%\sim17.2\%$ 的成果。

表 1-2　经过蜂窝状表面加工后的高效率多晶硅太阳能电池的特性

开路电压/mV	短路电流/(mA/cm²)	填充因子(%)	转换效率(%)
654	38.1	79.5	19.8

注：面积为 $1cm^2$，AM-1.5，单位面积功率为 $100mW/cm^2$。

1）表面钝化。在多晶硅电池片上用 CVD 制备氮化硅膜是目前常用的方法。

使用等离子体对氢进行活化，然后对晶界进行钝化，晶界产生的电子能级在光激发下产生载流子，使短路电流密度减少的同时，还能将 PN 结在晶界横断时介于能级之间；由于有漏电电流的流动，反向饱和电流密度增大，从而减小了开路电压。由于活性化的氢可能浸入基片深处，故在表面和基片内部粒界的容积内能有效进行钝化，所以氢的钝化作用不仅增大了实际的开路电压，而且能级密度也会减少。

其次，氮化硅膜中所含的固定载流子会产生表面电位，而实际的表面复合速度会随着表面电位的变化而变化。从化学键上看，用等离子体 CVD 法叠层得到的膜，其化学计量比发生变化的情况较多，且由于膜中所含的氢很多，故可以根据制造方法产生正或负固定电子。因此由于在表面形成了电位势垒，阻碍了载流子的移动，故减少了实际的表面复合速度。

近年有用固定载流子量和复合速度进行定量评价的报道。通过改变叠层条件，可得到叠层带有正或负固定载流子的氮化硅膜，用同样的过程制成的太阳能电池片，带有正或负固定载流子的氮化硅膜，被叠层时的内部量子效率的变化如图 1-14 所示（实线为正载流子，虚线为负载流子）。由于氮化硅膜堆积，在 600nm 左右的中长波段范围内的响应效率有所增加，同时，还可显著改善 300～450nm 短波长范围的效率，这是减少了实际的表面复合速度引起的，若为正载流子时效果更为显著。根据解析，氮化硅膜不叠层时表面复合速度为 $2.5×10^4$ cm/s，具有 $5×10^{11}$ cm^{-2} 的正载流子的膜叠层后，表面复合速度变为 $4×10^3$ cm/s，几乎降低了一个数量级。今后对导入载流子量的控制和稳定性评价是必要的。

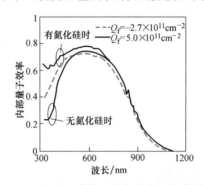

图 1-14　氯化硅膜叠层引起的表面钝化效果

2）有效提高由表面蚀刻结构所形成的光封闭效果。多晶硅表面的结晶面是多重的，因此不能像单晶硅基片那样使用氢氧化钾产生不同方向腐蚀的化学蚀刻方法。有人提议用机械加工法挖出约几十微米的沟，用具有多个切割刀刃的特殊装置，在 10cm^2 的面上数秒钟就可以处理完成，但必须除去加工损失，很难用于将来的薄形基片；用反应活性离子蚀刻（Reactive Ion Etching，RIE）法对表面进行微细加工的方法引人注目：用盐酸系气体等离子体蚀刻法和表面减反射膜相结合的方法，在较宽的波长范围内都可实现反射率的减少。除此之外，采用稻米中淀粉作为稳定剂，氢氧化钠作为还原剂的方法制备银铜纳米颗粒。将质量分数为 10% 的纳米 Ag-Cu 加入银浆后，电池片的各参数都有提高，其光电转换效率提高了 5.65%。

1.2.3　其他多晶硅类光电转换材料

1. 硅带

硅带是从熔体硅中直接生长出来的，可以减少切片造成的损失，片厚为 100～200μm。目前比较成熟的方法有枝蔓蹼状晶（Web）法和限边馈膜（Edge Defined Film-Fed Growth，EFG）法。枝蔓蹼状晶法是从坩埚里长出两条枝蔓晶，由于表面张力的作用，两条枝蔓晶的中间会同时长出一层薄片，切去两边的枝蔓晶，用中间的片状晶来制作太阳能电池。由于硅片形如蹼状，所以称为蹼状晶。蹼状晶在各种硅带中质量最好，但生长速度相对较慢。限边馈膜法是从特制的模具中拉出筒状硅，然后用激光切割成单片来制作电池。近期，硅带的发展方向是制出 125nm×125nm 的硅片，厚度减小为 250μm。

2. 小硅球太阳能电池

此类太阳能电池是将平均直径为 1.2mm 的约 2 万个小硅球镶在 $100cm^2$ 的铝箔上制成的。每个小球具有 PN 结，小球在铝箔上形成并联结构，面积为 $100cm^2$ 的电池效率可达到 10%。

3. 多晶硅薄膜太阳能电池

多晶硅薄膜太阳能电池的生长方法及特点对比见表 1-3。膜厚多在 50μm 以下，又被称为薄硅电池，所用衬底主要有冶金级硅片、石墨、玻璃、陶瓷。其中介于片状硅与薄膜之间的电池，称为硅膜电池。该电池采用硅沉积法生长厚度为 100μm 的多晶硅膜，衬底可用低成本的导电陶瓷。

表 1-3　多晶硅薄膜太阳能电池的生长方法及特点对比

生长方法	沉积温度	沉积率	结晶质量
等离子体	低	低	差
液相外延	低	低~中	良好
化学气相沉积	高	高	良好

1.3 非晶硅光电转换材料

非晶硅太阳能电池是一种薄膜太阳能电池，最大的特点是降低了成本。因为采用了低温（约 200℃）工艺技术，耗材少（电池厚度小于 1μm），材料与器件同时完成，便于大面积连续生产。

1. 非晶硅材料

非晶硅（α-Si）是一种非晶态半导体材料。从微观原子排列来看，非晶硅是一种"长程无序"而"短程有序"的连续无规则网络结构，其中含有一定量的结构缺陷，如悬挂键、断键、空洞。这些缺陷态有很强的补偿作用，并造成费密能级的钉扎，使 α-Si 材料没有杂质敏感效应。

2. 非晶硅太阳能电池的工作原理

非晶硅太阳能电池的工作原理与单晶硅太阳能电池类似，都是利用半导体的光伏效应。与单晶硅太阳能电池不同的是，在非晶硅太阳能电池中，光生载流子只有漂移运动而无扩散运动。由于非晶硅的结构是一种无规则网络结构，具有长程无序性，对载流子极强的散射作用使载流子的扩散长度很短。如果在光生载流子的产生处或附近没有电场存在，则光生载流子由于扩散长度的限制，将会很快复合而不能被收集。为了使光生载流子能有效地收集，就要求在 α-Si 太阳能电池中光注入所涉及的整个范围内尽量布满电场。

3. 非晶硅太阳能电池

非晶硅薄膜太阳能电池与单晶硅和多晶硅太阳能电池的制作方法完全不同，其基本结构不是 PN 结而是 PIN 结，掺硼形成 P 区，掺磷形成 N 区，I 为非杂质或轻掺杂的本征层，如图 1-15 所示。此外，非晶硅薄膜太阳能电池成本低、重量轻、转换效率较高，便于大规模生产，发展潜力巨大。但受制于非晶硅材料引发的光电转换效率衰退效应，稳定性不高，直接影响到它的实际应用。为进一步提高非晶硅模块电池的市场竞争力，亟待解决的技术问题有：

1）提高氢化非晶硅太阳能电池的转换效率。

2）降低光电转换效率衰退效应的影响。

3）提高吸收层的沉积速率以降低氢化非晶硅沉积设备的成本。

4）发展批量化生产技术。

5）降低原材料成本。

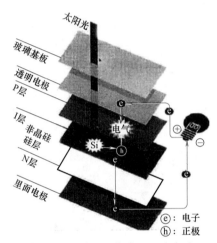

图 1-15　非晶硅薄膜太阳能电池

使用非晶硅可以制备可折叠弯曲的模块化电池，同时，相比晶体硅太阳能电池，非晶硅模块电池有着更低的"转换效率/温度"系数（%/℃），使其可以应用在高温领域。

4. 非晶硅太阳能电池的结构及性能

非晶硅太阳能电池是以玻璃、不锈钢及特种塑料为衬底的薄膜太阳能电池，结构如图 1-16 所示。非晶硅太阳能电池由透明氧化物薄膜（Transparent Conductive Oxide，TCO）层、非晶硅薄膜层（P-I-N 层）、背电极金属薄膜层组成。每层膜利用激光刻线的方式，刻出线条以形成 P-N 结和互联的目的。

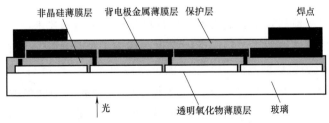

图 1-16　非晶硅太阳能电池结构示意图

5. 非晶硅太阳能电池的特点

1）具有较高的光吸收系数，特别是在 $0.3 \sim 0.75 \mu m$ 的可见光波段，它的吸收系数比单晶硅要高出一个数量级，因而它比单晶硅对太阳辐射的吸收效率要高 40 倍左右，用很薄的非晶硅膜就能吸收 90% 有用的太阳能。这是非晶硅材料最重要的特点，也是它能够成为低价格太阳能电池的最主要因素。

2）禁带宽度大，在 1.5~2.0eV 的范围内变化，非晶硅太阳能电池的开路电压高。

3）工艺成本低。衬底材料（如玻璃、不锈钢、塑料等）价格低廉，硅薄膜厚度不到 $1\mu m$，昂贵的纯硅材料用量很少。制作工艺为低温（100~300℃）工艺，生产的耗电量小，能量回收时间短。

4）易于形成大规模生产能力。非晶硅太阳能电池的缺点主要是初始光电转换效率较低，这是因为非晶硅的光学带隙为 1.7eV，使得材料本身对太阳辐射光谱的长波区域不敏感，这样一来就限制了非晶硅太阳能电池的转化效率。此外，其光电效率会随着光照时间的延续而衰减，即所谓的光致衰减 Steabler-Wronski 效应，使得电池性能不稳定，解决这些问题的途径就是制备叠层太阳能电池。

近年来，对非晶硅薄膜太阳能电池的研究主要集中在提高光致稳定性和能量转换效率两方面，并已取得一定进展，如薄化层法、引入具有不同带隙的多结叠层结构及降低表面光反射等。以反应原料气（氢气）稀释硅烷，利用等离子体增强化学气相沉积（Plasma Enhanced Chemical Vapor Deposition，PECVD）法制备出具有异质结结构的非晶硅薄膜太阳能电池，其能量转换率为 12.3%。据报道，世界上面积最大（1.4m×1.1m）的高效非晶硅薄膜太阳能电池已在日本制成，其光电转换效率可达 8%。利用热丝化学气相沉积（Hot Wire Chemical Vapor Deposition，HWCVD）法在低温（≤150℃）下制备出的非晶硅薄膜太阳能电池，其光电转换率为 4.6%。最近出现的一种柔性自充电电源板则可以同时收集太阳能和机械能，并转换和储存电能。柔性非晶硅太阳能电池、透明摩擦电纳米发电机（Triboelectric Nanogenerators，TENG）和锂（Li）离子电池与太阳能组件的封装材料乙烯-四氟乙烯共聚物（ETFE）相干集成到一个薄板中。柔性自充电电源板具有良好的性能，可以将太阳能和机械能直接转化为电能，直接储存在锂离子电池中，不会造成过多的能量损失。该集成器件还极大地减少了集流器、基板和包装材料的使用。此外，这种电源板可以弥补太阳能电池的缺失，延长供电时间，提高整个装置的能量密度。

1.4　Ⅱ-Ⅵ族多晶薄膜光电转换材料

为了适应太阳能电池高效率、低成本、大规模生产化发展的要求，最有效的办法是采用直接由原材料到太阳能电池的工艺路线，即发展薄膜太阳能电池技术。在薄膜光伏材料中，CdTe（碲化镉）已成为公认的高效、稳定、廉价的薄膜光伏器件材料。CdTe 多晶薄膜太阳能电池转换效率理论值在室温下为 27%。2018 年，CdTe 薄膜太阳能电池的小面积器件的国际最高效率仍然保持在 22.1%，组件效率为 18.6%；国内小面积器件的最高效率提高到 18.44%，大面积组件的平均效率提高到 13% 以上。基础研究领域的研究方向主要集中在窗口层薄膜的性质研究和器件应用，提高 CdTe 薄膜的少数载流子浓度、少子寿命和背接触等研究方面。

1.4.1 CdTe 薄膜光电转换材料

1. 材料性质

（1）结构性质 CdTe 是直接带隙材料，带隙为 1.45eV，光谱响应与太阳光谱十分吻合，且电子亲和势很高，为 4.28eV，易于形成 N 型和 P 型半导体薄膜，理论转换效率高达 28%。具有闪锌矿结构的 CdTe，晶格常数 $a = 0.164$nm。

（2）光学性质 由于 CdTe 薄膜具有直接带隙结构，所以对波长小于吸收边的光，其光吸收系数极大。厚度为 1μm 的薄膜，足以吸收 99% 大于 CdTe 禁带宽度的辐射能量，因此降低了对材料扩散长度的要求。在薄膜沉积过程中，沉积参数对热蒸发方法获得的 CdTe 薄膜的光吸收有影响。对于不同厚度的 CdTe 薄膜，吸收系数随吸收限及其附近入射光子能量而变化。实验表明，膜越薄，吸收系数越高，带边与膜厚度无关。薄膜的吸收系数与生长温度有关，当衬底温度从 20℃ 增加到 250℃ 时，吸收边从 1.40eV 变化到 1.48eV。

（3）电学性质 CdTe 为 Ⅱ-Ⅵ 族化合物半导体，结构与 Si、Ge 有相似之处，即其晶体主要靠共价键结合，又有离子性。与同一周期的 Ⅳ 族半导体相比，CdTe 的结合强度很高，电子摆脱共价键所需能量更高。因此，常温下 CdTe 的导电性主要由掺杂决定。薄膜组分、结构、沉积条件、热处理过程对薄膜的电阻率和导电类型有很大影响。

CdTe 不仅可以单独使用，也可以与 Cu（In，Ga）Se_2、非晶硅等材料同时应用在太阳能电池元器件中。CdTe 多晶薄膜电池的效率比非晶硅薄膜太阳能电池高，成本比单晶硅电池低，易于大规模生产。但由于镉有剧毒，会对环境造成严重污染。

2. 电池结构

以 CdTe 为吸收层，CdS 为窗口层的 N-CdS/P-CdTe 半导体异质结电池的典型结构为：碱反射膜（MgF_2）/玻璃/（SnO_2：F）/CdS/P-CdTe/背电极。它具有转换效率高、稳定性好、结构简单、容易实现规模化生产、成本较低等优点。聚酰亚胺一般应用在前层结构中，在背底结构中则应用金属镀膜。通过在 Ni 衬底上制备 Zn、Ni 和 Zn/Ni 薄膜并将其组装成电池，研究背接触层对 CdTe 太阳能电池性能的影响，发现 Zn 和 Te 均能与 Ni 衬底形成良好的欧姆接触，Ni/Te/CdTe/CdS/ITO 电池的光电转换效率分别是 Ni/Zn/CdTe/CdS/ITO 和 Ni/Zn/Te/CdTe/CdS/ITO 电池的 5.6 倍和 2.2 倍，引入该背电极材料有望进一步提高太阳能电池的光电转换效率。

可将可交联共轭聚合物（二苯基硅烷-CO-4-乙烯基-三苯胺，简称 Si-TPA）用作溶液处理的 CdTe 纳米晶体（NC）太阳能电池的空穴传输层（Hole Transport Layer，HTL），如图 1-17 所示为 CdTe/CdSe 太阳能电池的反转器件结构，图中还标明了 Si-TPA 的化学结构以及 CdTe、CdSe、ZnO、ITO、Si-TPA 和 Au 的能级。具有 Si-TPA HTL 器件的性能要比没有 HTL 或具有其他聚合物 HTL 的器件（如钙钛矿型太阳能电池）的性能好得多，且引入 Si-TPA 的器件比没有 Si-TPA 的可产生更高的开路电压，配置为 ITO/ZnO/CdSe/CdTe/Si-TPA/Au 的太阳能电池的功率转换效率为 8.34%，是迄今为止对溶液处理的 CdTe NC 太阳能电池采用倒置器件结构的记录。这项工作为进一步提高溶液处理的 NC 太阳能电池性能提供了一种新的简便策略。

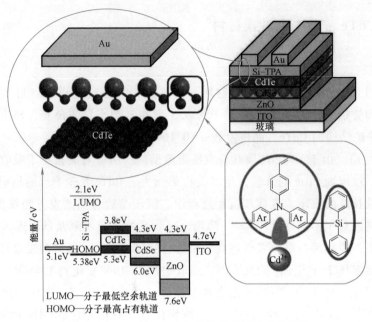

图 1-17 CdTe/CdSe 太阳能电池的反转器件结构

同样，利用磁控溅射法在导电玻璃基底（FTO）上先后生长具有一维纳米阵列结构的 CdTe 光电材料和 Bi_2Te_3 热电材料，进行一体化设计获得的新型材料能够有效实现对光和热的协同响应，拓宽太阳能光谱的利用范围。采用电沉积用 0.08mol/L 的柠檬酸钠合成 CdTe 薄膜制备的太阳能电池，短路电流密度为 $10.46mA/cm^2$，开路电压为 0.53V，能量转换效率为 2.73%，填充系数为 49.28%，柠檬酸钠辅助合成 CdTe 薄膜为大规模制备柔性太阳能电池提供了一种有前途的技术，在薄膜太阳能电池中具有很大的应用潜力。低锌浓度 $Zn_xCd_{1-x}S/CdTe$ 太阳能电池随着薄膜厚度的增加，薄膜的结晶度增大，膜厚为 3.5μm 的 CdTe 电池效率最高，为 8.79%，该研究为消除异质结 CdTe 薄膜太阳能电池中的晶格失配提供了新的思路。

1.4.2 CdS 薄膜光电转换材料

1. 材料性质

（1）结构性质 CdS 薄膜具有纤锌矿结构，是直接带隙材料，带隙较宽，为 2.42eV。CdS 层吸收的光谱损失不仅与 CdS 薄膜的厚度有关，还与薄膜形成的方式有关。CdS 薄膜的制备方法主要有磁控溅射法、化学气相沉积法、化学浴沉积法。

（2）光学性质 CdS 薄膜具有较好的光电导率和光通透性，广泛应用于太阳能电池窗口层，并作为 N 型层与 P 型材料形成 PN 结，从而构成太阳能电池。它对太阳能电池的特性（尤其是转换效率）有很大影响。采用真空热蒸发技术在室温下分别在玻璃衬底上制备了厚度为 200nm、500nm、500nm 的 CdS、$CuIn_xGa_{1-x}Se_2$（简称 CIGS）和 CdTe 薄膜，通过研究发现 CdS 的择优取向为 ［111］晶向，CdTe 的择优取向为 ［111］、［202］、［311］晶向，能隙测量值分别为 2.35eV 和 1.5eV，且分别发现了两个 CdS 和 CdTe 的活化能，并通过霍尔效应测试表明，CdTe 为 P 型载流子，CdS 薄膜为 N 型载流子，在暗、光条件下的电流-电压测试表明，所有类型的薄膜都具有光电导特性。

（3）电学性质 一般来说，本征 CdS 薄膜的串联电阻很高，不利于作为窗口层。但当衬底温度为 300～350℃ 时，将 In 扩散入 CdS 中，把本征 CdS 变成 N-CdS，电导率可达 10^2S/cm。对 CdS 热处理也能使电导率增加至 10^8S/cm 的量级。在相对低温下进行热扩散，可避免膜退化。未掺杂的 CdS 薄膜的电阻率高，很可能是由于氧介入。氧俘获导带电子，形成化学吸附，存在晶界的多晶 CdS 薄膜更易吸收氧，在退火过程中，消除氧的吸附作用，使电阻率降低。因此热处理不但有效地滤掉了薄膜内部的氧，而且有利于膜沿优势晶向长大。

2. 电池结构

在光电化学的研究中，大部分 CdS 以改性材料的角色修饰到其他材料表面形成异质结体系，而这种修饰会大大提高异质结体系的光电化学性能。

采用电化学沉积法在 FTO 基底上制备 ZnO 纳米片，并用 KOH 溶液刻蚀得到多孔纳米片薄膜，再用化学浴沉积法使 CdS 量子点沉积在 ZnO 纳米片表面，得 CdS 敏化的多孔 ZnO 纳米片薄膜。发现 CdS 量子点可以紧密、均匀地生长在多孔 ZnO 纳米片表面，并与 ZnO 纳米片形成异质结，其光电转换效率有大幅度提高，为量子点敏化太阳能电池的潜在应用提供了实验基础。

采用旋涂辅助连续离子反应法分别在 TiO$_2$ 纳米棒阵列和 TiO$_2$ 纳米棒-ZnO 纳米片分级结构中沉积光敏剂 CdS 纳米晶，形成 CdS/TiO$_2$ 纳米棒复合膜和 CdS/TiO$_2$-ZnO 分级纳米结构复合膜，发现沉积光敏层 CdS 后，TiO$_2$ 纳米棒-ZnO 纳米片分级纳米结构膜的瞬态光电流明显高于 TiO$_2$ 纳米棒阵列膜；以聚（3-己基噻吩-2，5-二基）（简称 P3HT）为 P 型聚合物材料组装杂化太阳能电池，光伏性能测试结果表明，以 P3HT/CdS/TiO$_2$-ZnO 分级结构复合膜制备的杂化太阳能电池能量转换效率可达 0.65%，与 P3HT/CdS/TiO$_2$ 复合膜制备的杂化太阳能电池的能量转换效率相比提高了 58%。

利用化学沉积法和射频溅射法实现了 CdS 量子点/CdTe 纳米棒复合光电极的制备，在不同 CdS 量子点厚度的光电极的电化学表征中，发现了由 CdS 的压电效应引起的新的热释电现象，并在 25 次循环 CdS 量子点的光电极测试中获得了最好的结果，开路电压为 0.49V，短路电流为 71.09μA，其 *I-t* 曲线的开关比（开状态电流与关状态电流的比值）为 6。另外，还发现了热释电引起的电流反向现象，这一特性对于未来提高光电器件的性能具有重要的意义。

而一种低温加工的 CdS 薄膜作为钙钛矿器件的电子选择层，与传统的 TiO$_2$ 薄膜相比，CdS 半导体薄膜具有更高的迁移率，有利于电子的提取和传输；其次，发现 CdS 衬底上的钙钛矿薄膜旋涂层沿薄膜厚度方向有明显的生长趋势，从而减少了电子与空穴复合的机会，有利于电子与空穴的分离。通过化学浴沉积法同样制备了掺铟 CdS 薄膜，并作为 Sb$_2$（S$_{1-x}$Se$_x$）$_3$ 太阳能电池的中间层（图 1-18）。该中间层可以在光学和电学两方面优化器件质量，显著提高了光伏性能，得到了 6.63% 的功率转换效率（Power Conversation Efficiency，PCE），这是平面异质结太阳能电池中效率最高的。

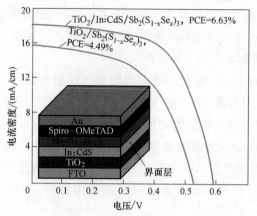

图 1-18　太阳能电池结构及功率转换效率（PCE）

1.4.3　CuInSe$_2$ 薄膜光电转换材料

CuInSe$_2$（简称 CIS）是光学吸收系数极高的半导体材料。以它为吸收层的薄膜电池适合光电转换，不存在光致衰退问题，性能稳定，转换效率和多晶硅一样。由于它具有价格低廉、抗放射性能好和工艺简单等优点，而成为最具潜力的第三代太阳能电池材料。

1. 材料性质

（1）结构性质　CuInSe$_2$ 是一种三元Ⅰ-Ⅲ-Ⅵ族化合物半导体，具有黄铜矿、闪锌矿两个同素异形的晶体结构。其高温相为闪锌矿结构（相变温度为 980℃），属于立方晶系，布拉菲晶格为面心立方，晶格常数为 $a = 0.58$nm，密度为 5.55g/cm^3；低温相是黄铜矿结构（相变温度为 810℃），属于四方晶系，布拉菲晶格为体心四方，与纤锌矿结构的 CdS（$a = 0.46$nm，$c = 6.17$nm）的晶格失配率为 1.2%。

CuInSe$_2$ 是直接带隙半导体材料，其带隙在 77K 时为 1.04eV，300K 时为 1.02eV，对温度变化不敏感。CuInSe$_2$ 的电子亲和势为 4.58eV，与 CdS 的电子亲和势（4.50eV）相差很小，这使它们形成的异质结没有导带尖峰，降低了光生载流子的势垒。

（2）光学性质　CuInSe$_2$ 具有一个 0.95~1.04eV 的允许直接本征吸收限和一个 1.27eV 的禁带直接吸收限，以及由于 DOW Redfiled 效应而引起的在低吸收区（长波段）的附加吸收。

CuInSe$_2$ 具有高达 $6×10^5$cm^{-1} 的吸收系数，是半导体材料中吸收系数最大的材料，对于太阳能电池基区光子的吸收、少数载流子的收集是非常有利的。电池吸收层的厚度可以降到 2~3μm，大大降低了原材料消耗。

CuInSe$_2$ 的光学性质主要取决于材料各元素的组分比、各组分的均匀性、结晶程度、晶格结构及晶界的影响。材料元素的组分与化学计量比偏离越小，结晶程度越好，元素组分均匀性越好，温度越低，光学吸收特性越好。具有单一黄铜矿结构的 CuInSe$_2$ 薄膜的吸收特性比含有其他成分和结构的薄膜要好，表现为吸收系数增大，并伴随着带隙减小。

（3）电学性质　CuInSe$_2$ 材料的电学性质（电阻率、导电类型、载流子浓度、迁移率）主要取决于材料各元素组分比，以及由于偏离化学计量比而引起的固有缺陷（如空位、填隙原子、替位原子）数量，此外还与非本征掺杂和晶界有关。

2. 电池结构

CIS 太阳能电池是在玻璃或其他廉价衬底上分别沉积多层薄膜而构成的光伏器件，其结构为：光/金属栅状电极/减反射膜/窗口层（ZnO）/过渡层（CdS）/光吸收层（CIS）/金属背电极（Mo）/衬底。CIS 太阳能电池有不同结构，主要差别在于窗口材料的选择。最早是用 CdS 作为窗口，CdS 薄膜广泛应用于太阳能电池窗口层，并作为 N 型层，与 P 型材料形成 PN 结，从而构成太阳能电池。近年来窗口层改用 ZnO，其带隙宽度可达到 3.3eV，而 CdS 只作为过渡层，其厚度大约为几十纳米。为了增加光的入射率，在电池表面做一层减反膜 MgF$_2$，有益于电池效率的提高。

以氯化物和 SeO$_2$ 为原料采用旋涂和化学共还原法制备了 CuInSe$_2$ 薄膜，在 180℃、200℃、220℃的相同实验温度下，反应时间越长，薄膜结晶越好；增加反应次数有利于薄膜样品的结晶，使薄膜更致密，电导率更高；以去离子水为溶剂制备的 CuInSe$_2$ 薄膜具有较好的导电性；CuInSe$_2$ 膜经浸泡除去杂质相 NaCl 后，电阻率较低，导电性较好。

N-CdS/P-CuInSn$_2$ 太阳能电池一般由低阻的 N 型 CdS 和高阻的 P 型 CuInSn$_2$ 组成。这种结构的电池一般有较高的短路电流、中等的开路电压和较低的填充因子。为了获得性能较好的 CdS/CuInSn$_2$ 电池，需要形成低阻 CuInSn$_2$ 层。实验发现，低阻 CuInSn$_2$ 材料与 CdS 接触时，在界面处会产生大量铜结核，使得电池的效率大为降低。而 PIN 型 CdS/CuInSn$_2$ 电池则解决了这一问题。

典型的 PIN 型结构的 CuInSe$_2$ 太阳能电池结构如图 1-19 所示。I 层由高阻的 CdS 层和高阻的 CIS 层组成，避免了 Cu/CdS 结的形成；N 层是低阻的 N 型 CdS，具有低的体电阻，且与上电极的接触电阻也较小；P 层是低阻的 P 型 CIS 层，具有低的体电阻和背接触电阻，且由于和高阻的 P 型 CIS 层形成背场，有利于提高开路电压。减小高阻 CIS 层厚度和增大低阻 CIS 层的厚度可以改善电池的结特性，提高电池的填充因子和转换效率；随着整个 CdS 层厚度的减小和高、低阻 CdS 层厚度比的增加，电池的性能会有一定的改善。

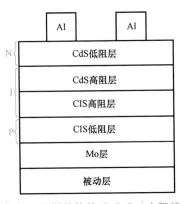

图 1-19　典型 PIN 型结构的 CuInSe$_2$ 太阳能电池结构

1.5　Ⅲ-Ⅴ族化合物光电转换材料

1.5.1　砷化镓基光电转换材料

砷化镓（GaAs）是一种典型的Ⅲ-Ⅴ族化合物半导体材料，具有与硅相似的闪锌矿晶体结构，不同的是 Ga 和 As 原子交替占位。GaAs 具有直接能带隙，带隙宽度为 1.42eV

（300K），还具有很高的光发射效率和光吸收系数。砷化镓基太阳能电池的特性如下：

1. 光吸收系数较高

GaAs 的光吸收系数，在光子能量超过其带隙宽度后剧升到 $10^4 cm^{-1}$ 以上，如图 1-20 所示。当光子能量大于其带隙宽度的太阳光经过 GaAs 时，只需要 $1\mu m$ 左右的厚度就可以使光强因本征吸收激发光生电子-空穴对而衰减到原值的 $1/e$ 以上。

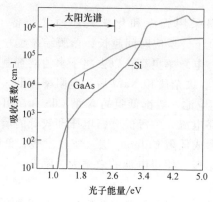

图 1-20　Si 和 GaAs 光吸收系数随光子能量的变化关系

2. 带隙宽度与太阳光光谱匹配

GaAs 的带隙宽度正好位于最佳太阳能电池材料所需要的能隙范围。由于能量小于带隙的光子基本上不能被电池材料吸收；而能量大于带隙的光子，多余的能量基本上会热释给晶格，很少再激发光生电子-空穴对而转变为有效电能。因此，如果太阳能电池采用单一的材料构成，则存在一个匹配于太阳光光谱的最佳能隙范围。

3. 温度系数

太阳能电池的效率随温度升高而下降，主要原因是电池的开路电压随温度升高而下降；电池的短路电流则对温度不敏感，随温度升高还略有上升。图 1-21 为 GaAs 和 Si 太阳能电池相对于 20℃时的归一化效率随温度的变化关系。在较宽的温度范围内，电池效率随温度的变化近似于线性关系，GaAs 太阳能电池效率的温度系数约为-0.23%/℃，而 Si 太阳能电池的温度系数约为-0.48%/℃。GaAs 太阳能电池效率随温度升高降低比较缓慢，可以工作在更高的温度范围。

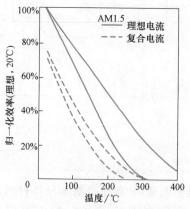

图 1-21　GaAs 和 Si 太阳能电池相对于 20℃时的归一化效率随温度的变化关系

4. 抗辐照性能

GaAs 太阳能电池具有较好的抗辐照性能。据报道，经过 1MeV 高能电子辐照，剂量达到 $1 \times 10^{15} \mathrm{cm}^{-2}$ 后，GaAs 太阳能电池的能量转换效率仍能保持原值的 75% 以上；而先进的高效空间 Si 太阳能电池经受同样的辐照条件下，转换效率只能保持其原值的 66%。当高能质子辐照时，两者的差异尤为明显。抗辐照性能好是直接带隙化合物半导体材料的共同特征。

电池材料抗辐照性能的优劣是由材料结构决定的。一般来讲，材料组分的原子量大或原子之间键合力强，抗辐照性能就好。此外，抗辐照性能也与材料的掺杂类型和厚度有关。通常 P 型基区电池的抗辐照性能较好，因为少子是电子，具有较大的迁移率；薄层材料抗辐照性能更佳，因为高能电子的穿透能力很强，在数十微米厚度中引发的缺陷密度基本上是均匀分布的。

5. 异质衬底电池和叠层电池材料

GaAs 材料另一个显著特点是易于获得晶格匹配、光谱匹配或兼而有之的异质衬底电池和叠层电池材料，如 GaAs/Ge 异质衬底电池、$\mathrm{Ga_{0.52}In_{0.48}P/GaAs}$ 和 $\mathrm{Al_{0.37}Ga_{0.63}As/GaAs}$ 叠层电池。这使电池的设计更为灵活，得以扬长避短，从而大幅度提高 GaAs 基电池的转换效率并降低成本。

1.5.2 单结 GaAs 基光电转换材料

1. 单结 GaAs 太阳能电池

GaAs 太阳能电池的制备工艺经历了从液相外延（Liquid Phase Epitaxy，LPE）到金属有机物气相外延（Metal-Organic Vapor-Phase Expitaxy，MOVPE）、从同质外延到异质外延、从单结到多结叠层结构的演变。GaAs 太阳能电池的能量转换效率，从最初的 16% 增加到现在的 24%。工业生产的规模已扩大到年产 100kW 以上，并在空间系统中得到广泛应用。尤其在小卫星空间电源系统中，GaAs 电池组件所占的比例正逐年增大。

基于单结 GaAs 太阳能电池结构，设计了两种具有不同背场（InAlGaP 和 InAlP）的单结太阳能电池结构，仿真并分析了其伏安特性，并将仿真结果与电池实验测试结果进行比较。随着温度的增加，开路电压明显下降，短路电流稍有提高。以重掺杂的 InAlGaP 作为背场的GaAs 太阳能电池结构为典型的太阳能电池伏安特性。以重掺杂的 InAlP 作为背场的 GaAs 太阳能电池结构的伏安特性曲线在正向电压 1.3~1.5V 附近呈 S 形变化。这是因为异质结的存在，影响了载流子的运输，在较小的偏电压下，载流子主要通过隧道效应越过势垒，在较大的偏电压下，载流子主要通过热电子发射越过势垒。

2. LPE GaAs 太阳能电池

GaAs 的液相外延（LPE）技术是利用 Ga 的饱和母液于缓慢降温过程中在 GaAs 衬底上析出饱和基质，实现材料的外延生长。这一技术简单、毒性小，而且外延层是在近似热平衡条件下生长的，所以材料质量很好。LPE 法制备 GaAs 太阳能电池的主要问题是 GaAs 的表面复合速率高。因为 GaAs 是直接带隙材料，对短波长光子的吸收系数高达 $10^5 \mathrm{cm}^{-1}$ 以上，所以高能量光子基本上被数十纳米厚的表面层吸收；加之 GaAs 没有像 $\mathrm{SiO_2/Si}$ 那样好的表面钝化层，所以表面复合严重影响 GaAs 电池的性能。在 GaAs 表面生长一薄层 $\mathrm{Al_xGa_{1-x}As}$窗口层，可以克服这一困难。LPE 方法的主要缺点是，难以实现多层复杂结构的生长，也难以精确控制层厚。近年来有被 MOVPE 技术淘汰的趋势。

3. MOVPE GaAs/Ge 太阳能电池

同 LPE 相比，金属有机物气相外延（MOVPE）技术的设备昂贵，技术复杂，但可以实现异质外延生长，有潜力获得更高的太阳能电池转换效率。因为在一次 MOVPE 生长过程中，通过金属有机物气源的变换可以生长出多层很薄的均匀异质外延层，提高了电池设计的灵活性，甚至可以生长多结叠层结构。通过扩大 MOVPE 设备的生产规模，也有望大大降低生产成本。MOVPE 生长 AlGaAs/GaAs 异质界面太阳能电池常用的有机金属源为液态三甲基镓（TMGa）、液态三甲基铝（TMAl）和电子级纯氢稀释的砷烷（AsH$_3$）。P 型掺杂剂为二甲基锌，N 型掺杂剂为电子级纯氢稀释的硒化氢（H$_2$Se）。

近年来，大型分子束外延（MBE）技术的设备也加入研制 GaAs/Ge 太阳能电池的行列，对 GaAs/Ge 界面上反向畴（APD）、螺旋位错及非控制界面扩散等关键因素进行了研究。其基本原理是在超高真空条件下，由装有各种所需组分的炉子加热而产生的蒸气，经小孔准直后形成的分子束或原子束，直接喷射到适当温度的单晶基片上，同时控制分子束对衬底扫描，就可使分子或原子按晶体排列一层层地"长"在基片上形成薄膜。其特点在于生长速率极慢，大约 1μm/h，相当于每秒生长一个单原子层，因此有利于实现精确控制厚度、结构与成分和形成陡峭的异质结构等。此外膜的组分和掺杂浓度可随源的变化而迅速调整。

4. 超薄 GaAs 太阳能电池

无论生长在 GaAs 还是 Ge 衬底上，GaAs 太阳能电池都比 Si 太阳能电池重，因为 GaAs 和 Ge 的密度几乎都是 Si 的两倍。然而，GaAs 是直接带隙材料，光吸收系数大，有源层厚度只需 3μm 左右，所以原则上在生长好 GaAs 电池后，可以选择把衬底完全腐蚀掉，只剩下 5μm 左右的有源层，从而制成超薄 GaAs 电池。这样就可以获得很高的单位质量比功率输出。

1.5.3 多结 GaAs 基光电转换材料

1. 多结叠层 GaAs 基系太阳能电池

材料组分单一构成的太阳能电池，只能吸收和转换特定光谱范围的阳光，能量转换效率不高。如果用不同带隙宽度 E_g 的材料做成太阳能电池，按 E_g 大小从上而下叠合起来，选择性地吸收和转换太阳光谱的不同子域，就有可能大幅度提高电池的转换效率，如图 1-22 所示。这样的电池结构就是多结叠层太阳能电池。理论计算表明，如按 AM1.5 光谱和 1000 倍太阳光强计算，两结叠层太阳能电池的极限效率为 50%，最佳匹配带隙 E_{g1} = 1.56eV，E_{g2} = 0.94eV；三结叠层太阳能电池的极限效率为 56%，最佳匹配带隙 E_{g1} = 1.75eV，E_{g2} = 1.18eV，E_{g3} = 0.75eV；超过三结叠层以后，叠层太阳能电池效率的提高随子结数目的增加而变缓，如 36 结叠层太阳能电池的理论效率为 72%。

2. Al$_{0.37}$Ga$_{0.63}$As/GaAs 双结叠层太阳能电池

在光电子技术领域，对 AlGaAs 合金材料及 AlGaAs/GaAs 异质结构已进行了深入研究；在光伏电池领域，Al$_{0.8}$Ga$_{0.2}$As 层作为 GaAs 太阳能电池的窗口层也已普遍被采用。因此，Al$_{0.37}$Ga$_{0.63}$As/GaAs 晶格匹配和光谱匹配系统自然在研制叠层太阳能电池时首先受到关注，两者的带宽 E_{g1} = 1.93eV，E_{g2} = 1.42eV，正好处在叠层太阳能电池所需要的最佳匹配范围。

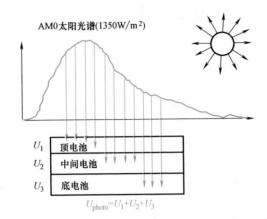

图 1-22 叠层电池中每个子电池选择性地吸收和转换特定谱域的阳光

在 1988 年，国外用 MOVPE 技术生长了 $Al_{0.37}Ga_{0.63}As/GaAs$ 双结叠层太阳能电池，其 AM0 和 AM1.5 效率分别达到 23.0% 和 27.6%，电池面积为 $0.5cm^2$。

3. $Ga_{0.5}In_{0.5}P/GaAs$ 多结叠层太阳能电池

$Ga_{0.5}In_{0.5}P$ 是另一个宽带隙的与 GaAs 晶格匹配的系统。1989 年，美国国家再生能源实验室（NREL）的 J.M.Olson 等人比较了 $Ga_{0.5}In_{0.5}P/GaAs$ 与另外两个晶格匹配系统 $Al_{0.4}Ga_{0.6}As/GaAs$ 和 $Al_{0.5}In_{0.5}P/GaAs$ 的界面质量。根据光致发光衰减时间常数推算，$Ga_{0.5}In_{0.5}P/GaAs$ 界面的复合速率最低，约为 1.5cm/s，而 $Al_{0.4}Ga_{0.6}As/GaAs$ 和 $Al_{0.5}In_{0.5}P/GaAs$ 界面复合速率（上限）分别为 210cm/s 和 900cm/s。结论是 $Ga_{0.5}In_{0.5}P/GaAs$ 界面质量最好。

4. GaAs/GaSb 叠层太阳能电池

GaAs 同窄带隙材料 GaSb 构成的叠层太阳能电池，可以扩展对太阳光谱近红外波段的吸收和转换。GaSb 的带隙宽度为 0.72eV，用作底部电池材料，同 GaAs 构成叠层太阳能电池，理论转换效率可以达到 38%。然而，GaSb 的晶格与 GaAs 的晶格不匹配，只能做成四端机械叠层器件。实际上，MOVPE GaAs/GaSb 四端机械叠层聚光电池的效率已达到 32%。

德国曾与俄罗斯合作，采用廉价、毒性小的 LPE 工艺研制 GaAs 顶部电池，用 Zn 气相扩散制备 GaSb 太阳能电池，经机械叠层后构成了四端 GaAs/GaSb 叠层太阳能电池，能量转换效率在 100 倍 AM1.5 光强下达到 31.3%。用这样的器件组装成 $486cm^2$ 电池阵列，户外效率达到 23%。

1.5.4 InP 基光电转换材料

1. InP 太阳能电池

在Ⅲ-Ⅴ族空间太阳能电池中，除 GaAs 太阳能电池外，InP 太阳能电池受到较多的关注。InP 也是直接带隙半导体材料，对太阳光谱最强的可见光和近红外光波段也有很大的光吸收系数，所以 InP 太阳能电池的有源层厚度也只需 $3\mu m$ 左右。InP 的带隙宽度为 1.35eV（300K），也处在匹配于太阳光谱的最佳能隙范围，电池的理论能量转换效率和温度系数介于 GaAs 太阳能电池与 Si 太阳能电池之间。InP 的室温电子迁移率高达 $4600cm^2/V \cdot s$，也介于 GaAs 与 Si 之间。所以 InP 太阳能电池有潜力达到较高的能量转换效率。

InP 太阳能电池更引人注目的特点是它的抗辐照能力强，不仅远优于硅太阳能电池，也远优于砷化镓太阳能电池。在一些高辐照剂量的空间发射中，如需穿越 VanAllen 强辐照带时，Si 和 GaAs 太阳能电池的循环结束（End of Life，EOL）效率都很低，只有 InP 太阳能电池能胜任这样环境下的空间能源任务。

2. lnP/Si 异质外延单结太阳能电池

因为 InP 材料价格昂贵，容易破碎，所以近年来着重研究在 Si、Ge 或 GaAs 衬底上生长 InP 异质外延电池。特别是 Si 衬底，因其廉价而力学强度高，更是首选的材料。虽然由于 Si 衬底与 InP 外延层之间的晶格失配，会因晶格弛豫而产生大量位错缺陷，限制了少子寿命，使 InP/Si 太阳能电池循环开始（Beginning of Life，BOL）效率（约 12.5%）远低于同质生长的 InP 太阳能电池的 BOL 效率。但是，在大剂量辐照条件下，辐照损伤缺陷对少子寿命的影响可能更严重，从而掩盖了异质外延失配位错的影响，所以 InP/Si 异质外延电池与 InP 同质外延电池拥有相近的 EOL 效率。

3. InP/InGaAs 叠层太阳能电池

InP 与晶格匹配的窄带隙材料 InGaAs（$E_g = 0.74\text{eV}$）构成叠层太阳能电池，可以扩展对太阳光光谱长波段的吸收和转换。早在 1991 年，InP/InGaAs 单片三端叠层太阳能电池效率已达到 31.8%（50 倍 AM1.5，25℃）。但由于上下电池之间的隧道连接及电流匹配未解决，所以，采用了三端结构。近年来，NREL 的 Wanlass 等人在 InP/InGaAs 单片双端叠层太阳能电池研制方面取得了较大进展。样品在（100）P^+-InP 衬底上生长 [向（110）面偏 2°]。下电池的基区为 P 型 $Ga_{0.47}In_{0.53}As$ 层，具有背表面场 P^+-InP 和窗口层 N^+-InP。上电池的基区为 P-InP，发射区为 N^+-InP，上下电池之间用 P^{++}/N^{++} $Ga_{0.47}In_{0.53}As$ 构成隧道结连接，电池顶部采用 MgF_2/ZnS 双层减反射膜。

InP/$Ga_{0.47}In_{0.53}As$ 叠层太阳能电池用 MOVPE 技术生长。Ⅲ族源为三甲基钢（TMI）和三甲基镓（TMG），并且发现用三乙基镓（TEG）取代三甲基镓可以改善对 Ga 与 In 之比的控制。Ⅴ族源为砷烷和磷烷。P 型和 N 型掺杂剂用氢稀释的二甲基锌和硫化氢。样品的生长温度为 620℃，InP 层的生长速率为 $0.075\mu\text{m/min}$。$Ga_{0.47}In_{0.53}As$ 层生长速率为 $0.14\mu\text{m/min}$。研制的 InP/$Ga_{0.47}In_{0.53}As$ 单片双端叠层太阳能电池的效率达到 22.2%（1 倍 AM0，25℃，1.112cm^2）。他们还研制了一些大面积（>4cm^2）InP/$Ga_{0.47}In_{0.53}As$ 叠层太阳能电池，其中 5 块样品送 STRV-I 卫星进行空间飞行搭载试验。这 5 块样品电池效率为 19.4%～21.1%，这表明制备大面积 InP/$Ga_{0.47}In_{0.53}As$ 叠层太阳能电池的技术已趋成熟。经过进一步改进表面钝化，减少长、短波损失及减少栅线电阻，InP/$Ga_{0.47}In_{0.53}As$ 叠层太阳能电池的效率可望达到约 26%，可同 GaInP/GaAs 叠层太阳能电池相媲美。然而 InGaAs 电池的抗辐照性能远不如 InP，构成的电池削弱了抗辐照特性。

1.5.5　新型Ⅲ-Ⅴ族化合物光电转换材料

1. 多量子阱太阳能电池

在 P-I-N 型太阳能电池的 i 层（未故意掺杂的所谓本征层）中植入多量子阱（Multiple Quantum Well，MQW）或超晶格等低维结构，可以提高太阳能电池的能量转换效率。量子阱结构的窄带隙阱层材料将电池的吸收光谱从 890nm 扩展到 1000nm，同时，量子阱结构的引入提高了 680~890nm 波长范围内的量子效率，降低了波长在 680nm 以下的量子效率。通过计算得到的量子阱结构和 GaAs 材料的光吸收系数，可以用来解释量子阱结构对太阳能电池量子效率的影响。含 P-I（MQW）-N 型多量子阱太阳能电池的能带结构如图 1-23 所示。

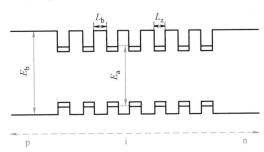

图 1-23　P-I（MQW）-N 型多量子阱太阳能电池的能带结构示意图

有关多量子阱电池的实验研究大体上集中在晶格匹配的 AlGaAs/GaAs 和 InP/InGaAs 系统，以及晶格不匹配的应变超晶格 GaAs/InGaAs 和 InP/InAsP 系统。量子阱太阳能电池还处于探索试验阶段。它可以扩展长波响应，在很薄的有源层（约 0.6μm）中获得较高的光电流密度；可以形成应变结构，扩充了晶格匹配的容限选择。

2. 新窗口层材料 ZnSe

CaAs 太阳能电池的窗口层材料常采用晶格匹配的 $Al_xGa_{1-x}As$（$x=0.8$ 的晶格常数为 0.566nm）。它的带隙约为 2.1eV，容许大部分阳光透过，但由于带隙不够宽，还会吸收一部分高能光子，致使 GaAs 太阳能电池的电流损失 10% 左右；它与 GaAs 的能带补偿主要发生在导带，因而只适合用作 P 型窗口层，以限制光生电子的反向扩散，而且它对氧和水汽敏感。因此，可用 ZnSe 作为 GaAs 太阳能电池窗口层材料。

ZnSe 的晶格常数为 0.567nm，与 GaAs 和 GaInP 两者晶格常数之差均小于 0.23%；如少量用 S 取代 Se，还可以调整晶格常数使之正相匹配。ZnSe 的带隙宽度为 2.67eV，远大于常用的 GaAs 窗口层材料（如 GaInP、AlGaAs、AlInP 等）的带隙，从而大大降低了对高能光子的吸收。因此，ZnSe 适合用作 N 型 GaAs 的窗口层，在 N^+/P 结构的 GaAs 太阳能电池中，形成对光生空穴的反向扩散势垒，并有助于对光生电子的收集（导带补偿为负值，$\Delta E_0 = -0.02eV$）。这种结构较之 P^+/N GaAs 结构可以取得更高的转换效率和更好的抗辐照性能。

1.6　新型光电转换新能源材料

1.6.1　染料敏化太阳能电池

染料敏化太阳能电池的发电原理与传统的 PN 结型太阳能电池不同，它是利用与叶绿素进行光感应电子移动机理类似的电子移动方式的发电机械装置进行发电。染料敏化太阳能电池具有如下特征：

1）较低的制造成本。构成染料敏化太阳能电池的二氧化钛等无机氧化物及色素的原材料硅等比金属价格便宜，其制造方法可以用印刷方式，制造方法简单，因此不必使用高价的制造设备，故其制造成本比较低。

2）高转换效率。染料敏化太阳能电池能获得和结晶硅系太阳能电池相同或比其更高的光电转换效率。目前报道的染料敏化太阳能电池的最高转换效率是使用 N3 色素、N719 色素及黑色色素的二氧化钛染料敏化太阳能电池，转换效率 η_{sun} 为 10%，而新的高性能色素的开发及光电极电子由于能抑制电子损耗过程，有望达到更高的性能。

3）受原材料资源的制约少。构成染料敏化太阳能电池的材料为二氧化钛、氧化锌等氧化物半导体及钌、喹啉蓝等增感色素，还有碘的化合物等电解质溶液。与硅系太阳能电池相比，染料敏化太阳能电池受到资源的制约少，可以使用氧化物作为原材料是其最大的优点。

4）电池多样化。由氧化物半导体和色素进行组合，可以制造出光吸收范围不同的多种多样的染料敏化太阳能电池。结合目的和用途，可制造出各种性能和机能的染料敏化太阳能电池。

5）废物再生利用。染料敏化太阳能电池的原材料与环境的适应性好，造成环境污染的可能性小。并且由于使用有机色素的染料敏化太阳能电池可通过色素的脱除及燃烧除去，故氧化物半导体光电极是有可能实现资源再利用的。

图 1-24 是染料敏化太阳能电池的能量图。透过导电性玻璃基片的辐射太阳光，被用化学法固定在 TiO_2 表面的增感色素所吸收。吸收了光的钌增感色素从准能级（S^0）通过金属-配电体电荷迁移（Metal to Ligand Charge Transfer，MLCT）跃迁进入激发（S^*）态，钌增感色素的电子进入 TiO_2 的传导层。其结果是钌增感色素被氧化，变为氧化态。这时，为了将增感色素上的跃迁电子有效地注入 TiO_2 层中，增感色素激发态的能级不能小于半导体导带（E_c）的能级。用高速分光法可以确定，电子的注入在 $10 \sim 15s$ 内就可以有效地进行。注入半导体中的电子通过扩散经过导电性的玻璃基片（Transparent Conducting Oxide，TCO）、连接线导入对电极。

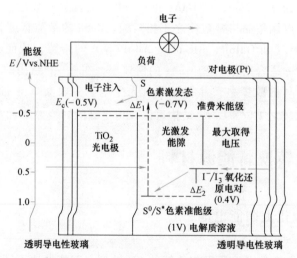

图 1-24 染料敏化太阳能电池的能量图

另一方面，被氧化了的色素（S^+）从氧化还原介质（Redox Mediator-Red，I^-）中得到电子，又重新回到准能级的色素（S^*）成为氧化态（Redox Mediator-ox，I_3^-），向对电极进行扩散，从铂电极接受电子回到到还原态（Mediator-Red，I⁻），这就是电子的一个循环。

用 TiO_2 光电极，几乎不能吸收可见光，但在 TiO_2 表面通过固定钌增感色素，就可大幅度地吸收可见光，从而实现光电转换。RuL_2（NCS）$_2$ 色素（相当于 N3 或者 N19）可将可见光区域内直到 800nm 的光进行光电转换，且 RuL_2（NCS）$_2$ 色素（相当于黑色染料色素）有可能将达到红外光 900nm 的光也进行光电转换。N3 色素太阳能电池的光电转化效率（Incident Photon-to-Electron Conversion Efficiency，IPCE）在 550nm 时可接近 80%、400~650nm 的光的光电效率平均超过了 70%。由于入射的太阳光经过导电玻璃时也会被吸收，且在基片界面还有反射，因此增感色素吸收的光会有若干的减少，IPCE＝80%，光电转换效率的量子吸收率几乎已接近 100%。

染料敏化太阳能电池的一个特点是选择不同的色素可以制造不同的透明太阳能电池。染料敏化太阳能电池是由两个导电玻璃电极和由电极包围的电解质溶液所构成的。

1）TiO_2 光电极。光电极是将镀有碘的氧化泡沫作为导电性膜敷在玻璃板（掺杂氟的 SnO_2 导电玻璃 $SnO_2 \cdot F$，Fluorinedoped Tin Oxide，FTO）上，然后将胶状的 TiO_2 涂在上面，在 450℃下进行焙烧，得到由 10~30nm 的 TiO_2 纳米粒子的沉积所构成的 10μm 左右厚的多孔物质膜。

2）钌增感色素。为了实现光在 TiO_2 微粒子的表面进行吸收和光电转换这一基本作用，需将钌增感色素固定在表面上。钌增感色素的吡啶系配位具有羧酸基（—COOH），此吡啶酸基与 TiO_2 表面的羟基（—OH）结合形成酯，这样钌增感色素就在 TiO_2 表面以单层的形式被紧紧地固定。由于这种酯结合的形成，电子移动就可以从钌增感色素到 TiO_2 有效地进行。

3）电解质溶液。电解质溶液由溶剂和 I^-/I_3^- 的还原性电对体系所构成。具体来讲，除了碘外，还使用 KI、$(C_3H_7)_4NI$ 及（DMPImI）$(CH_3)_2$ (C_3H_7) C_5H_2NI。除此之外，还添加如（TBP）$(t-C_4H_9)$ C_5H_4N 的盐类作为溶剂。溶剂还可使用非质子性的溶液，如乙烯基碳化硅和乙腈的混合溶液及乙腈纯溶剂，以及甲氧基乙腈这样的腈类溶剂。

4）对电极。对电极使用在导电性玻璃上喷镀铂的方法。

目前，对 TiO_2 光阳极的优化改性可分为以下几类：改进微观结构、设计复合结构、离子掺杂、表面处理，以及多种优化手段共改性等。染料敏化太阳能电池（Dye Sensitized Solar Cell，DSSC）的光阳极通常由介孔 TiO_2 纳米颗粒薄膜组成，比表面积较大，可供染料吸附的位点多。但由于 TiO_2 纳米颗粒为无序结构，存在的界面效应、表面缺陷延长了光生电子的传输路径，增加了界面电阻，从而阻碍了 DSSC 光电转换效率的提高。

金红石 TiO_2 纳米晶骨架及锐钛矿 TiO_2 微球组成的多级 TiO_2 复合结构，与普通的 P25 光阳极相比效率提升了 58%。将银纳米线与 TiO_2 纳米纤维相结合，再加入银纳米颗粒制备成复合结构光阳极，因为银纳米线表面的等离子体共振效应加强了短路光电流密度，展现出 9.74% 的光电转换效率。新型高效的碳纳米纤维/TiO_2 纳米棒/金纳米粒子的异质结构，将其作为光阳极材料组装了 DSSC，同样取得了 6.45% 的光电转换效率。

1.6.2 有机半导体太阳能电池

通常情况下，高分子聚合物由许多排列无序的大分子组成，通电后，当电流增大时，高分子聚合物内部会形成凌乱的网状物，并马上停止导电。由于材料的不同，电流的产生过程也会有所不同。有机半导体吸收光子产生电子-空穴对（激子），激子的结合能为 $0.2 \sim 1.0 eV$，高于相应的无机半导体激发产生的电子-空穴对的结合能，所以电子-空穴对不会自动解离形成自由移动的电子和空穴，需要电场驱动电子-空穴对进行解离。两种具有不同电子亲和能和电离势的材料相接触，接触界面处产生接触电势差，可以驱动电子-空穴对解离。单纯由一种纯有机化合物夹在两层金属电极之间制成的肖特基电池效率很低，后来将 P 型半导体材料（电子给体）和 N 型半导体材料（电子受体）复合，发现两种材料的界面电子-空穴对的解离非常有效，光激发单元的发光复合退火过程有效地得到抑制，导致高效的电荷分离，也就是通常所说的 P-N 异质结型太阳能电池。

1. 有机半导体太阳能电池材料

（1）有机小分子化合物　最早期的有机太阳能电池为肖特基电池，是在真空条件下把有机半导体染料如酞菁等蒸镀在基板上形成夹心式结构。这类电池对于研究光电转换机理很有帮助，但是蒸镀薄膜的加工工艺比较复杂，有时候薄膜容易脱落。因此又发展了将有机染料半导体分散在聚碳酸酯（PC）、聚乙酸乙烯酯（PVAC）、聚乙烯咔唑（PVCA）等聚合物中的技术。然而这些技术虽然能提高涂层的柔韧性，但半导体的含量相对较低，使光生载流子减少，短路电流下降。

酞菁类化合物是典型的 P 型有机半导体，具有离域的平面大 π 键，在 $600 \sim 800 nm$ 波长的光谱区域有较大吸收。同时芘类化合物是典型的 N 型半导体材料，具有较高的电荷传输能力，在 $400 \sim 600 nm$ 波长的光谱区域内有较强吸收。

（2）有机大分子化合物　用聚噻吩衍生物（POPT）作为电子给体，用聚亚苯基乙烯基类 MEH-CN-PPV 共轭聚合物取代 C60 利用层压技术制成了光电池器件。由于要获得稳定高迁移率的状态，POPT 必须经过热处理或溶剂处理，可以有效地减少单层共混 POPT：MEH-CN-PPV 相分离，从而使其效率大致只与纯 MEH-CN-PPV 器件相当。为此利用层压技术制得的双层器件结构 ITO/POPT：MEH-CN-PPV（19：1）/Al，能量转换效率在模拟太阳光下为 1.9%。将聚噻吩衍生物 POPT 与光敏剂卟啉 H_2PC 共混后与芘衍生物（PV）制成双层膜器件，在 430nm 处的能量转换效率最高达到了 2.91%。

（3）模拟叶绿素材料　植物的叶绿素可将太阳能转化为化学能的关键一步是叶绿素分子受到光激发后产生电荷分离态，且电荷分离态寿命长达 1s。电荷分离态存在时间越长越有利于电荷的输出。美国阿尔贡国家实验室的工作人员合成了具有模拟叶绿素分子结构的化合物 C-P-Q。卟啉环吸收太阳光，将电子转移到受体苯醌环上，胡萝卜素也可以吸收太阳光，将电子注入卟啉环，最后正电荷集中在胡萝卜素分子上，负电荷集中在苯醌环上，电荷分离态的存在时间高达 4ms。卟啉环对太阳光的吸收远大于胡萝卜素。如果将该分子制成极化膜附着在导电高分子膜上，就可以将太阳能转化为电能。

（4）有机无机杂化体系　将在红外光区有较好吸收且载流子迁移率较高的棒状无机纳米粒子 CdSe 与聚 3-己基噻吩 P3HT 直接从吡啶氯仿溶液中旋转涂膜，制成如图 1-25 所示的器件。在 AM1.5 模拟太阳光条件下，能量转换效率达到 1.7%。在共轭聚合物中，P3HT 的场效应迁移率是最高的，达到 $0.1 cm^2/(V \cdot s)$，这些体系大大拓宽了人们对此类材料结构设计的思路，从而使得有机太阳能电池各种材料的性能得到不断改善。根据量子阱效应，改变纳米粒子的大小可以调节它的吸收光谱。

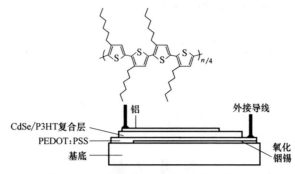

图 1-25　电池结构示意图及 P3HT 结构式

2. 有机半导体太阳能电池的优点

1）化学可变性大，原料来源广泛。

2）有多种途径可改变和提高材料的光谱吸收能力，扩展光谱吸收范围，并提高载流子的传送能力。

3）加工容易，可采用旋转法、流延法大面积成膜，还可进行拉伸取向使极性分子规整排列，采用 Langmuir-Blodgett 膜技术在分子生长方向控制膜的厚度。

4）容易进行物理改性，如采用高能离子注入掺杂或辐照处理可提高载流子的传导能力，减小电阻损耗，提高短路电流。

5）电池制作的结构多样化。

6）价格便宜，有机高分子半导体材料的合成工艺比较简单，如酞菁类染料早已实现工业化生产，因而成本低廉，这是有机太阳能电池实用化最具有竞争能力的因素。

有机半导体太阳能电池与传统的化合物半导体电池、普通硅太阳能电池相比，其优势在于更轻薄灵活而且成本低廉。但其转化效率不高，使用寿命偏短，一直是阻碍有机半导体太阳能电池技术市场化发展的瓶颈。

3. 应用及前景

与传统硅电池相比，有机太阳能电池更轻薄，在同等体积的情况下，展开后的受光面积会大大增加。因此，可将有机太阳能电池应用于通信卫星中，提高光电利用率。而且，由于其轻薄、柔软、易携带的特性，有机太阳能电池在不久的将来也能给微型电脑、数码音乐播放器、无线鼠标等小型电子设备提供能源。

在有机太阳能电池上可体现各种颜色和图案，更加精美的设计使它们能够很好地融合于建筑设计等领域。用廉价的有机太阳能电池作为某些办公楼的外墙装饰可以吸收太阳能发电，供楼内使用（如取暖、照明工作用电），充分利用了能源。在衣服表层嵌入轻薄柔软的有机太阳能电池与有机发光材料，将太阳能转化为电能并储存，冬天可发热保暖，衣服在夜间也会发出各种颜色的可见光，使人们的衣服更加绚丽。

思　考　题

1. 什么是 P 型半导体？什么是 N 型半导体？请简述 PN 结的形成原理。

2. 什么是光电效应？影响太阳能电池光电转化效率的因素有哪些？

3. 简述单晶硅太阳能电池中的电池片制造流程。

4. 如何提高多晶硅太阳能电池的转化效率？

5. 什么是非晶硅太阳能电池，请简述其特点。

6. 常见Ⅱ-Ⅵ族多晶薄膜光电转换材料有哪些？其基本性质各是什么？

7. 什么是 CIS 太阳能电池？请简述其基本结构组成。

8. 砷化镓基太阳能电池的特性是什么？

9. 制备单结 GaAs 基光电转换材料的主流技术有哪些？它们各有什么特点？

10. 染料敏化太阳能电池的发电原理和特点是什么？

11. 有机半导体太阳能电池的特点是什么？

参 考 文 献

[1] 吴其胜. 新能源材料 [M]. 2 版. 上海：华东理工大学出版社，2017.

[2] 王元良，李达，曾明华. 太阳能电动车的设计研究与实践 [M]. 成都：西南交通大学出版社，2018.

[3] 雷永泉. 新能源材料 [M]. 天津：天津大学出版社，2000.

[4] 王晓暄. 新能源概述：风能与太阳能 [M]. 西安：西安电子科技大学出版社，2015.

[5] 梁彤祥，王莉. 清洁能源材料导论 [M]. 哈尔滨：哈尔滨工业大学出版社，2003.

[6] 江华，金艳梅，叶幸，等. 中国光伏产业 2019 年回顾与 2020 年展望 [J]. 太阳能，2020（3）：14-23.

[7] 谢娟，林元华，周莹，等. 能量转换材料与器件 [M]. 北京：科学出版社，2014.

[8] 艾德生，高喆. 新能源材料：基础与应用 [M]. 北京：化学工业出版社，2010.

[9] 陈光，崔崇，徐锋，等. 新材料概论 [M]. 北京：国防工业出版社，2013.

[10] 陈军，袁华堂. 新能源材料 [M]. 北京：化学工业出版社，2003.

[11] 中国可再生能源学会光伏专业委员会. 2019 年中国光伏技术发展报告：新型太阳电池的研究进展（3）[J]. 太阳能，2020（3）：5-13.

[12] 田传进，赵文燕，陈雅楠，等. CdS 量子点敏化 ZnO 纳米片的制备与光电性质 [J]. 硅酸盐学报，2019，47（12）：1711-1716.

[13] GUO X, TAN Q, LIU S, et al. High-efficiency solution-processed CdTe nanocrystal solar cells incorporating a novel crosslinkable conjugated polymer as the hole transport layer [J]. Nano Energy, 2018, 46：150-157.

[14] 罗炳威，刘大博，邓元，等. FTO/CdTe/Bi$_2$Te$_3$ 纳米结构异质结薄膜的光-热协同响应 [J]. 航空材料学报，2018，38（6）：11-18.

[15] 罗炳威，刘大博，邓元，等. CdS 量子点/CdTe 纳米棒光电极制备及其光电性能 [J]. 稀有金属材料与工程，2018，47（10）：3173-3178.

[16] GUILLEMOLES J F, KIRCHARTZ T, CAHEN D, et al. Guide for the perplexed to the Shockley-Queisser model for solar cells [J]. Nature Photonics, 2019, 13（8）：501-505.

[17] TAN J, PENG B, TANG L, et al. Enhanced photoelectric conversion efficiency：A novel h-BN based self-powered photoelectrochemical aptasensor for ultrasensitive detection of diazinon [J]. Biosensors and Bioelectronics, 2019, 142：111546.

[18] WANG J, LIU S, MU Y, et al. Sodium citrate complexing agent-dependent growth of n-and p-type CdTe thin films for applications in CdTe/CdS based photovoltaic devices [J]. Journal of Alloys and Compounds, 2018, 748：515-521.

[19] HOSSAIN M S, RAHMAN K S, KARIM M R, et al. Impact of CdTe thin film thickness in Zn$_x$Cd$_{1-x}$S/CdTe solar cell by RF sputtering [J]. Solar Energy, 2019, 180：559-566.

[20] AHMED B A, SHALLAL I H, AL-ATTAR F I. Physical properties of CdS/CdTe/CIGS thin films for solar

cell application [J]. Journal of Physic Conference Series, 2018, 1032 (1): 012022.

[21] WU C, JIANG C, WANG X, et al. Interfacial Engineering by Indium-Doped CdS for High Efficiency Solution Processed Sb_2 ($S_{1-x}Se_x$)$_3$ Solar Cells [J]. ACS Applied Materials & Interfaces, 2019, 11 (3): 3207-3213.

[22] LIU K, XU Y, SUN Q, et al. Characterization of structure and physical properties of $CuInSe_2$ films prepared from chlorides under different conditions [J]. Results in Physics, 2019, 12: 766-770.

[23] 徐毅, 宋兆丽, 徐政, 等. 聚光内球面太阳能电池 [J]. 光子学报, 2013, 42 (7): 782-786.

[24] MA W, LI X, LU H, et al. A flexible self-charged power panel for harvesting and storing solar and mechanical energy [J]. Nano Energy, 2019, 65: 104082.

[25] 丁美斌, 娄朝刚, 王琦龙, 等. GaAs 量子阱太阳能电池量子效率的研究 [J]. 物理学报, 2014, 63 (19): 417-421.

[26] HUANG J, JING H X, LI N, et al. Fabrication of magnetically recyclable SnO_2-TiO_2/$CoFe_2O_4$ hollow core-shell photocatalyst: Improving photocatalytic efficiency under visible light irradiation [J]. Journal of Solid State Chemistry, 2019, 271: 103-109.

[27] ZHAO F Y, MA R, JIANG Y J. Strong efficiency improvement in dye-sensitized solar cells by novel multidimensional TiO_2 photoelectrode [J]. Applied Surface Science, 2018, 434: 11-15.

[28] KUMARI M, PERERA C S, DASSANAYAKE B S, et al. Highly efficient plasmonic dye-sensitized solar cells with silver nanowires and TiO_2 nanofibres incorporated multi-layered photoanode [J]. Electrochimica Acta, 2019, 298: 330-338.

[29] LU D, LI J, LU G, et al. Enhanced photovoltaic properties of dye-sensitized solar cells using three-component CNF/TiO_2/Au heterostructure [J]. Journal of Colloid and Interface Science, 2019, 542: 168-176.

[30] RÜHLE S. Tabulated values of the Shockley-Queisser limit for single junction solar cells [J]. Solar Energy, 2016, 130: 139-147.

第2章
热电转换新能源材料

我们用的电是从哪来的？你可能会说：火电厂、水电站、风力发电厂、核电站……

如果我告诉你，只需要通过一块薄膜，人体体温也能发电。

你可能会惊讶：这怎么可能？

事实上，高性能热电材料就能做到，而且可以实现发电、制冷、控温。

例如，对于遥远的太空探测器来说，放射性同位素供热的热电发电器是唯一的供电系统，已被成功地应用于美国航空航天局（NASA）发射的"旅行者一号"和"伽利略火星探测器"等宇航器上。利用自然界温差和工业废热均可实现热电发电，它能利用自然界存在的非污染能源，具有良好的综合社会效益。

再如，利用珀尔帖效应制成的热电制冷机具有机械压缩制冷机难以媲美的优点：尺寸小、质量轻、无任何机械转动部分、工作无噪声、无液态或气态介质，因此不存在污染环境的问题，可实现精确控温，响应速度快，器件使用寿命长。

热电材料两端施加不同温度，会在内部形成电流，温差越大，产生的电流越强，如图2-1a所示。

热电材料通入电流，会产生冷热两端，可以用来冷却和控温，如图2-1b所示。

热电材料都有哪些？热电材料是如何实现发电、制冷、控温的？

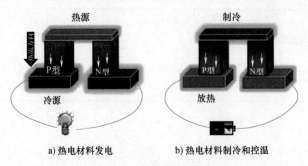

a) 热电材料发电　　　　b) 热电材料制冷和控温

图2-1　热电材料原理

本章主要介绍热电转换工作原理和热电材料的性能评价指标，阐述泽贝克效应、佩尔捷效应和汤姆逊效应等热电效应的发现过程，介绍几种热电转换材料的结构和性能，包括梯度结构热电转换材料、方钴矿化合物热电转换材料、氧化物型热电转换材料和新型热电转换材料等。

2.1 热电转换工作原理

扫码看视频

热电能量直接转换的第一个物理效应——泽贝克效应，于 1821 年被发现，这是一个由温差产生热电势的温差发电效应。此后，佩尔捷效应（1834 年）和汤姆逊效应（1856 年）先后被发现，三者构成了描述热电能量直接转换物理效应的完整体系。1911 年，Altenkirch 第一次分析了热电能量转换效率与构成热电臂材料间物理参数（泽贝克系数、电导率、热导率）之间的关系，他指出要提高转换效率，必须提高构成热电臂导体材料的泽贝克系数的绝对值和电导率，同时还需要降低两种导体的热导率，基本形成了今天我们用以判断热电材料性能的重要判据——热电优值 Z 或无量纲热电优值 ZT 的基础框架。

2.1.1 热电效应

1. 泽贝克效应

固体材料中热能直接转换为电能的物理现象首先由德国科学家 Thomas Johann Seebeck 于 1821 年发现，称为泽贝克效应。此后，科学家们又先后发现佩尔捷效应和汤姆逊效应，这三种物理效应和热焦耳效应构成了描述和解析热电能量转换过程的物理基础。Thomas Johann Seebeck 在实验中，将两条不同的金属导线首尾相连形成回路，当对其中的一个结加热，另一个结保持低温状态时，发现在回路周围产生了磁场，如图 2-2a 所示。他当时认为产生磁场的原因是温度梯度导致金属被磁化，因此称为热磁效应。但随后不久的 1823 年，该现象的物理解释被 Hans Christian Oersted 的实验更正。Oersted 的实验发现，这种现象起因于温度梯度在不同材料的结点间形成了一个电势差 U_{ab}，从而产生了回路电流而导致导线周围产生磁场，据此提出热电效应的概念。

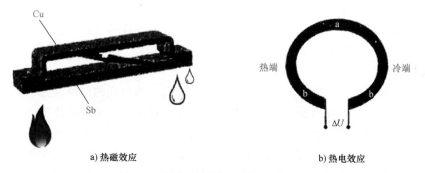

a) 热磁效应   b) 热电效应

图 2-2 泽贝克效应

如图 2-2b 所示，两种不同的导体材料 a 和 b 连接时，如果两个接头具有不同温度，其中冷端温度为 T，热端温度为 $T+\Delta T$，在导体 b 的两个自由端（保持相同温度）间可以测量回路中产生的电势差 U_{ab}，U_{ab} 可由式（2-1）来表达。

$$U_{ab} = S_{ab}\Delta T \tag{2-1}$$

式中，S_{ab} 为两种导体材料的相对泽贝克系数（μV/K）；电势差 U_{ab} 具有方向性，取决于构成回路的两种材料本身的特性和温度梯度的方向。规定当热电效应产生的电流在导体 a 内从高温端向低温端流动时 S_{ab} 为正。泽贝克系数也可称为温差电动势率。

2. 佩尔捷效应

佩尔捷效应是泽贝克效应的逆过程，是用电能直接泵浦热能的现象。当在由两个不同导体连通的回路中通电流时，除了由电阻损耗产生焦耳热外，在两个接头处会分别放出和吸收热量（图 2-3）。这个效应由法国科学家 J. C. A. Peltier 于 1834 年首先发现，因此称为佩尔捷效应。他将铋（Bi）和锑（Sb）两种金属线相连接并在此回路中通电流后发现，两种金属接头处变冷使水滴结冰，如果改变电流方向则接头变热，冰被融化（图 2-3a）。

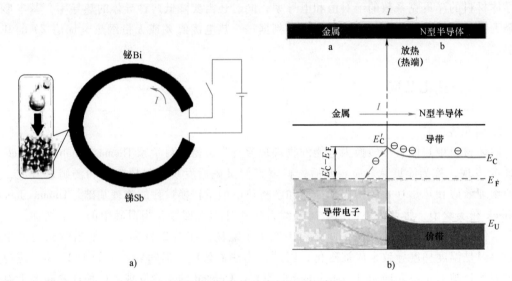

图 2-3 佩尔捷效应与机理示意图

如图 2-3b 所示，当电子在电场作用下从能级高的导体流向能级低的导体（对于金属-N型半导体连接体系，电子从 N 型半导体流向金属）时，该电子在界面势垒处向下跃迁，在宏观上表现为放热；当电子从能级低的导体流向能级高的导体时，则会吸收一定热量向上跃迁，表现为吸热。

3. 汤姆逊效应

泽贝克效应与佩尔捷效应的发现均涉及由两种不同金属组成的回路并且均发生在不同导体的接点处，但它们都不是界面效应，它们都起源于构成接点的两种导体的体性能，即均起源于不同导体中电子所携带能量的不同。热电效应间的关联性起初并未被人们认识到，直到 1856 年英国科学家汤姆逊开始关注到热电效应间存在关联，他运用热力学理论解析泽贝克效应和佩尔捷效应的关联性，进而提出在均质导体材料中必然存在第三种效应，即当电流流过一个存在温度梯度的均匀导体时，在这段导体上除了发生不可逆的焦耳热外，还会产生可逆热量的吸收或放出。这种效应于 1867 年被后人的实验证实，称为汤姆逊效应。当沿电流方向上导体的温差为 ΔT_1 时，则在这段导体上单位时间释放（或吸收）的热量可表示为

$$dQ/dt = \beta \Delta T_1 \tag{2-2}$$

式中，β 为汤姆逊系数（V/K）。当电流方向与温度梯度方向一致时，若导体吸热，则汤姆逊系数为正，反之为负。

由于该表达式与材料比热的定义非常接近，因此汤姆逊形象地称 β 为"电流的比热"，汤姆逊效应的根源与佩尔捷效应相似，不同之处在于佩尔捷效应中的电势差由两种导体中不同载流子的势能差所引起，而汤姆逊效应中的势能差则是由同个导体中的载流子温度梯度所引起。与前两种效应相比较，汤姆逊效应在热电转换过程中对能量转换产生的贡献很微小，因此在热电器件设计及能量转换分析中常常被忽略。

2.1.2 热电转换材料的性能评价

1. 热电发电器件的发电效率 η

热电发电器件两端在存在温差的情况下，即可发电带动负载工作。而能量转换效率是评价热电发电器件性能最重要的指标。对 R 形热电元件的泽贝克发电过程，设定器件在工作过程中，高温端和低温端温度分别为 T_h 和 T_1，其热电转换效率定义为

$$\eta = \frac{P}{Q_h} \tag{2-3}$$

式中，η 为发电效率；P 为输出到负载上的功率；Q_h 为热端的吸热量。

2. 热电制冷器件的制冷效率

图 2-4 所示为热电制冷器件能量转换过程示意图，描述热电制冷性能的主要参数包括制冷效率、最大制冷量和最大温差。热电制冷器件的制冷效率 COP 定义为

$$\text{COP} = \frac{Q_c}{P} \tag{2-4}$$

式中，COP 为制冷效率；Q_c 为冷端的吸热量（制冷量）；P 为输入的功率。如图 2-4 所示，回路电流 I 将在上端接头处由 N 型电偶臂流入 P 型电偶臂，导致在下端接头处放热，在上端接头处吸热，从而在两端建立起温差 $\Delta T = T_h - T_1$。根据佩尔捷效应，器件单位时间内从冷端向热端的抽热为 $\pi_{NP} I$；另外，由于冷、热端的温差存在，不可避免地引起由器件热端向冷端的热传导。设器件对偶的总热导为 K，则热流为 $K\Delta T$。此外，由于电流流过整个对偶回路，器件对偶的内阻也会产生相应的焦耳热。可以证明，这部分焦耳热流会大致均匀地传导至器件的冷热两端，因此，如果系统内阻为 R，单位时间内由于焦耳热而流入冷端的热量为 $I^2 R / 2$。利用上述分析结果，把制冷器件考虑为一个封闭绝热系统，建立冷端的热平衡方程，即

$$Q_c + \frac{1}{2} I^2 R - \pi_{NP} I = Q_k = -K(T_h - T_1) \tag{2-5}$$

可获得该接头处单位时间的制冷量 Q_c 为

$$Q_c = \pi_{NP} I - \frac{1}{2} I^2 R - K(T_h - T_1) \tag{2-6}$$

或

$$Q_c = S_{NP} T_1 I - \frac{1}{2} I^2 R - K(T_h - T_1) \tag{2-7}$$

式中，π_{NP} 为佩尔捷系数；Q_k 为热流量；$R = \dfrac{l_N}{A_N} \rho_N + \dfrac{l_P}{A_P} \rho_P$；$K = \dfrac{A_N}{l_N} k_N + \dfrac{A_P}{l_P} k_P$（下标 N 和 P 分

别代表温差电偶 N 和温差电偶臂 P；ρ 和 λ 分别为温差电偶材料的电阻率和热导率；A 和 l 分别为温差电偶臂的截面积和长度）。

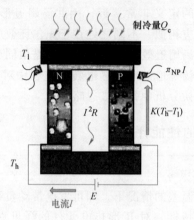

图 2-4　热电制冷器件能量转换过程示意图

热电臂两端的外加电压 U 应等于在热电臂上的电压降 $U_R = IR$ 加上反抗泽贝克电压所需要的电压降 $U_S = S_{NP}(T_h - T_1)$，即

$$U = U_R + U_S = IR + S_{NP}(T_h - T_1) \tag{2-8}$$

由此可得制冷器的输入功率 P 为

$$P = IU = I^2 R + S_{NP}(T_h - T_1)I \tag{2-9}$$

将式（2-7）和式（2-9）代入效率的定义式（2-4）中，即可获得制冷器的制冷效率为

$$COP = \frac{S_{NP} T_1 I - \frac{1}{2}I^2 R - K(T_h - T_1)}{I^2 R + S_{NP}(T_h - T_1)I} \tag{2-10}$$

显然，对于给定的温差 $T_h - T_1$，制冷器的制冷效率 COP 将随外加电流的变化而变化。若令 $dCOP/dI = 0$，可以求得相应于 COP 取极值的最佳电流值 I_{COP}，即

$$I_{COP} = \frac{(S_N - S_P)(T_h - T_1)}{R\left[\sqrt{1 + Z\overline{T}} - 1\right]} \tag{2-11}$$

或

$$I_{COP} = \frac{(S_N - S_P)(T_h - T_1)}{\left(\dfrac{l_N}{A_N}\rho_N + \dfrac{l_P}{A_P}\rho_P\right)\left[\sqrt{1 + Z\overline{T}} - 1\right]} \tag{2-12}$$

式中，$\overline{T} = (T_h + T_1)/2$，是温差电偶元件的平均温度；$Z$ 是与材料性能有关的参数，称为温差电优值。

相应于这个最佳电流，制冷效率具有最大值 COP_{max}，即

$$COP_{max} = \frac{T_1}{T_h - T_1} \cdot \frac{\sqrt{1 + Z\overline{T}} - \dfrac{T_h}{T_1}}{\sqrt{1 + Z\overline{T}} + 1} \tag{2-13}$$

此时所对应的外加电压和输入功率分别为

$$(U_{CD})_{COP} = S_{NP} \frac{(T_h - T_1)\sqrt{1 + Z\overline{T}}}{\sqrt{1 + Z\overline{T}} - 1} \tag{2-14}$$

$$P_{COP} = \frac{\sqrt{1 + Z\overline{T}}}{R}\left[S_{NP}\frac{(T_h - T_1)}{\sqrt{1 + Z\overline{T}} - 1}\right]^2 \tag{2-15}$$

式中，$\overline{T} = (T_h - T_1)/2$，它是热电偶元件的平均温度，进而可以获得制冷器热端在单位时间内放出的热量为

$$Q_b = Q_c + P = S_{NP}T_h I + \frac{1}{2}I^2 R + K(T_h - T_1) \tag{2-16}$$

同样，当热电器件用于加热器件时，将式（2-9）和式（2-16）代入效率的定义式（2-4）中，即可获得加热效率为

$$COP = \frac{S_{NP}T_h I - \frac{1}{2}I^2 R + K(T_h - T_1)}{I^2 R + S_{NP}(T_h - T_1)I} \tag{2-17}$$

2.2 梯度结构热电转换材料

近年来，人们利用热电材料的热电可逆转化特性，综合其寿命长、性能稳定等优点，在发电和制冷的应用研究上取得了阶段性成果。随着最新的理论进展和若干新材料的发现，一些热电薄膜材料在光热辐射的探测上也有着突破性应用。

目前，研究比较成熟的热电材料有 Bi-Te 系、Pb-Te 系。Bi-Te 系适用于低温，在室温附近，$ZT \approx 1$，是目前室温下 ZT 值最高的热电材料，主要用于制冷设备。Pb-Te 系适用于 $400 \sim 800K$，在 $600 \sim 700K$ 温区，$ZT \approx 0.8$，用于温差发电装置。这些材料可以通过调整成分，掺杂和改进制备方法进一步提高 ZT 值。

2.2.1 Bi-Te 系梯度结构热电转换材料

大多数热电材料的研究都是为了提高材料的优值 Z，从而达到提高制冷和发电效率的目的。对温差发电而言，发电效率又与材料的温差 ΔT 成正比关系。而单体热电材料最佳性能工作区间有限，限制了温差电转换效率。由不同单体连接制成多段热电装置形成梯度结构，能有效扩大工作温度区间，每段又在其最佳温度范围工作，这样能有效提高热电转换效率。所以，日本等发达国家提出了发展梯度热电结构材料以利用汽车尾气、工业废热发电的能源发展计划。

梯度材料又分为载流子浓度梯度材料和层状梯度材料。载流子浓度梯度材料的母体相同而掺杂含量不同，这种结构的原理是掺杂量的不同会影响最佳热电性能分布所对应的温度值，因此热电材料的每一部分在特定温度区间表现出最佳性能。已知最大优值点随载流子浓度增加而转向高温。如果控制每部分载流子浓度以适应每段工作温度，可以获得比单体高的效率。这就是梯度功能材料（Functionally Graded Materials，FGM）的概念。人们进行了大量

扫码看视频

的研究以扩大温度区间。Bi_2Te_3 化合物是用于低温区 300~400K 的热电材料，广泛用于制冷装置。研究表明，不同载流子浓度的 Bi_2Te_3 化合物形成的 FGM 扩大了工作温度区间。PbTe 化合物是中温区间（400~700K）热电性能较好的材料，同样证明由不同载流子浓度的 PbTe 组成的 FGM 扩大了温度区间。由不同材料制备的层状梯度材料，可扩大温差电偶使用温度范围，提高发电效率。如 $SiGe/PbTe/Bi_2Te_3$ 三段层状热电组元，工作温度区间从室温至 1073K，最大效率可达 17%。

Bi_2Te_3 作为一种具有较好热电性能的材料被发现已经有五十多年的历史了，而且其已经在低温和室温的热电装置获得了广泛的应用，Bi_2Te_3 及其固溶体合金是目前温差电优值最高的材料，广泛用于 400K 以下发电。它是目前研究发现的最适合室温附近使用的热电材料。Bi_2Te_3 的晶体结构属于 R3m 斜方晶系，沿晶体的 C 轴方向看，其结构为六面体的层状结构。在同一个层上，具有相同的原子种类，如图 2-5 所示。垂直于晶体 C 轴的晶面（0001）面，两晶面之间主要靠 Te 与 Te 原子之间的范德华力相结合，结合作用比较弱，容易发生解理，而且在相邻的 Te 原子层间最容易发生解理。同时，Bi_2Te_3 材料在力学特性和能带结构上的各向异性，必然导致热电输运特性也具有各向异性特征。已有实验证明，Bi_2Te_3 材料在平行于解理面方向上具有最大的温差电优值。因此，在严格控制生长条件时，这种材料一般采用区熔法或布里吉曼（Bridgman）法获得。人们在对 Bi_2Te_3 研究的基础之上，开发出了具有更高性能优值的固溶体化合物，并对其制备工艺进行了比较系统的研究。如采用机械合金化后通过热压制备的 Bi_2Te_3-Sb_2Te_3 化合物固溶体，不仅使材料的力学性能得到了提高，其性能优值也得到了大幅度提高。J. Seo 等人直接采用热挤压法制备了三元 $Bi_{0.5}Sb_{1.5}Te_3$ 化合物，有效地克服了在机械合金化进程中由于长时间的球磨所带来的粉体被污染的问题。同时通过这种方法制备的三元 $Bi_{0.5}Sb_{1.5}Te_3$ 化合物具有制备工艺简单、节能等一系列的优点，其最大的性能优值 Z 可达到 $2.7×10^{-3}K^{-1}$。另外，采用水热法合成的 Bi_2Te_3 化合物纳米管和纳米囊，以及这种空心管状纳米结构对降低材料热导率、提高热电性能具有显著作用。该成果得到了各国学者的高度评价，被认为有可能开拓一个高性能热电材料研究的新途径和新方向。

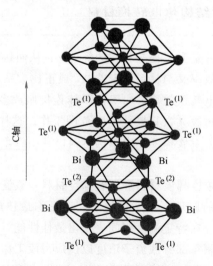

图 2-5　Bi_2Te_3 的六面体层状晶体结构

目前，人们在 Bi_2Te_3 化合物的基础上研究开发了以温差电优值更高的 Bi_2Te_3 为基本材料的固溶体合金。研究表明，Bi_2Te_3 能分别与 Sb_2Te_3 和 Bi_2Se_3 在整个组分范围内形成材料的固溶体合金。非掺杂的 Sb_2Te_3 材料出现 Sb 过剩，显现出强 P 型，相应的最大泽贝克系数为 $133\mu V/K$，当 Sb_2Te_3 与 Bi_2Te_3 形成合金后，一般记为 $Bi_{2-x}Sb_xTe_3$ 材料，具有较强的 P 型特性。要使其合金获得最佳的掺杂浓度，需要采用施主杂质补偿以获得最佳的 N 型材料。但对于 $Bi_{2-x}Sb_xTe_3$ 材料，较难获得最佳 N 型材料，特别是当 $x>1$ 之后，即使采用施主杂质掺杂，也不易得到 N 型材料。因此，在实际应用中，$Bi_{2-x}Sb_xTe_3$ 材料总是只用作温差电偶的 P 型臂。而 Bi_2Se_3 非掺杂时呈现出强 N 型特征，最大泽贝克系数仅为 $77\mu V/K$。当它与 Bi_2Te_3 材料形成赝二元固溶体合金 $Bi_2Te_{3-y}Se_y$ 时，若 y 值较小，则合金仍呈 P 型特性，但比非掺杂 Bi_2Te_3 化合物的 P 型特性弱。然而，y 值较大时，则有可能形成 N 型合金。因此，$Bi_2Te_{3-y}Se_y$ 赝二元合金在实际应用时都被用于制作 N 型电偶臂。大量实验表明，通过形成赝二元固溶体合金 $Bi_{2-x}Sb_xTe_3$ 和 $Bi_2Te_{3-y}Se_y$ 确实能使材料的优值得到明显提高，主要原因都是晶格热导值降低；其次在 $Bi_{2-x}Sb_xTe_3$ 固溶体合金中，空穴迁移率的增加导致优值的提高，而在 $Bi_2Te_{3-y}Se_y$ 固溶体合金中，禁带宽度增加有助于减小在较高温区（300K 左右）少数载流子的影响，同样有利于提高优值。目前，采用 P 型的 $Bi_{2-x}Sb_xTe_3$ 固溶体合金，可以获得的温差电优值高达 $3.35\times10^{-3}K^{-1}$，而采用 N 型 $Bi_2Te_{3-y}Se_y$ 固溶体合金，可以获得的温差电优值为 $2.8\times10^{-3}K^{-1}$。

此外，研究人员还用不同的掺杂元素及制备方法来获得最佳性能的 Bi_2Te_3 基热电材料。K·Park 等在不同温度区间（340～460℃）用粉末挤压技术制备的 P 型 Te 掺杂的 $Bi_{0.5}Sb_{1.5}Te_3$ 基热电材料，最大优值为 $2.78\times10^{-3}K^{-1}$。DOW-BIN HYUN 等在不同温度用热压方法制备的 $(Bi_{0.25}Sb_{0.75})_2Te_3$ 合金，最大优值为 $2.9\times10^{-3}K^{-1}$。Yasushi Iwaisako 等用 Bulk 机械合金化的方法制备 Bi_2Te_3 基热电材料，最大优值达到 $3.15\times10^{-3}K^{-1}$。不同的制备方法，对样品的晶粒大小、密度等的影响程度不同，因此，获得的材料的热电性能也有所差异。

梯度热电材料制备的关键技术之一就是处理好界面问题。界面问题关系到界面原子是否发生扩散，有无化学反应等问题。因此，无论是载流子浓度梯度结构材料或层状梯度结构材料，都需要选择合适的连接方法和连接材料，以保证界面连接强度高，热稳定性好。梯度热电材料的制备方法主要有以下几种。

1. 焊接法

首先选择合适的方法制备出需要连接的单体材料，再根据材料选择焊料及助焊剂通过焊接的方式制备梯度结构。将高温区间的 Te-Ag 合金（熔点为 624K）作为焊料，扩散连接 Bi-Te 和 Pb-Te 合金制备梯度材料。但是研究连接材料的热稳定性时，发现加热到 520K 以上，分层 FGM 的性能变差。崔教林等采用 YW-201 水溶性助焊剂，利用热浸焊法，用 Sn 为界面过渡层连接 $FeSi_2/Bi_2Te_3$ 梯度结构材料，所得到的梯度结构材料界面热稳定性较好，热电输出功率为均质 $\beta\text{-}FeSi_2$ 材料的 1.5～2 倍。采用热浸焊法制备 $FeSi_2/Bi_2Te_3$ 梯度热电材料，以 $Sn_{95}Ag_5$ 作为过渡层，最大输出功率为 $\beta\text{-}FeSi_2$ 的 2.5 倍，但是通过 SEM、EDAX 检测后发现界面处有原子扩散，由于在 $Sn_{95}Ag_5$ 和 Bi_2Te_3 之间发生热膨胀会脱落，于是在 $Sn_{95}Ag_5$ 和 Bi_2Te_3 之间引入 Ni 层之后，虽然最大输出功率有所降低，但界面的热稳定性有明显改善。

2. 热压法

热压工艺是将压力和温度同时并用，以达到消除孔隙目的的工艺。首先，制备不同连接材料的单体，再选择合适的界面连接材料，在加热条件下压制梯度结构热电材料。如研究 $Zn_4Sb_3/(BiSb)_2(TeSe)_3$ 梯度结构时，分别用 Mo、Fe 作为界面扩散阻挡层，热压后发现用 Fe 作为界面阻挡层时，梯度结构热电材料表现出较好的热电性能。以 Fe 箔作为扩散势垒，用热压法制备载流子浓度不同的两段 n-PbTe 梯度结构热电材料，最大输出功率超过 10%。用热压法制备的 $FeSi_2/Bi_2Te_3$ 梯度结构热电材料，测得其最佳工作温度在 220℃ 左右。

除了上述焊接法和热压法，还有用放电等离子烧结（Spark Plasma Sintering，SPS）技术制备梯度结构热电材料的报道。采用 SPS 方法制备的 P 型分段式 $FeSi_2/Bi_2Te_3$ 材料，其最大输出功率为 $800W/m^2$，约为相同条件下均质 $\beta\text{-}FeSi_2$ 材料的 1.4 倍。

在低温区（室温～200℃）和中温区（200～500℃），按由方钴矿到碲化铋方向设计体积比依次为 7:3、5:5、3:7 和 3:7、5:5、7:3 的三层过渡结构时，前一种设计方案与单层过渡结构时的情况类似，方钴矿内部的裂纹并不能完全消除，但后一种三层设计方案可以完全消除方钴矿内部的裂纹。力学性能测量表明，与体积比依次为 3:7、4:6、5:5、6:4、7:3 和 2:8、3:7、5:5、7:3、8:2 的五层过渡结构的材料相比，体积比为 3:7、5:5、7:3 三层过渡结构的宽温域热电材料界面附近的弯曲强度最高，达到 12.76MPa，提高了 144%。这说明在碲化铋和填充方钴矿之间设计和优化由二者组成变化的过渡结构，能够有效地消除由于两种材料热膨胀差异引起的界面裂纹，大幅度提高界面附近的力学性能。

具有梯度材料特性的功能梯度热电材料（Functionally Graded Thermoelectric Materials，FGTEM）有必要考虑与温度有关的材料特性，以准确分析功能梯度热电设备的性能。同时，如果获得适当的材料特性梯度，则功率输出和能量转换效率将显著增加。此外，研究结果表明，热导率对温度场和热通量分布有很大影响，而泽贝克系数在功率输出和能量转换效率中起着至关重要的作用。为了验证所提出的模型，将其应用于功能分级的铋锑热电材料对的实验案例，其中数值结果与实验数据吻合良好。

2.2.2 Pb-Te 系梯度结构热电转换材料

由于具有较高的功率因子和较低的热导率，PbTe 合金一直受到广泛关注，是目前热电性能最好的材料。其化学稳定性好，通常被用作 300～900K 温度范围内的温差发电材料，其泽贝克系数的最大值处于 600～800K 范围内。目前，在中温区多采用 Pb-Te 的固溶体，其在形成固溶合金后，在原有的晶格当中引入了短程无序，增加了对短波声子的散射，使得晶格热导率明显下降，在低温区的优值增加，但在高温区其化学稳定性变差，没能提高优值。

日本学者最早开始对梯度结构热电材料的研究，并在载流子浓度梯度热电材料领域处于领先地位。载流子浓度梯度热电材料是由母体相同而掺杂含量不同的元素组成的，I. A. Nishida 等人的设计，使得梯度热电材料平均性能指数 Z 相对于单一的 PbTe 合金提高了近 50%，当热端温度保持在 950K 时，其最大的转换效率可达到 19%。以 N 型 PbTe 为母体设计的热电材料分别在高温、中温和低温区掺入不同含量 PbI_2，形成三层不同载流子浓度

（$n_e = 3.51×10^{-25} m^{-3}$，$2.6×10^{-25} m^{-3}$，$2.26×10^{-25} m^{-3}$）的材料，在温差 $\Delta T = 310K$ 时，其最大输出功率 $P = 150mW/m^2$，比单体最大输出功率大 7%左右。Z. Da-shevsky 等采用铟掺杂制备了 N 型载流子浓度梯度热电材料 PbTe，在 320~870K 的温度范围内，其热电转换效率达到了 12%。

虽然通过载流子浓度梯度化可以提高热电材料的使用温度范围和转换效率，但是这种结构的热电材料受其自身晶体结构、熔点等因素的影响，在制备上很难把握获得所希望的掺杂梯度分布，并且在使用时由于原子的扩散，材料本身的掺杂浓度受到破坏，随着使用时间的增加，材料整体的载流子浓度趋于一致。再者，许多材料的最大优值范围比较狭窄，即使载流子浓度梯度化后达到最佳掺杂分布，也很难覆盖整个应用温度区间。

2012 年，4%SrTe 掺杂 PbTe 材料的 ZT 在 915K 时达到了 2.2，是当时 ZT 值的最高纪录。PbTe 属于Ⅳ-Ⅵ半导体，晶体结构为 Fm3m 空间群，NaCl 面心立方结构，不存在各向异性，晶格常数为 $a = b = c = 0.6461nm$，共价键类型，摩尔质量为 334.80g/mol，理论密度为 8.24g/cm^3，熔点为 924℃。图 2-6 为 Pb-Te 二元合金相图，可以看出当 Pb 和 Te 比例为 1∶1 的时候，很容易获得 PbTe 纯相。当熔炼制备过程中存在某组元挥发损失而偏离化学计量比的时候，多出来的 Pb（Te）会起到施主（受主）掺杂作用，但引入的载流子浓度不超过 $10^{-18} cm^{-3}$，远远低于理论最优掺杂浓度，所以一般 PbTe 材料都需要额外的施主或受主来优化载流子浓度。

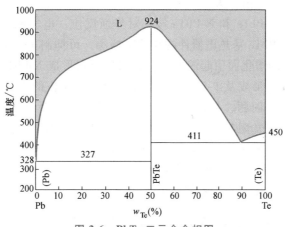

图 2-6　PbTe 二元合金相图

通过在特定气氛下的简单热处理工艺可以实现 PbTe 的 N 型或 P 型的自掺杂：在富含 Te 蒸气的气氛下退火处理，可以得到 P 型材料；在真空下或者富含 Pb 的气氛下退火处理，可以得到 N 型材料。和 PbTe 结构类似的 PbSe 和 PbS 也会有相同的情况。为了优化 PbTe 材料的载流子浓度，人们尝试不同元素掺杂 PbTe 并观察电学性能变化，发现在 Te 略过量的情况下，Mg、Ge、Sn、Bi、Nb、Fe、Co、Ni 及 Pt 是作为施主存在的，而 Cu、Ag、Au、Zn、Cd、Al 和 In 是作为受主存在的。

掺杂的杂质原子不同，可以获得的载流子浓度不同，这和杂质原子在材料中的固溶度和杂质电离能有关，同时还受到温度的影响。目前最常用的 P 型掺杂元素是 Na、K 等碱金属，N 型掺杂元素是 Cl、Br、I 等卤素原子。Na 元素掺杂不仅掺杂效率高，而且不会影响 PbTe 的能带结构，在较低的温度下（10K 以下）即可全部电离。不同的杂质原子在 PbTe 基体中的扩散速率也不同，扩散速率低的杂质原子很难做到均匀化，制备过程中容易出现成分偏析，导致成分和性能不可控。Na、Sn、Sb等都是较好的掺杂元素，在PbTe中扩散系数大，而Pb、Te、Ni等在PbTe中扩散系数较小。

对于传统的Na掺杂P型PbTe热电材料，Jiaqing He等人发现Na在PbTe中的溶解度为0.5%，当掺杂浓度大于5%时，在PbTe的基体上会出现富钠析出相，也可以在一定程度上有效地散射声子，从而降低晶格的热导率。除此之外，研究者们发现在Na掺杂的P型PbTe热电材料中再掺杂HgTe、CdTe、SrTe、MgTe等，也可以引入纳米析出相并调节载流子浓度，从而提高P型PbTe热电材料的ZT值。截至目前，文献中提到的有效纳米析出相的尺寸大多数在2~20nm，纳米析出相和固溶体合金同时作用的PbTe热电材料的最低晶格热导率为室温下0.5W/(m·K)，最高的ZT值在800K时达到1.7。

对于块体热电材料，细化晶粒是提高其ZT值最有效途径之一，因为细小的晶粒不仅可以降低其晶格热导率，也能够在一定程度上提高其泽贝克系数。因此，制造纳米尺度（小于100nm）甚至介观尺度（100~1000nm）晶粒的块体PbTe热电材料有着深远的意义。用溶剂热合成法制备100~150nm的PbTe颗粒，再将这些颗粒利用放电等离子烧结的方法烧结为块体的PbTe材料，该材料的晶粒尺寸为100~1000nm，其泽贝克系数高于常规的非纳米结构PbTe材料。同样利用水热合成法制备PbTe纳米颗粒，并分别在350℃、400℃、450℃和500℃热压成型，成型后样品的晶粒尺寸分别为200nm、300nm、350nm和400nm，随着热压温度上升，晶粒尺寸逐渐长大。

添加扩散阻挡层的P-PbTe和N-PbTe接头对界面反应、电气和机械行为有影响，Co-P是带有Cu或Ni电极的PbTe基热电器件的合适阻挡层，可抑制由于Cu/P-PbTe接头之间的快速相互扩散和铜接头的熔化而引起的大量金属间化合物形成N-PbTe接头。直接键合的镍电极分别引起针状IMC的形成及P-PbTe和N-PbTe模块中电极的崩解。通过添加Co-P扩散阻挡层克服了严重的界面问题，提高了机械强度。另外，Co-P层增强了接头的热电性能。对于P型和N型接头，添加阻挡层分别增加了27%和109%的热电优值。

不同掺杂剂PbI$_2$、Al和Zr对制备热电材料N-PbTe载流子浓度具有极大的影响，采用单向固化法制备具有连续载流子浓度的功能梯度热电材料，连续载流子浓度的功能梯度材料PbTe比相同浓度焊接的功能梯度材料输出效率提高30%。

2.3 方钴矿化合物热电转换材料

2.3.1 MX$_3$系化合物热电转换材料

二元方钴矿为体心立方结构，如图2-7所示。原胞结构空间群为Im$\bar{3}$，二元方钴矿化合物一般形式为MX$_3$，其中M为过渡金属（Co, Rh, Ir），X为VA族元素（P, As, Sb）。方钴矿材料的晶胞中有32个原子，包括8个MX$_3$单元，其中8个M原子占据8c位置，24个X原子占据24g位置，还有2个2a位置是由12个X原子构成的二十面体晶格孔洞占据的。M位于6个X原子组成的正八面体中心，这些正八面体通过共顶连接。方钴矿结构最显著的特征是4个X原子在8个M原子组成的小立方体的中心形成近正方形四元环 [X4]$^{4-}$，这

些平面四元环 [X4]⁴⁻ 相互正交，并且平行于晶体的立方晶轴。表 2-1 为二元方钴矿化合物的晶格常数、密度、孔洞半径、熔点、带隙等结构参数。此外，还有个别过渡族金属如 Ni、Pd 与磷也能形成方钴矿结构，如 PdP₃，但由于 Ni、Pd 比 M 原子多一个价电子，因而表现出金属传输特性。

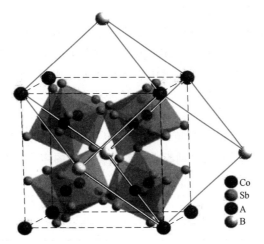

图 2-7　填充 CoSb₃ 的结晶学原胞（虚线）和固体物理学原胞（实线）

注：A、B 代表填充原子，相同表示单原子填充，不同则表示双原子填充；
本图为满填充时的示意图，实际上 CoSb₃ 化合物只存在部分填充。

表 2-1　二元方钴矿化合物的晶格常数、密度、孔洞半径、熔点、带隙

化合物	a/Å	密度/(g/cm³)	孔洞半径/Å	熔点/℃	带隙/eV
CoP₃	7.7073	4.41	1.763	>1000	0.43
CoAs₃	8.2043	6.82	1.825	960	0.69
CoSb₃	9.0385	7.64	1.892	873	0.23
RhP₃	7.9951	5.05	1.909	>1200	—
RhAs₃	8.4427	7.21	1.934	1000	>0.85
RhSb₃	9.2322	7.90	2.024	900	0.8
IrP₃	8.0151	7.36	1.906	>1200	—
IrAs₃	8.4673	9.12	1.931	>1200	—
IrSb₃	9.2533	9.35	2.040	1141	1.18
NiP₃	7.819			>850	金属的
PdP₃	7.705			>650	金属的

注：1Å = 10⁻¹⁰ m = 0.1nm。

在众多方钴矿化合物中，CoSb₃ 的热电性能研究最为广泛，这主要是由于其具有环境友好的化学组成、合适的带隙（约 0.2eV）及较高的载流子迁移率。在 CoSb₃ 中用 Fe 部分置换 Co 可以获得 P 型材料，在 Co 位置换微量的 Ni 或在 Sb 位置换 Te 可以获得 N 型材料。早期的 CoSb₃ 基填充方钴矿的研究主要集中于稀土元素填充的 P 型材料，Fe 在 Co 位的部分置换产生的电荷补偿使高价的稀土元素容易填充并且填充量在很大范围内可调。但是，无电荷

补偿（Fe 置换）的 N 型方钴矿中，稀土元素填充量很小，热电性能的调控空间小，在较长时期内 N 型材料的 ZT 值一般低于 P 型材料。Yb 和碱土金属 Ba 在 $CoSb_3$ 中具有高的填充量，将 N 型填充方钴矿的 ZT 值提高到 1.0～1.2。2005 年，Shi 等从理论上建立了各种元素形成填充方钴矿的稳定性判据，提出了电负性选择原则，即当填充原子 I 与 Sb 原子之间的电负性差大于 0.80（$\chi_{Sb}-\chi_I>0.80$）时，才能形成稳定的填充方钴矿化合物，并进一步提出了碱金属、碱土金属、稀土元素在方钴矿中填充极限的预测方法。晶格空洞中填充原子产生的声子散射效应与该填充原子的振动特性有关。填充原子由于原子半径、质量及电负性等方面的差异，其在 $CoSb_3$ 填充方钴矿声子谱中引入的振动支频率的位置也不相同。对于无 Fe 置换的 N 型方钴矿材料，基于共振模型计算了填充原子的声学振动支频率（振动频率），发现填充于方钴矿晶格空洞中的碱金属、碱土金属和稀土金属的声学振动支频率依次降低，即碱金属振动频率最高，稀土金属振动频率最低（表 2-2）。在此基础之上，将多种原子填入方钴矿空洞中从而引入多个频率的振动模式以对更宽频率的声子进行有效散射，成功使多原子填充方钴矿的晶格热导率较单原子填充方钴矿进一步下降（图 2-8）。$CoSb_3$ 方钴矿和填充方钴矿的电输运性质主要由 $CoSb_3$ 框架结构决定，填充原子的影响较小。

表 2-2　填充方钴矿 $R_yCo_4Sb_{12}$ 中填充原子在[111]和[100]方向的弹性常数 k 和引入声学振动支频率 ω_0

R	原子质量/10^{-26} kg	[111]		[100]	
		$k/(N/m)$	ω_0/cm^{-1}	$k/(N/m)$	ω_0/cm^{-1}
La	23.07	36.10	66	37.42	68
Ce	23.27	23.72	54	25.18	55
Eu	25.34	30.16	58	31.37	59
Yb	28.74	18.04	42	18.88	43
Ba	22.81	69.60	93	70.85	94
Sr	14.55	41.62	90	42.56	91
Na	3.819	16.87	112	17.18	113
K	6.495	46.04	141	46.70	142

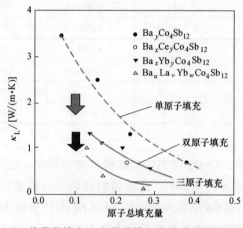

图 2-8　单原子填充、多原子填充方钴矿的晶格热导率

通过电镀和低温退火方法在方钴矿合金表面上制造了 Co-Mo 金属化层，其中电镀层的热膨胀系数通过改变其化学组成来优化。该化学组成可以通过电镀温度、电流和溶液中 Mo 离子的浓度来控制。结果显示 Co-Mo/方钴矿界面表现出极低的比接触电阻率（$1.41\mu\Omega \cdot cm^2$）。在 550℃退火 60h 后，金属化层将元素相互扩散抑制到小于 $11\mu m$，表明具有良好的热稳定性。这也为大规模制造基于 $CoSb_3$ 的热电模块铺平了道路。

2.3.2　填充型方钴矿热电转换材料

在众多的方钴矿化合物中，$CoSb_3$ 的热电性能经过了最广泛的研究，且具有环境友好、机械加工性能好，以及较高的电输运性能等优点。但是，$CoSb_3$ 的热电性能仍然具有提升的空间，原因在于它的热导率较高。因此，提升 $CoSb_3$ 热电性能的重点在于降低热导率，主要方法有固溶合金化、元素填充和结构纳米化。

1. 固溶合金化

固溶合金化是指在材料的晶体点阵中引入点缺陷，由于主原子和杂质原子在质量、尺寸及耦合力方面存在差异，点缺陷对声子形成了强烈的散射，从而起到了降低晶格热导率的作用。在 $CoSb_3$ 中，点缺陷的引入可以依靠其他原子取代 Co 或者 Sb 来完成，点缺陷增多，对声子的散射加强，进而降低了 $CoSb_3$ 的晶格热导率，从而达到了提高热电优值的目的。通常 Co 元素可以被 Pt、Pd 等原子取代，而 Sb 的位置可以被 Mn、Te、Sn 等原子取代，均可以获得 N 型方钴矿合金。

2. 元素填充

将外来原子填入到方钴矿中，形成的材料被称为填充方钴矿。填充元素可以为单一元素，也可以为二元填充、三元填充，甚至多元填充。填充原子在进入到晶格孔洞以后以弱键结合的方式存在，在晶格孔洞中填充原子产生局域化程度很高的非简谐振动，这种振动能够对低频声子产生强烈的散射作用，而低频声子是热传导的主要贡献者，因此填充原子可以有效地降低材料的热导率，这种效应被命名为"扰动效应"。$CoSb_3$ 方钴矿和填充方钴矿的电输运性质主要是由 $CoSb_3$ 框架所决定的，填充原子的价电子几乎完全提供给框架原子，基本上不影响能带结构，填充原子对电输运性质影响很小，因此利用填充原子降低热导率，提升方钴矿热电性能，是一种很有效的手段。目前，对填充 $CoSb_3$ 基方钴矿进行的研究最为广泛，填充原子种类及数目繁多。在无 Fe 置换的 N 型 $CoSb_3$ 中，发现填充于晶格孔洞中的碱金属、碱土金属和稀土金属的声学振动支频率依次降低，即振动频率最高的是碱金属，振动频率最低的是稀土金属。

3. 结构纳米化

制备具有纳米结构的材料是提高热电性能的新方法，可以抑制材料的热导率，提高 ZT 值。通过高能球磨结合快速热压方式制备的 P 型 $Ce_{0.45}Nd_{0.45}Fe_{3.5}Co_{0.5}Sb_{12}$ 合金，其晶粒尺寸小于 200nm，晶格热导率的降低是晶界对声子散射的结果。温度高于 750K 时，ZT 值超过 1.0，在 P 型热电材料中，性能已经得到了很大的提升。3D 网格包覆结构的理念逐渐兴起，理论上认为它能够增强声子散射，降低热导率，提高 ZT 值。降低晶格热导率的另一种方式为在合金中构建纳米析出相或者纳米复合物。

采用球磨结合固相反应法可以制备出单相的方钴矿热电材料，所制备的样品内部含有孔径均匀的微气孔，晶粒尺寸在纳米范围。当制备温度为863K，测试温度为469.8K时，样品获得最大泽贝克系数222.64μV/K。当样品制备温度为903K时，样品测试温度为570K时获得最大功率因子132.17μW/(m·K²)，且在测试温度为600K时得到最大的热电优值 ZT 约为0.053。

通过层间扩散法制备的掺Ti的CoSb₃薄膜具有独特的结构，包含纳米尺寸的晶粒。根据拉曼分析，Ti掺杂后薄膜的原子振动较弱。这种纳米结构和较弱的原子振动会散射大范围的声子，从而导致热导率显著降低。另外，这种材料设计还会引起绝对泽贝克系数的非常重要的改善，其从大约50μV/K增加到超过100μV/K。对于Ti掺杂的样品，在523K时的 ZT 值最大为0.86，是未掺杂的6倍，并且与CoSb₃薄膜的最佳值相当。还制造了CoSb₃柔性薄膜热电发生器，结果显示所有触摸事件的响应时间均低于1s。

2.4 氧化物型热电转换材料

尽管多晶氧化物材料的 ZT 值远低于单晶材料及其他传统热电材料，但与金属间化合物相比，氧化物具有一些明显的优势，如优异的高温热稳定性、高的抗氧化性、廉价、无毒及简单的合成途径等。

2.4.1 层状结构氧化物热电转换材料

在层状氧化物热电材料中，一个重要的概念是应用"Block模块"来分别进行电热输运的调控。以Na-Co-O和Ca-Co-O体系为例，它们均含有一个CdI₂型的CoO₂层。其中，Na$_x$CoO₂由一个不完整的Na⁺层和一个导电的CoO₂层组成，Na⁺随机分布在通过共棱CoO₆八面体形成的CoO₂层之间。这种结构导致Na$_x$CoO₂在面内方向的电阻率很低，且有一个适中的泽贝克系数，从而有一个较大的功率因子50μW/(cm·K²)。在Na$_x$Co₂O₄体系中的高泽贝克系数可用自旋熵来解释，实验证实Na⁺含量越高，泽贝克系数越大。Na⁺层的高度扭曲导致了Na$_x$Co₂O₄体系具有一个相当低的晶格热导率 K_L。通常可以在Na位掺杂K、Sr、Y、Nd、Sm、Yb等元素，而在Co位掺杂Mn、Ru、Zn等元素来调控其热电性能，例如，通过加入1%的Zn取代Co可使材料的电阻率显著降低。

另一个具有Block层概念的例子是Ca₃Co₄O₉，它具有 [Ca₂Co₃]$_m$[CoO₂][Ca₂Co₃]$_m$ 的错配结构，其中CoO₂为导电层，Ca₂CoO₃为绝缘层。这导致该材料具有大的泽贝克系数（133μV/K）和低的电阻率（15mΩ·cm），ZT 值在300K时达到了3.5×10⁻²。

BiCuSeO基氧化物材料是热电领域中的新成员。图2-9所示为BiCuSeO的晶体结构，与ZrSiCuAs相似，为四方晶系，空间群为P4/nmm。这个结构可以看作提供电子运输通道的导电层（Cu₂Se₂）²⁻和作为声子散射区域的绝缘层（Bi₂O₂）²⁺沿C轴交替堆叠而成的层状结构材料。由于片层与片层间的键合能比较弱，弹性模量比较低（约为76.5GPa）且具有强非谐性（Grueneisen常数γ约为1.5），因此BiCuSeO具有较低的热导率 [923K时仅为0.40W/(m·K)]。BiCuSeO属于宽带隙P型半导体，带隙宽度约为0.82eV。

萤石状绝缘层（Bi₂O₂）²⁺由略微变形的四面体Bi₄O构成，共享Bi-Bi边，在四面体

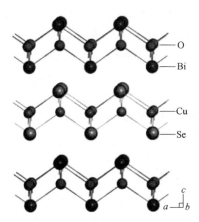

图 2-9　BiCuSeO 氧化物热电材料的晶体结构

Bi_4O 中离子键 Bi-O-Bi 的键角是 106.95（12）°及 114.65（12）°。导电层 $(Cu_2Se_2)^{2-}$ 由略微变形的 $CuSe_4$ 四面体构成，共享 Se-Se 键构成了 $(Cu_2Se_2)^{2-}$ 层，共价键 Se-Cu-Se 键角从 106.95°排列到 114.65°。与其他热电材料相比，BiCuSeO 具有适中的泽贝克系数，但是其电导率较低。因此，对于该氧化物热电性能的优化主要集中在通过固溶和掺杂提升其电性能。对 Bi 位通过二价离子取代可有效增加电导率，同时保持较高的泽贝克系数，从而获得较高的 ZT 值。例如，掺杂重金属 Pb、碱土金属 Ba 及形成纳米复合材料，ZT 值在高温时达到 1.1 以上。

2.4.2　钙钛矿型氧化物热电转换材料

除层状氧化物材料外，钙钛矿结构氧化物同样也吸引了许多关注，如 $CaMnO_3$ 和 $SrTiO_3$ 材料，它们具有环境友好和高温性能稳定等优点，通过掺杂高价离子可以成为良好的电子导体。$SrTiO_3$ 氧化物热电材料的晶体结构如图 2-10 所示。纯 $SrTiO_3$ 为宽带隙材料，带隙宽度为 3.2eV，通常通过引入缺陷的方法来调控其热电性能，由于本征氧空位缺陷的存在，一般 $SrTiO_3$ 为 N 型热电材料。La 掺杂的 $SrTiO_3$ 在 1073K 时 ZT 值达到 0.27。La 与 Dy 掺杂的样品 $La_{0.1}Sr_{0.83}Dy_{0.07}TiO_3$ 在 1045K 获得了最大的 ZT 值 0.36。

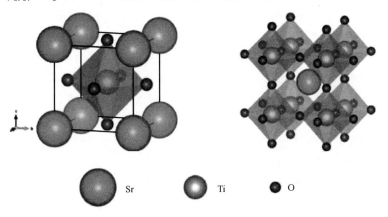

图 2-10　$SrTiO_3$ 氧化物热电材料的晶体结构

CaMnO₃ 也具有钙钛矿正交结构，空间群为 Pnma。Flahaut 等在 CaMnO₃ 陶瓷的 Ca 位掺杂 Yb、Tb、Nd、Ho 等元素，发现电阻率与掺杂元素的离子半径和样品的载流子浓度有着强烈的依赖关系，$Ca_{0.9}Yb_{0.1}MnO_3$ 获得了最佳的热电优值，在 1000K 时达到了 0.16。采用 "chimie douce（软化学）" 法制备 Nb 掺杂 CaMnO₃ 的 ZT 值大于 0.3。

2.4.3 掺杂氧化锌系热电转换材料

ZnO 晶体为六方纤锌矿（Hexagonal Wurtzite）结构，是一类极富潜力的热电材料，具有良好的稳定性、高熔点和良好的电学性能，晶体结构中存在 O 空位和 Zn 填隙等多种缺陷，因此不掺杂的 ZnO 表现为 N 型导电特性，N 型掺杂很容易实现，可采用 Al、Ga 和 In 掺杂。ZnO 可作为 N 型热电材料，在高温区具有优异的热电性能。早在 1996 年 Ohtaki 等就采用固相反应法制备了添加 Al₂O₃ 的 ZnO 陶瓷，结果表明掺杂可以明显改善电导率并保持合适的泽贝克系数，获得很大的功率因子，1273K 时 ZT 值最佳可达 0.3。

2.5 新型热电转换材料

1. 半霍伊斯勒合金

半霍伊斯勒合金的化学式通常为 XYZ。其中 X 为电负性最强的过渡金属或者稀土元素，如 Hf、Zr、Ti、Er、V、Nb 等；Y 为电负性较弱的过渡金属，如 Fe、Co、Ni 等；Z 是主族元素，常见的为 Sn、Sb 等。半霍伊斯勒合金通常具有和 Mg、Ag、As 类似的结构，空间群为 F43m，其中 X、Y、Z 原子分别占据面心立方亚晶格中的 4b（1/2，1/2，1/2）、4c（1/4，1/4，1/4）和 4a（0，0，0）位置，Y 原子只占据了一半的 4c 位置，因此称为半霍伊斯勒合金，其晶体结构如图 2-11 所示。如果 c 位置全部被 Y 原子占据则称为全霍伊斯勒合金 XY_2Z。大部分全霍伊斯勒合金呈金属导电特征，而半霍伊斯勒合金由于结构中存在未被占据的空位，减少了 X 与 Z 原子之间的成键数目，X、Y、Z 原子之间的间距增大，从而使 d 电子态密度重叠减弱，形成带间隙（E_g），因此半霍伊斯勒合金化合物属于半导体或者半金属类别。在该体系的化合物中，价电子数目决定了体系的带结构与基本的物理性能，当价电子数目为 8 或者 18 时，费米面在带隙之间，表现出半导体的性质。第一性原理计算显示，每个单胞中具有 18 个电子的半霍伊斯勒合金是稳定存在的半导体，其禁带宽度为 0~1.1eV。半霍伊斯勒合金作为热电材料具有一些独特的物理特性，如高度对称的晶体结构使该体系往往具有较大的能谷简并度，其费米能级附近的态密度往往由过渡金属 d 电子态主导，这使该体系的导带或者价带具有较大的态密度有效质量，从而具有较高的泽贝克系数和适当的电导率。目前，MNiSn 基、MCoSb 基（M=Ti，Zr，Hf）和 XFeSb（X=V，Nb，Ta）基体系是研究最多的半霍伊斯勒热电合金材料，其中 MNiSn 基合金是理想的 N 型材料，而 MCoSb 及 XFeSb 基合金是理想的 P 型材料。在（Ti，Zr，Hf）NiSn 基合金的 Sn 原子位置使用 Sb 进行掺杂可以获得非常高的功率因子，可以达到 $30\mu W/(cm \cdot K^2)$。

半霍伊斯勒合金作为热电材料的最大阻碍在于其本征非常高的晶格热导率，这主要是由于其晶体结构简单。半霍伊斯勒合金由三种不同的元素组成，而这三种不同的元素都可实现等电子合金化及化学掺杂，这为调节该体系的热电性能提供了很多选择，例如等电子合金化

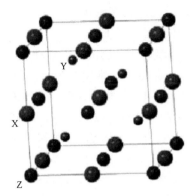

图 2-11　半霍伊斯勒合金的晶体结构

可以有效降低半霍伊斯勒合金的晶格热导率。

　　针对 P 型半霍伊斯勒合金，研究较多的为（Ti，Zr，Hf）CoSb 基合金。在这一类合金中，在三个原子位置进行合金化也能够有效提高材料的热电性能。早期的研究工作中，研究者们主要关注于通过在 Sb 位置进行 Sn 掺杂来优化其载流子浓度，有报道称在 958K 时，Zr-CoSb$_{0.9}$Sn$_{0.1}$ 样品获得了 0.45 的 ZT 值。考虑到在 Ti、Zr、Hf 位置进行合金化能够引入质量波动，从而降低晶格热导率，Culp 等在 Sn 掺杂 Sb 位置优化载流子浓度的基础上，通过形成固溶体降低晶格热导率进一步提高了 P 型半霍伊斯勒合金的 ZT 值，所制备的 Zr$_{0.5}$Hf$_{0.5}$CoSb$_{0.8}$Sn$_{0.2}$ 样品在 1000K 时 ZT 值达到了 0.51。考虑到 Hf 与 Ti 之间原子半径和质量差别要大于 Hf 与 Zr 元素，Yan 等使用 Ti 取代 Zr 元素，所制备的 Hf$_{0.8}$Ti$_{0.8}$CoSb$_{0.8}$Sn$_{0.2}$ 合金样品在 800℃ 时，其 ZT 值可以达到 1.0，这已经与 N 型半霍伊斯勒合金材料相当。此外，还有研究制备了 Hf$_{0.44}$Zr$_{0.44}$Ti$_{0.12}$CoSb$_{0.8}$Sn$_{0.2}$ 合金样品，在 800℃ 时其 ZT 值也可以达到 1.0 以上。

　　XFeSb 基（X = V，Nb，Ta）半霍伊斯勒合金化合物是另外一种有前景的 P 型半霍伊斯勒合金热电材料。未掺杂的 XFeSb 材料是一种窄带隙（0.32eV）的 N 型半导体，其功率因子在 300K 时高达 48μW/（cm·K^2）。然而它的热导率比 MNiSn 合金更高，因而其最高 ZT 值小于 0.25。与 N 型材料相比，P 型 XFeSb 基合金被认为具有更佳的热电性能。MNiSn 和 MCoSb 合金在布里渊区的中心点（Γ点）其价带边是三重简并，而 XFeSb 基合金的价带边则是双重简并，并且位于布里渊区的边界点（L 点）。由于半霍伊斯勒合金具有立方结构，L 点有 4 个对称的载流子能谷，这也意味着在 XFeSb 基合金中其价带的简并度是 $N = 4×2 = 8$，这比 MNiSn 和 MCoSb 合金简并度（$N = 3$）要高。在 P 型 V$_{0.6}$Nb$_{0.4}$FeSb 合金中的 V/Nb 位掺杂 Ti 能够调节空穴浓度，从而在 900K 时获得了 0.8 的 ZT 值。此外，通过组合应用电弧熔炼、球磨与热压工艺所制备的无铪 NbFeSb 基纳米结构半霍伊斯勒合金材料，其 ZT 值在 973K 时可以达到 1.0。而使用重元素 Hf 掺杂以后，NbFeSb 基半霍伊斯勒合金的 ZT 值获得了极大的提高，其 ZT 值在 1200K 时可以达到 1.5。

2. 类金刚石结构化合物

　　类金刚石结构化合物是从单质 Si 及闪锌矿半导体等金刚石结构派生而来的，均具有金刚石结构中典型的四面体结构，因此称为类金刚石结构化合物。2009 年前后，四元类金刚石结构材料 Cu$_2$CdSnSe$_4$ 和 Cu$_2$ZnSnSe$_4$ 的热电性能相继被报道，其 ZT 值分别在 700K 时达到了 0.65，在 850K 时达到了 0.95。此后，多种体系类金刚石结构化合物的热电性能得到研究，许多体系的最大 ZT 值达到甚至超过了 1.0。

表 2-3 中列出了一些类金刚石结构化合物的室温物理性能参数。由于源自类金刚石的闪锌矿结构，这些三元、四元化合物也都具有典型的四面体配位构型，阴离子 Se、Te 和四个阳离子成键，每个阳离子和四个 Se、Te 阴离子成键。总体来说，替代元素种类越多，Se 原子位置的对称性越低，从闪锌矿结构中的（1/4，1/4，1/4）到黄铜矿结构中的（x，1/4，1/8），再到黝锡矿结构中的（x，x，z），甚至到锌黄锡矿结构中的（x，y，z）逐渐变化，意味着以 Se 为中心的四面体越来越偏离正四面体的构型，具有一定程度的扭曲。因此从二元到三元、四元类金刚石结构化合物的对称性降低，扭曲度变大。类金刚石结构的扭曲可以用扭曲参数（$2-c/a$，a 和 c 分别为化合物的晶格常数）来表示，扭曲参数越大，阳离子对晶格造成的扭曲程度越高。从实验规律来看，扭曲的类金刚石结构化合物一般具有低热导率，这也是类金刚石结构化合物作为热电材料研究的重要因素。

表 2-3　一些类金刚石结构化合物的室温物理性能参数

化合物	带隙/eV	熔点/K	密度/（g/cm³）	$2-c/a$	热导率/[W/(m·K)]
ZnSe	2.80	1793	5.26	0.0000	19.00
CuInSe$_2$	1.00	1260	5.65	0.0000	2.90
CuInTe$_2$	1.02	1050	6.02	0.0046	5.80
Cu$_2$SnSe$_3$	0.70	971	5.76	0.0100	3.50
Cu$_3$SbSe$_4$	0.30	734	5.77	0.0070	3.00
Cu$_2$ZnSnSe$_4$	1.43	1081	5.67	0.0070	3.20
Cu$_2$CdSnSe$_4$	0.90	1063	5.77	0.0500	1.01

类金刚石结构化合物晶体结构的衍生关系决定了其能带结构的基本特征。通常金刚石立方结构在价带顶具有三重简并能带 Γ_{15v}，在类金刚石结构化合物中，晶体对称性降低（由立方变为非立方结构）产生的晶体场效应导致能级劈裂。例如，在四方结构化合物中，三重简并能带 Γ_{15v} 裂变为二条能带，一条为单一能带，另一条为双重简并能带。最近 Zhang 等报道，通过结构设计在非立方结构类金刚石结构化合物中可以实现类似立方的能带结构，被称为赝立方结构。以三元四方类金刚石结构化合物为例，Γ_{15v} 劈裂为非简并的 Γ_{4v} 和双重简并的 Γ_{5v}，且能带劈裂程度与四方扭曲因子 η 成正比关系，赝立方的简并能带可通过固溶相反扭曲因子 η 的化合物来调节结构扭曲因子 η（$=c/2a$，c 和 a 分别是沿 z 轴和 x 轴方向的晶胞参数）至 1 附近，从而实现劈裂能带的再简并，以获得高的功率因子和热电优值。

思 考 题

1. 说明热电转换的工作原理。
2. 叙述泽贝克效应、佩尔捷效应和汤姆逊效应的概念及联系。
3. 评价热电转换材料性能的主要指标有哪些？
4. 简述梯度热电材料的概念、分类及其主要制备方法。
5. 说明 Bi-Te 系和 Pb-Te 系热电材料在应用范围方面的差异及提高它们 ZT 值的方法。
6. 简述二元方钴矿化合物 MX$_3$ 的结构及性能。

7. 简述提升 $CoSb_3$ 热电性能的主要方法。

8. 根据"Block 模块"概念简述 Na-Co-O 和 Ca-Co-O 体系层状氧化物热电材料的电热输运调控。

9. 简述 $CaMnO_3$ 和 $SrTiO_3$ 材料的结构及性能。

10. 说明新型热电转换材料的种类，并简述影响其热电性能的因素。

参 考 文 献

[1] 陈立东，刘睿恒，史迅. 热电材料与器件 [M]. 北京：科学出版社，2018.

[2] 王竹溪. 统计物理学导论 [M]. 北京：高等教育出版社，1956.

[3] 黄昆. 固体物理学 [M]. 北京：高等教育出版社，1966.

[4] 刘恩科，朱秉升，罗晋升. 半导体物理学 [M]. 7 版. 北京：电子工业出版社，2011.

[5] GOLDSMID H J. Introduction to thermoelectricity [M]. Berlin：Springer, 2016, 121 (16)：339-357.

[6] BARDEEN J, SHOCKLEY W. Deformation potentials and mobilities in non-polar crystals [J]. Physical Review, 1950, 80 (1)：72-80.

[7] 李洋. PbTe 块体材料的半固态粉末成形制造及其热电性能研究 [D]. 杭州：浙江大学，2015.

[8] UHER C. Recent trends in thermoelectric materials research II, in Semiconductors and Semimetals [M]. San Diego：Academic Press, 2000.

[9] SALES B C, MANDRUS D, WILLIAMS R K. Filled skutterudite antimonides：a new class of thermoelectric materials [J]. Science, 1996, 272：1325.

[10] SHI X, YANG J, SALVADOR J R, et al. Multiple-filled skutterudites：high thermoelectric figure of merit through separately optimizing electrical and thermal transports [J]. Journal of the American Chemical Society, 2012, 133 (20)：7837-7846.

[11] LIU R H, YANG J, CHEN X H, et al. p-Type skutterudites $R_xM_yFe_3CoSb_{12}$ (R, M = Ba, Ce, Nd, Yb)：effectiveness of double-flling for the lattice thermal conductivity reduction [J]. Intermetallics, 2011, 19：1747-1751.

[12] 李春鹤. 填充型方钴矿的组织结构与热电性能 [D]. 哈尔滨：哈尔滨工业大学，2019.

[13] KIM J, OHISHI Y, MUTA H, et al. Enhancement of thermoelectric properties of p-type single-filled skutterudites $Ce_xFe_yCo_{4-y}Sb_{12}$ by tuning the Ce and Fe content [J]. AIP Advances, 2018, 14：105104.

[14] SALES B C, MANDRUS D, WILLIAMS R K. Filled skutterudite antimonides：a new class of thermoelectric material s [J]. Science, 1996, 272 (5266)：1325-1328.

[15] JIE Q, WANG H, LIU W, et al. Fast phase formation of double-filled p-type skutterudites by ball-milling and hot-pressing [J]. Physical Chemistry Chemical Physics, 2013, 15：6809-6816.

[16] POON S J, PETERSEN A S, WU D. Thermal conductivity of core-shell based N anocomposites for enhancing thermoelectric ZT [J]. Applied Physics Letters, 2013, 102 (17)：399-412.

[17] ZANG P A, CHEN X, ZHU Y, et al. Construction of a 3D srGO network-wrapping architecture in a Yb-CoSb/GO composite for enhancing the thermoelectric performance [J]. Journal of Materials Chemistry A, 2015, 3：8643-8649.

[18] ZONG P A, HANUS R, DYLLA M, et al. Skutterudite with graphene-modified grain-boundary complexion enhances ZT enabling high-efficiency thermoelectric device [J]. Energy & Environmental Science, 2017, 10 (1)：183-191.

[19] KWON O J, JO W, KO K E, et al. Thermoelectric properties and texture evaluation of $Ca_3Co_4O_9$ prepared by a cost-effective multisheet cofiring technique [J]. Journal of Materials Science, 2011, 46 (9)：2887-2894.

[20] 张忻，张久兴，路清梅，等. 氧化物热电材料研究进展 [J]. 无机材料学报，2014, 18 (2)：26-29.

53

[21] LIU Y, ZHAO L D, LIU YC, et al. Remarkable enhancement in thermoelectric performance of BiCuSeO by Cu deficiencies [J]. Journal of the American Chemical Society, 2011, 133 (50): 20112-20115.

[22] LIU J, WANG L, PENG H, et al. Thermoelectric properties of dy-doped $SrTiO_3$ ceramics [J]. Journal of Electronic Matenials, 2012, 41 (11): 3073-3076.

[23] JU C, DUI G, WHL C G, et al. Performance analysis of a functionally graded thermoelectric element with temperature-dependent material properties [J]. Journal of Electronic Materials, 2019, 48: 5542-5554.

[24] HSIEH H C, WANG C H, LAN T W, et al. Joint properties enhancement for PbTe thermoelectric materials by addition of diffusion barrier [J]. Materials Chemistry and Physics, 2020, 246: 122848.

[25] 张蕊. $CoSb_3$ 基方钴矿热电材料的可控制备及性能研究 [D]. 成都: 电子科技大学, 2019.

[26] 秦丙克, 籍永华, 白志玲, 等. 固相反应法快速制备纳米结构 $CoSb_3$ 及其热电性能 [J]. 稀有金属材料与工程, 2019, 48 (10): 3118-3123.

[27] LIANG G, ZHENG Z, LI F, et al. Nano structure Ti-doped skutterudite $CoSb_3$ thin films through layer inter-diffusion for enhanced thermoelectric properties [J]. Journal of the European Ceramic Society, 2019, 39 (15): 4842-4849.

[28] 李守林. P 型 $La_{0.4}FeCo_3Sb_{12}/Bi_2Te_3$ 梯度热电材料的制备与性能研究 [D]. 武汉: 华中科技大学, 2006.

[29] 席丽丽, 杨炯, 史迅, 等. 填充方钴矿热电材料: 从单填到多填 [J]. 中国科学: 物理学力学天文学, 2011, 41 (6): 706-728.

[30] YAN X, LIU W, CHEN S, et al. Thermoelectric property study of nanostructured p-type half-heuslers (Hf, Zr, Ti) $CoSb_{0.8}Sn_{0.2}$ [J]. Advanced Energy Materials, 2013, 3 (9): 1195-1200.

54

第3章
化学-电能转换新能源材料

你能举出日常生活中化学能转换成电能的例子吗?

北京时间 2019 年 10 月 9 日,瑞典皇家科学院将 2019 年诺贝尔化学奖授予 John B. Goodenough（约翰·B. 古迪纳夫）、M. Stanley Whittingham（M. 斯坦利·威廷汉）和 Akira Yoshino（吉野彰）,如图 3-1 所示。你知道这三位科学家是因为哪方面研究获得诺贝尔化学奖的吗?

图 3-1　2019 年诺贝尔化学奖获得者

本章介绍燃料型化学-电能转换材料和锂离子型化学-电能转换材料等化学-电能转换新能源材料,主要阐述材料的化学-电能转换工作原理,以及制备工艺、结构和性能等。

3.1　燃料型化学-电能转换材料

3.1.1　燃料型化学-电能转换工作原理

燃料电池是将燃料和氧化剂通过电极反应直接转化为电能的发电装置。燃料为氢气、甲醇等，氧化剂为氧气，分别作为燃料电池两极的活性物质，使用时连续通入电池内使电池发电。1839 年英国科学家威廉·格罗夫发表了世界上第一篇有关燃料电池的研究报告，他研制的单电池是在稀硫酸溶液中放入两个铂箔作为电极，一边供给氧气，另一边供给氢气。直流电通过水进行电解水，产生氢气和氧气（图 3-2）。这个燃料电池是电解水的逆反应，消耗掉的是氢气和氧气，产生水的同时得到电能。如今燃料电池材料已经成为材料学、化学工程等领域研究的重要热点之一。像格罗夫的燃料电池那样，让氢气和氧气反应得到电的燃料电池称为氢-氧燃料电池。燃料电池是氢能利用的最理想方式，它是电解水制氢的逆反应。

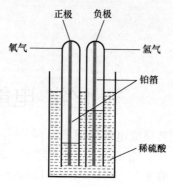

图 3-2　格罗夫燃料电池

氢气进入的电极称为燃料极（或氢极、阳极），氧气进入的电极称为空气极（或氧极、阴极）。

氢-氧燃料电池中的电化学反应如下。

燃料极：

$$H_2 \longrightarrow 2H^+ + 2e^- \tag{3-1}$$

空气极：

$$\frac{1}{2}O_2 + 2H^+ + 2e^- \longrightarrow H_2O \tag{3-2}$$

对于整个电池的反应如下：

$$H_2 + \frac{1}{2}O_2 \longrightarrow H_2O \tag{3-3}$$

因此，氧气进入的电极一侧为正极，氢气进入的电极一侧为负极，将两侧外部连接起来可以得到电流。

根据上面的化学式，可以得到电流 $I(A)$ 和所需氢气流量 $Q(mol/s)$ 的关系，即

$$I = nFQ \tag{3-4}$$

式中，n 为反应中燃料分子给予的电子数（上述的氢气反应中，$n = 2$）；F 为法拉第常数，为 96500C/mol。

对于燃料电池而言，外部的电阻越高，电流就越小，燃料极的反应和空气极的反应变得困难，燃料气体消耗的 Q 也变小。外部增加负载后，产生的电压是理论电压 E 减去空气极电压降（$R_c I$）、燃料极电压降（$R_a I$）和与阻抗损失有关的电压降（$R_{ohm} I$）之和。R_c 和 R_a 是与电极反应有关的电阻，随电流变化而变化；R_{ohm} 是通过电解质的离子或通过导电体的电流等遵从欧姆法则的电阻。因此，减少燃料电池内部的电压降，即空气极电压降（$R_c I$）

和燃料极电压降（R_aI）是燃料电池中最重要的研究课题。

对燃料电池而言，化学能完全转变成电能时的效率称为理论效率。理论效率 ε_{th} 可用下面的公式表示，即

$$\varepsilon_{th} = \frac{\Delta G^{\ominus}}{\Delta H^{\ominus}_{298}} \tag{3-5}$$

式中，$\Delta G^{\ominus}$ 为反应的标准生成吉布斯自由能变化（kJ/mol）；$\Delta H^{\ominus}_{298}$ 为 298K 下反应的标准生成焓的变化。

在标准状态下的理论电位 $E^{\ominus}$ 为

$$E^{\ominus} = \frac{-\Delta G^{\ominus}}{nF} \tag{3-6}$$

各种物质的标准生成焓和标准生成吉布斯自由能可以从有关的热力学物性参数手册、书刊等资料中查到，这样，通过 $\Delta G^{\ominus}$、$\Delta H^{\ominus}_{298}$ 可以计算出燃料电池的理论效率 ε_{th} 和燃料电池的理论电位 $E^{\ominus}$。例如，对于甲醇燃料电池而言，$\varepsilon_{th} = 0.97$。

当温度和压力不是标准状态时，ΔG 随工作温度和压力而变化。标准吉布斯自由能的变化与温度及压力的相互关系（以 H_2-O_2 燃料电池）为例可表示为

$$\Delta G = \Delta G^{\ominus} + RT \cdot \ln\left(\frac{P_{H_2O}}{P_{H_2}P_{O_2}^{\frac{1}{2}}}\right) \tag{3-7}$$

式中，R 为气体常数［J/（K·mol）］；T 为温度（K）；P_{H_2} 为燃料极一侧 H_2 的分压力（atm）；P_{H_2O} 为燃料极一侧 H_2O 的分压力（atm）；P_{O_2} 为空气极一侧 O_2 的分压力（atm）。其中，1atm = 101.325kPa。

在式（3-7）中，第一项标准吉布斯自由能与压力没有关系，只随温度的变化而变化；第二项随燃料电池工作时的压力、气体组成及温度的变化而变化。

$\Delta G^{\ominus}$ 可以由以下公式计算，即

$\Delta G^{\ominus} = -234476 + 18.385T\ln T - 78.195T - 7.005 \times 10^{-3}T^2 - 5.3675 \times 10^5 T^{-1} + 4.883 \times 10^{-7}T^3 + 3.383 \times 10^7 T^{-2}$

H_2-O_2 燃料电池标准的 $\Delta G^{\ominus}$ 变化：生成的水是气体时，为高热值（Higher Heating Value，HHV）基准，计算式为

$\Delta G^{\ominus} = -293.13 - 28.645T\ln T + 354.425T - 2.325 \times 10^{-3}T^2 - 4.028 \times 10^5 T^{-1} + 3.383 \times 10^7 T^{-2}$

H_2-O_2 燃料电池标准的 $\Delta G^{\ominus}$ 变化：生成的水是液体时，为低热值（Lower Heating Value，LHV）基准，燃料电池必须同时满足以下功能：①物质、能量平衡，从电池外部提供的燃料和氧化剂（空气），在发电的同时连续地排出，生成水和二氧化碳等气体，即所谓的物质移动供给功能；②燃料电池的基本结构合理，为了防止易燃、易爆有危险的燃料和氧化剂混合、泄漏，应有分离、密封功能，为了分离燃料和氧化剂两种物料，需要有隔离机能，平板型、圆筒型电池和电池堆的结构具有这种功能；③电连接功能，各电池在低损失时应有连接已发生电力的输出功能和直流电转变成交流电的功能；④热平衡功能，为了保持一定温度，燃料电池需要具有温度控制和冷却功能，以及利用联合发电的排热功能；⑤适用的燃料，在燃料电池的电极反应上，能够将供给的燃料变换成富氢气燃料；⑥最优化，为使气态

燃料和氧化剂发生良好的电极反应，电极应具有良好的三相界面和多孔结构。

综合来看，燃料电池具有如下特点。

1）能量转化效率高，可直接将燃料的化学能转化为电能，中间不经过燃烧过程，因而不受卡诺循环的限制。目前燃料电池系统的燃料-电能转换效率为 45%~60%，而火力发电和核电的效率为 30%~40%。

2）有害气体 SO_x、NO_x 及噪声排放都很低，CO_2 排放大幅度降低，无机械振动。

3）燃料适用范围广，可用 H_2、CO、CH_4、碳氢化合物，以及其他可燃烧的物质（NH_3、H_2S 等）作为燃料发电。

4）"积木化"强，电池规模及安装地点灵活。燃料电池电站占地面积小，建设周期短，电站功率可根据需要由电池堆组装，十分方便。燃料电池无论作为集中电站还是分布式电站，或者作为小区、工厂、大型建筑的独立电站都非常合适。

5）负荷响应快，运行质量高。燃料电池在数秒钟内就可以从最低功率变换到额定功率，而且电厂离负荷可以很近，从而改善了地区频率偏移和电压波动，降低了现有变电设备和电流载波容量，减少了输变线路投资和线路损失。

3.1.2 质子交换膜型化学-电能转换材料

1. 质子交换膜燃料电池（PEMFC）

质子交换膜燃料电池（Proton Exchange Memberane Fuel Cell，PEMFC）以启动速度快、反应温度低、携带方便等诸多优点成为最有潜力的新能源。自从 20 世纪 60 年代美国太空船使用 PEMFC 作为辅助能源至今，PEMFC 的研究已经取得了很大进展。在基础研究领域方面的进展主要包括：①使用聚氟磺酸膜代替聚苯乙烯磺酸膜；②使用碳载铂和在电极活性层上浸渍导电的质子电解质，使铂含量降低到原来的 1%~10%，大大降低了电池的成本；③在获得令人满意的效率的前提下，膜电极的优化使电池的功率密度达到 0.5~0.7W/cm^2；④使用聚氟磺酸膜而不是液体电解质构建 PEMFC，达到了合理的效率和能量密度。

PEMFC 单电池的结构包括夹板、集流板、极板、密封垫、扩散层、催化层和质子膜共 7 部分，扩散层、催化层和质子膜又被称为电极三合一组件或膜电极（Membrane Electrode Assembly，MEA）。夹板和密封垫起固定和密封作用。反应气体通过流场时，可以透过扩散层在催化剂上发生氧化还原反应，如图 3-3 所示。

以 H_2 为燃料气时，在阳极发生如下反应：

$$2H_2 \longrightarrow 4H^+ + 4e^- \tag{3-8}$$

电离产生的电子经由外电路通过负载而做功，H^+ 则通过质子交换膜由阳极到达阴极。在阴极，则发生如下反应：

$$4H^+ + O_2 + 4e^- \longrightarrow 2H_2O \tag{3-9}$$

H_2-O_2 燃料电池的（理论）标准电压为 1.229V，实际应用中人们可以将多个电池串联提高电压，通过加大反应面积提高输出电流的大小，以适应不同需要。质子交换膜是电池的

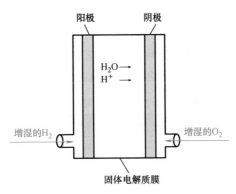

图 3-3　PEMFC 单电池工作原理图

重要组成部分之一。2002 年，Middelman 首次提出了理想的有序化膜电极模型，首先在垂直于质子交换膜（Proton Exchange Membrane，PEM）的有序碳表面涂覆分散均匀的 Pt 颗粒层，其粒径约为 2nm，然后在催化剂表面再镀覆一层薄的质子导体，如图 3-4 所示。实验表明，质子导体薄层的厚度比较难确定，薄层太薄会引起阻抗增大，薄层太厚则会阻碍气体扩散，通过模型计算，质子传导层综合性能最佳的厚度为 10nm，并且有序化膜电极结构中 Pt 的利用率接近 100%。之后，美国 3M 公司经过多年持续研究，开发出商业化超薄纳米结构薄膜（Nanostructured Thin Film，NSTF）电极产品，也是目前唯一商业化的有序化膜电极。近期，Murata 等对碳纳米管有序化膜电极的制备工艺进行改进，膜电极的性能得到提升，而 Pt 载量从 0.26 mg/cm^2 下降到 0.1mg/cm^2。张剑波等研制了一种有序化纳米纤维膜电极制备方法，所制备的膜电极在催化剂载量较低情况下（铂载量约为 0.1mg/cm^2），具有较高性能且催化层纤维形貌可控，在面内均匀分布，气体传输阻力小。该方法能够提高 Pt 催化剂的性能，增大催化层中三相界面的面积，加快三相界面上质子、电子、气体等物质的输运效率，有利于提升催化剂的利用率，降低膜电极的成本。胡乃天等人将甲基咪唑硫酸氢盐质子化离子液体与羟乙基纤维素共混，通过溶液浇铸法制备了均匀透明的质子交换膜。交流阻抗测试表明，共混膜的传导率随着离子液体比例的增加而增大，离子液体比例为 70%（质量分数）时传导率达到 2.9×10^{-3}S/cm，如图 3-5 所示。质子传导率随使用温度的变化基本服从阿伦尼乌斯方程（Arrhenius Equation），表明质子主要通过跳跃机理实现传导，传导活化能随着离子液体比例的增加而降低。

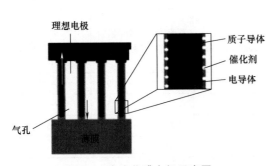

图 3-4　有序化膜电极示意图

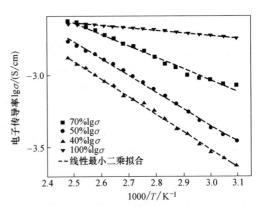

图 3-5　有序化纳米纤维膜电极的性能测试结果图

虽然很多国家开发了 1~250kW 大小不等的 PEMFC，表 3-1 也展示了混合型电车的特征和性能参数，但 PEMFC 商业化的路程仍然严峻。目前有很多研究在考虑使用非铂催化剂代替现在通常使用的碳载铂电催化剂，使用不需要增湿的非全氟化膜代替正在使用的全氟化膜，同时还要将电池的寿命提高至 3~5 年，这些也是现在乃至将来 PEMFC 的研究方向。

表 3-1 混合型电车的特征和性能参数

车辆名	年代	燃料	储存（携带燃料）	功率/kW	行程/km	车型
Toyota Mirai	2020	H_2	5kg 氢燃料	114	502	轿车
现代 NEXO	2020	H_2	157L	135	800	轿车
上海大通 MAXUS EUNIQ7	2020	H_2	6.4kg 高压氢气	150	605	轿车
BMWX5	2022	H_2	6kg 氢燃料	275	500	iHydrogen NEXT

2. 直接甲醇燃料电池（DMFC）

典型的直接甲醇燃料电池（Direct Methanol Fuel Cell，DMFC）具有和 PEMFC 相似的结构，电池的中央是一层固态电解质，目前普遍采用杜邦公司的 Nafion 系列膜。该膜允许质子通过，不允许电子通过。与 PEMFC 使用 Pt/C 电催化剂不同，DMFC 阳极一侧通常使用 Pt-Ru/C，该种催化剂比纯 Pt 催化剂更能耐 CO 毒性。DMFC 发生的电化学反应如下。

在阳极发生甲醇的电化学氧化反应：

$$CH_3OH+H_2O \longrightarrow CO_2\uparrow+6H^++6e^- \qquad \varphi^\Theta=0.046V \qquad (3\text{-}10)$$

阴极发生氧的电化学还原反应：

$$\frac{3}{2}O_2+6H^++6e^- \longrightarrow 3H_2O \qquad \varphi^\Theta=1.229V \qquad (3\text{-}11)$$

电池总反应如下：

$$CH_3OH+\frac{3}{2}O_2 \longrightarrow CO_2\uparrow+2H_2O \qquad E=1.183V \qquad (3\text{-}12)$$

虽然理论开路电压为 1.183V，但由于电催化剂中毒、甲醇渗透等问题，实际 DMFC 的开路电压只有 0.7~0.9V；反应的焓变为 726.6kJ/mol，理论能量转换效率高达 96.68%。甲醇是一种液态有机物，其理论能量密度高达 6098W·h/kg（4878W·h/L），远高于锂离子电池的理论能量密度（150~750W·h/kg）。当前 DMFC 的研究工作正处于从基础研究向产业化过渡的阶段，最具代表性的高科技公司 MTI、索尼和东芝都推出了样机或样品，见表 3-2。

表 3-2 三款 DMFC 电池性能比较

公司	最大功率 P_{max}/W	体积功率密度 $P_{体积}$/(W/L)	燃料体积能量密度 ED/(W·h/L)	系统体积能量密度 ED/(W·h/L)	系统尺寸 $D_{系统}$/(mm×mm×mm)	系统质量 W/g	能量转换效率 η/(%)	平面功率 $P_{平面}$/(m·W/cm²)
MTI	—	—	1800	326	总体积 138mL		36.9	84~100
索尼	3	100	1100	367	50×30×20	—	22.5	—
东芝	2	8.52	786	47	150×74.5×21	280	15.5	25
诺基亚	>4	>403	299	299	53×34×5.5	20	—	—

由表 3-2 可见，三款 DMFC 的燃料体积能量密度达到 786~1800W·h/L，远远超过商用

锂离子电池。但是三款 DMFC 的功率密度远低于锂离子电池的功率密度，所以通过自身设计和制造技术的改进来提高电池的功率密度具有十分重要的意义。针对 Nafion 膜不仅成本高，而且质子选择性差的缺点，研究人员选用成本较低的高磺化度磺化聚芳醚砜［Sulfonated Poly（Aryl Ether Sulfer），SPAES］作为基体，通过简单的热处理制备了磺化聚芳醚砜交联聚乙烯醇（Polyvinyl Alcohol，PVA）膜（SPAES-C-PVA）和磺化聚芳醚砜交联磺化聚乙烯醇（Sulfonated Polyvinyl Alcohol，SPVA）膜（SPAES-C-SPVA）。SPAES-C-SPVA 展示出良好的力学性能、尺寸稳定性及甲醇阻隔性，并且其质子选择性高达 $13.6×10^4 S·s/cm^3$，约为 SPAES 膜的 3 倍、Nafion 117 膜的 4.3 倍。另外，从商业聚苯醚（Polyphenylene Oxide，PPO）出发可制备同时具有共价交联结构和离子交联结构的聚合物共混膜。研究表明，乙二胺（Ethylenediamine，EDA）的共价交联比三甲胺（Trimethylamine，TMA）的离子交联更有效、更稳定。与 Nafion 117 相比，质量分数为 20% 的溴化聚苯醚（BrPPO）在 20%EDA 中胺化的膜样品（B20E12T8）的质子电导率略低，为 0.063S/cm，甲醇渗透率则低得多，为 $0.92×10^7 cm^2/s$。B20E12T8 和 Nafion 117 的单电池测试如图 3-6 所示。考虑到适中的吸水率、较高的机械和化学稳定性、易于制备等特点，该 PPO 基共价/离子双重交联膜具有一定的应用前景。研究发现，通过浸渍还原法以乙二醇为还原剂制备了石墨烯（Graphene）及石墨烯负载的铂催化剂（Pt/Graphene），Pt/Graphene 比 Pt 黑催化剂电化学活性面积提高了 28%，对甲醇电催化氧化峰电流提高了 52%，电化学活性面积和甲醇氧化反应的稳定性均有所提高。Pt 黑催化剂和 Pt/Graphene 的循环伏安法测试及甲醇电氧化性能如图 3-7、图 3-8 所示。

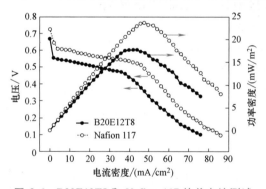

图 3-6 B20E12T8 和 Nafion 117 的单电池测试

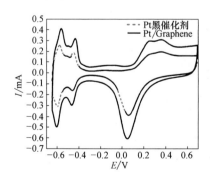

图 3-7 Pt 黑催化剂和 Pt/Graphene 的循环伏安法测试

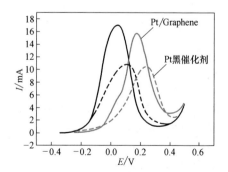

图 3-8 Pt 黑催化剂和 Pt/Graphene 的甲醇电氧化性能

3. 直接甲酸燃料电池（DFAFC）

另外一种典型的使用质子交换膜的燃料电池是直接甲酸燃料电池（Direct Formic Acid Fuel Cell，DFAFC）。具体电极反应如下。

阳极：

$$HCOOH \longrightarrow CO_2 \uparrow + 2H^+ + 2e^- \quad \varphi^\Theta = 0.25V \tag{3-13}$$

阴极：

$$\frac{1}{2}O_2 + 2H^+ + 2e^- \longrightarrow H_2O \quad \varphi^\Theta = 1.23V \tag{3-14}$$

总反应：

$$HCOOH + \frac{1}{2}O_2 \longrightarrow CO_2 \uparrow + H_2O \quad E = 1.48V \tag{3-15}$$

与 DMFC 相比，DFAFC 具有下列优点。

1）甲酸无毒，不易燃，运输和储存安全性较好。

2）甲酸不易透过 Nafion 膜，渗透量要比甲醇小两个数量级，在 DFAFC 中甲酸的最佳浓度可以高达 15mol/L，从而具有更好的性能。

3）在室温下甲酸电氧化与甲醇相比具有更简单的动力学，因此除了 Pt，其他金属也可以作为它的阳极催化剂。

3.1.3 熔融碳酸盐型化学-电能转换材料

熔融碳酸盐燃料电池（Molten Carbonate Fuel Cell，MCFC）是一种高温燃料电池，工作温度为 650℃，该温度也是混合碳酸盐的熔融温度。由于工作温度高，MCFC 不使用贵金属催化剂也能有很高的电化学反应速度。还原剂可以不使用纯氢气，这样运行成本低，同时副产高温气体经热交换可用于供暖、热电发电等。MCFC 单电池结构如图 3-9 所示。

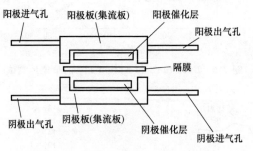

图 3-9　MCFC 单电池结构示意图

MCFC 的化学反应方程式如下。

阳极：

$$H_2 + CO_3^{2-} \longrightarrow H_2O + CO_2 + 2e^- \tag{3-16}$$

阴极：

$$\frac{1}{2}O_2 + CO_2 + 2e^- \longrightarrow CO_3^{2-} \tag{3-17}$$

总反应：

$$H_2 + \frac{1}{2}O_2 \longrightarrow H_2O \tag{3-18}$$

MCFC 靠隔膜内的 CO_3^{2-} 由阴极向阳极流动来形成电池内部的回路。隔膜由偏铝酸锂细颗粒构成，上面通常布满摩尔分数为 62% Li_2CO_3 + 38% K_2CO_3 的标准电解质。MCFC 的阳极材料通常使用耐腐蚀的多孔镍电极，阴极采用多孔烧结镍电极。在 0.7V 放电条件下，采用改性阴极的电池功率密度达到了 130mW/cm²，而采用原阴极的电池同条件下功率密度为 50mW/cm²（图 3-10）。该新型改性阴极的成功研制有助于大功率低成本熔融碳酸盐燃料电池堆的开发。电解质管理是熔融碳酸盐燃料电池的核心技术之一。王鹏杰针对 MCFC 中电解质管理问题提出了隔膜焙烧的首次启动升温策略，即采用热压法制备电解质膜片，在电池组装之前对电解质膜片进行预处理，将电解质膜片置于马弗炉中在 260℃下恒温处理 5h，在隔膜焙烧的重要阶段（100~450℃），升温速率控制在 0.5℃/min。采用该策略制备的电解质膜片组装了 225cm² MCFC 单电池，其性能测试结果表明，使用纯氢燃料时，电池性能良好，最大输出功率密度可达 85.2mW/cm²（图 3-11）。目前存在的困难是碳酸盐会腐蚀镍电极，以及溶解阴极的氧化镍电极，当前的有关研究大部分是围绕这两个问题进行的。

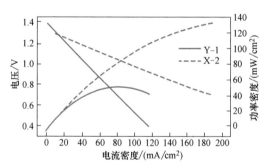 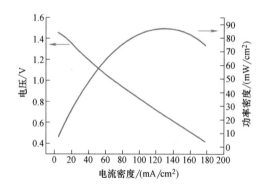

图 3-10　单电池 Y-1（原阴极）和 X-2
（改性阴极）性能测试结果

图 3-11　带电解质膜片的 MCFC 电池性能

3.1.4　碱性化学-电能转换材料

碱性燃料电池（Alkaline Fuel Cell，AFC）最初应用于美国航空航天局（NASA）的太空计划，在航天器上同时生产电力和水。除了数量有限的商业应用以外，AFC 被用于 NASA 航天飞机上的整个程序中。AFC 使用氢氧化钾水溶液作为碱性电解液，当温度低于 120℃时浓度为 35%~50%，当温度达到 250℃时浓度为 85%。一般燃气用纯氢气，AFC 单元中最常用的催化剂为镍。电极材料为多孔石墨、贵金属或多孔钌。

碱性燃料电池的工作原理如图 3-12 所示。氢气通过极板上的气道进入阳极，在多孔镍的催化作用下被氧化，失去的电子通过外部电路流经负载做功，最后到达阴极，失去电子的氢离子与在阴极生成的并在电场力作用下流经 KOH 电解质溶液到达阳极的 OH^- 反应生成水，在气流的作用下被携带出电池体系。在阴极，进入电极的 O_2 在外部电路来的电子和多

63

孔镍催化作用下与 H_2O 生成 OH^-，随后在电场力的作用下经过 KOH 电解质溶液由阴极流向阳极。至此，AFC 的全部循环完成。

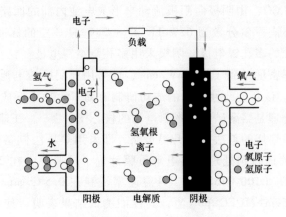

图 3-12　碱性燃料电池工作原理示意图

具体方程式如下。

阳极反应：

$$H_2 + 2OH^- \longrightarrow 2H_2O + 2e^- \qquad \varphi^\Theta = -0.828V \qquad (3-19)$$

阴极反应：

$$\frac{1}{2}O_2 + H_2O + 2e^- \longrightarrow 2OH^- \qquad \varphi^\Theta = 0.401V \qquad (3-20)$$

总反应：

$$H_2 + \frac{1}{2}O_2 \longrightarrow H_2O \qquad E^\Theta = 1.229V \qquad (3-21)$$

式中，φ^Θ 为标准电极电位；E^Θ 为理论电动势。

AFC 具有许多优点：①成本低，AFC 用 KOH 溶液作为电解质，KOH 价格比高分子膜电解质便宜得多，在碱性条件下可以使用非贵金属材料作为电极，还可以使用 Ni 等易加工的金属取代难加工的石墨作为电极，使电池总体成本降低；②电压高，在碱性条件下氧的还原速度比在酸性环境下快，AFC 可以得到明显高于其他燃料电池的工作电压。其缺点是电解液易于生成低溶解度的碳酸盐而形成沉淀，特别是在使用含碳燃料时生成的 CO_2 与碱作用形成 CO_3^{2-}，需经常更新电解质。由于航空航天环境中 CO_2 含量低，所以 AFC 在航空航天中得到应用，而在民用产品中的应用有限。阴离子交换膜也吸引着广大研究者，如以联苯聚芳醚为主要原料制备了阴离子交换膜前体，经过溴甲基化、成膜、季铵化和碱化处理得到嵌段型碱性燃料电池用阴离子交换膜。阴离子交换膜离子交换容量为 1.81×10^{-3} mol/g，室温下电导率为 28mS/cm，80℃碱性条件下 15 天后的电导率保持率为 85%，60℃时碱性燃料电池的功率密度可达 220mW/cm²。阴离子交换膜电导率随时间的变化曲线如图 3-13 所示。

3.1.5　磷酸盐型化学-电能转换材料

在氢-氧燃料电池体系中最成熟的是磷酸燃料电池（Phosphoric Acid Fuel Cell，PAFC）。

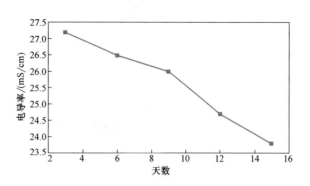

图 3-13　阴离子交换膜电导率随时间的变化曲线

在 150~190℃下操作，压力范围从 1atm 到 5atm（1atm = 101.325kPa），一些加压体系可以在 220℃下工作。PAFC 体系对于氢氧电极基本上用铂作为催化剂。在操作温度范围内，电池能够直接从氢源如重整气中吸收氢气。因为操作温度较高，重整气中含量低于 1% 的 CO 不会被吸收。用在 PAFC 中的其他组件主要是石墨和碳。所有这些因素使 PAFC 应用广泛。

　　PAFC 采用一定含量的磷酸（90%~100% 的正磷酸）作为电解质。在低温下，磷酸是负离子导体，CO 在阳极上对铂电催化剂的毒害严重。浓磷酸相对其他酸的稳定性高，因而，PAFC 能够在 100~220℃ 的高温范围工作。另外，使用浓磷酸使水蒸气压力最小化，因而水管理比其他电池更容易。通用的保存磷酸的基质是碳化硅。用在阴阳两极典型的电催化剂是碳载铂。

　　PAFC 由阴阳两个多孔电极分别并列靠在多孔的电解质基质上构成。气体扩散电极是面对气体的多孔物质，支撑物质是碳纸或碳布。在这个支撑物质的另一面是磷酸电解质和辊涂到上面的碳载铂与聚四氟乙烯的混合物。聚四氟乙烯起到黏合剂和疏水的作用，防止孔道被水淹，使反应物能顺利到达反应的位置。

　　图 3-14 为 PAFC 的工作原理示意图。在阳极，氢气在催化剂的作用下失去电子成为氢离子，失去的电子由外部电路流经负载做功后到达阴极，氢离子则通过磷酸溶液到达阴极。在阴极，氧气在电催化剂的作用下与氢离子和电子发生还原反应生成水。

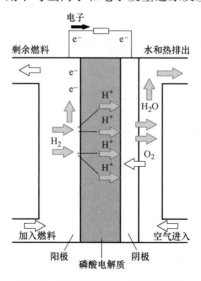

图 3-14　PAFC 的工作原理示意图

具体方程式如下：

阳极：

$$H_2 \longrightarrow 2H^+ + 2e^- \qquad \varphi^\Theta = 0V \qquad\qquad (3\text{-}22)$$

阴极：

$$\frac{1}{2}O_2 + 2H^+ + 2e^- \longrightarrow H_2O \qquad \varphi^\Theta = 1.229V \qquad\qquad (3\text{-}23)$$

总反应：

$$O_2 + 2H_2 \longrightarrow 2H_2O \qquad \Delta E = 1.229V \qquad\qquad (3\text{-}24)$$

可能存在生成 H_2O_2 的中间反应物的步骤，即

$$2H^+ + 2e^- + O_2 \longrightarrow H_2O_2 \qquad\qquad (3\text{-}25)$$

$$H_2O_2 \longrightarrow H_2O + \frac{1}{2}O_2 \qquad\qquad (3\text{-}26)$$

PAFC 的组装分解图如图 3-15 所示。

金属板在酸碱环境中容易被腐蚀，而碳板可以稳定存在于酸碱环境中，并且导电性好，因此碳板是燃料电池中极板的最佳选择。碳板的缺点是有气孔，若在燃料电池电堆中作为双极板使用，则必须密度高，最好经过浸渍处理。图 3-15 中的极板若在电堆中作为双极板使用，则极板两侧一侧通氢气，另一侧通氧气。

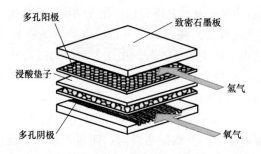

图 3-15 PAFC 的组装分解图

3.1.6 固体氧化物型化学-电能转换材料

固体氧化物燃料电池（Solid Oxide Fuel Cell，SOFC）是以固体氧化物作为电池材料的燃料电池。它的优点如下：①电池结构全部采用固相，不存在漏液问题；②由于反应温度高达 $800\sim1000^\circ\!C$，发电效率高达 80% 以上，所以不需要采用贵金属作为催化剂，余热质量高，可用于热电联供；③不仅可以使用 H_2、CO 等燃料气，还可以直接使用天然气、煤气化气和其他碳氢化合物，不存在催化剂的中毒问题。

SOFC 按电解质导电的原理分为氧离子型和质子传导型。

阳极：

$$H_2 + O^{2-} \longrightarrow H_2O + 2e^- \text{（氧离子型）} \qquad\qquad (3\text{-}27)$$

或

$$H_2 \longrightarrow 2H^+ + 2e^- \text{（质子传导型）} \qquad\qquad (3\text{-}28)$$

阴极：

$$\frac{1}{2}O_2 + 2e^- \longrightarrow O^{2-}（氧离子型）\tag{3-29}$$

或

$$\frac{1}{2}O_2 + 2H^+ + 2e^- \longrightarrow H_2O（质子传导型）\tag{3-30}$$

总反应：

$$\frac{1}{2}O_2 + H_2 \longrightarrow H_2O\tag{3-31}$$

由能斯特方程，电池的电动势为

$$E = E_0 + \frac{RT}{4F}\ln P_{O_2} + \frac{RT}{2F}\ln\frac{P_{H_2}}{P_{H_2O}}\tag{3-32}$$

1. SOFC 的电解质材料

传统的 SOFC 以掺杂氧化钇的氧化锆（Yttria-Stabillized Zirconia，YSZ）为电解质，电池的操作温度高达 $850 \sim 1000℃$。通常采用两种途径来降低 SOFC 的操作温度：一是改进电池的制备技术，如降低电解质层厚度和优化电极结构，降低欧姆电阻和界面电阻；二是开发在较低温度下仍具有良好导电性能及催化性能的电池材料。SOFC 电解质材料主要有以下四类：ZrO_2 基氧化物、CeO_2 及 Bi_2O_3 基氧化物、$LaGaO_3$ 钙钛矿类及磷灰石类电解质。

1）ZrO_2 基固体氧化物燃料电池电解质材料中，氧化钇稳定氧化锆（YSZ）是研究最早、最充分的电解质材料之一。随着 SOFC 工作温度的降低，YSZ 的电导率大大降低，电解质的欧姆阻抗急剧增大，限制了它在电解质自支撑的平板式中温 SOFC 中的应用。目前关于 ZrO_2 基电解质材料的研究工作主要集中在使其薄膜化或者将其与其他类型的离子导电电解质复合，形成复合型电解质材料等方面，以达到降低电池工作温度的目的。采用较经济、可大批量生产的流延法在阳极基体上可制备厚度为 10mm 的 YSZ 薄膜，所组装的单电池 750℃时输出功率密度为 $230mW/cm^2$。韩建勋通过制备薄膜以及高离子电导率的 Bi_2O_3 掺杂，可以在较低的烧结温度下获得致密度高、晶粒生长均匀的 YSZ 电解质薄膜，可以降低中温工作时的欧姆阻抗，提高电池在中温下的工作效率。

2）碱土金属氧化物和稀土金属氧化物掺杂的 CeO_2 电解质材料具有高电导率，是近几年来应用于中温 SOFC 的新型电解质材料，如在 CeO_2 中掺入 Gd_2O_3 形成 $Ce_{0.8}Gd_{0.2}O_2$（CGO），800℃时其电导率与 YSZ 在 1000℃时的电导率相当。但在还原气氛下，Ce^{4+} 易被还原为 Ce^{2+}，引入电子电导，致使电池开路电压下降，SOFC 的效率降低。

3）掺杂的 $LaGaO_3$ 钙钛矿型氧化物具有较高的中温氧离子导电性能，这类钙钛矿型氧化物被广泛研究。其在中温条件下具有较高的离子电导率，在较宽的氧分压范围内不产生电子电导，具有良好的机械强度性能。当 $LaGaO_3$ 钙钛矿的 A 位掺杂 Sr，B 位掺杂 Mg 时形成锶、镁掺杂镓酸镧 $La_{0.9}Sr_{0.1}Ga_{0.8}Mg_{0.2}O_{3-x}$（LSCM），因对称性增加，在 570℃ 和 800℃ 时 $La_{0.9}Sr_{0.1}Ga_{0.8}Mg_{0.2}O_{2.85}$ 的电导率分别为 0.011S/cm 和 0.104S/cm，而此温度时 YSZ 的电导率分别为 0.003S/cm 和 0.036S/cm，同时钙钛矿类电解质材料与 $La_{1-x}Sr_xCoO_3$、$La_{1-x}Sr_xCo_{1-y}Fe_yO_3$ 等电极材料具有很好的相容性。但 LSGM 作为电解质材料也有一些不利的方面，如 Ga 元素易蒸发，Ga 元素易在阳极/电解质界面处还原，在高温共烧结时电极与电解质间产生元素互扩散等。这些问题可以通过加入少量变价离子，采用在电极/电解质间

添加 La_2O_3 掺杂的 CeO_2（LDC）过渡层或采用低温脉冲激光沉积电池制备工艺来解决。以 $LaGaO_3$ 基材料为主要研究对象，通过固相法及高温高压法分别制备出 $La_{0.9}Sr_{0.1}Ga_{0.8}Mg_{0.2}O_{3-\delta}$（LSGM）电解质材料。样品 Arrhenius 曲线 600℃ 左右发生弯折，活化能由 0.68eV 变为 1.10eV。空气气氛下，850℃时总电导率可达 0.1S/cm；湿氢气氛下，样品晶粒、晶界及总电导率均略低于空气气氛下的测试结果。在湿氢气氛下，高温区总活化能要低于空气气氛下的测试结果。

4）磷灰石类电解质材料因具有高离子电导率及与电极材料具有较好的匹配性等优点，而受到人们的重视。磷灰石组成为 Ln_{10-y}（MO_4）$_6O_2$（Ln 代表 La、Pr 等，M 代表 Si、Ge 等），其晶体结构如图 3-16 所示。磷灰石电解质材料有着自身独特的离子传输性能且离子电导率较高，它是一种具有发展潜力的 SOFC 电解质材料。

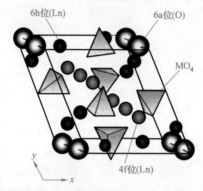

图 3-16　磷灰石氧化物晶体结构示意图（Ln 代表 La、Pr、Nd、Sm、Gd、Dy）

5）通过向电解质中掺杂不同质量分数（10%、20%、30%）的碳酸盐 [Li_2CO_3 53%（摩尔分数）、$SrCO_3$ 47%（摩尔分数）]，得到复合电解质。将此复合电解质与 NiO 复合得到阳极粉体，将此复合电解质和 Li 处理过的 NiO 复合，得到阴极粉体。将制备的阳极、阴极、电解质用干压法压制，得到阳极支撑的单电池片。含碳酸盐质量分数为 20% 的电解质制备的单电池功率密度最高，在 650℃ 温度下为 $100mW/cm^2$，有效地降低了单电池的运行温度，同时提高了单电池的电化学性能。钆掺杂氧化铈（$Gd_{0.2}Ce_{0.8}O_{19}$）（GDC）制备的单电池功率密度-电流密度关系曲线如图 3-17 所示。

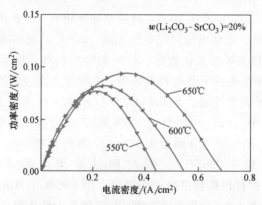

图 3-17　GDC（含碳酸盐质量分数为 20%）制备的单电池的功率密度-电流密度关系曲线

2. SOFC 的阳极材料

1）金属陶瓷复合材料。金属陶瓷复合材料是通过将纯金属分散在电解质材料中得到的。Ni/YSZ 是目前广泛应用于以氢气为燃料的 SOFC 阳极材料。从电导率和热膨胀系数匹配两方面综合考虑，Ni 含量（体积分数）一般控制在 35% 左右，但镍基阳极存在不稳定的缺点，镍颗粒具有易烧结性且氧化还原循环气氛下 Ni-NiO 相互转化时阳极体积变化较大，这都会导致材料性能急剧下降。采用海藻酸钠自组装法制备了具有定向直通孔道的氧化钇稳定氧化锆（YSZ）支撑体，向多孔支撑体内部浸渍 Ni 纳米粒子得到固体氧化物燃料电池的阳极。YSZ 支撑体的孔径随固相含量的增大而减小，同时也随着 $CaCl_2$ 溶液浓度的增大而减小。以氢气为燃料、空气为氧化剂，Ni 掺杂 $YSZ/YSZ/La_{0.8}Sr_{0.2}MnO_3$（LSM）/$Ce_{0.8}Sm_{0.2}O_{19}$（SDC）电池在 650℃ 时的开路电压在 1V 以上，在 800℃ 时的最大功率密度为 $225mW/cm^2$。通过调节阳极的孔隙率及电解质厚度有望大幅度提高电池的输出性能，实现直通孔陶瓷在固体氧化物燃料电池上的应用。

2）ABO_3 钙钛矿类阳极材料。一些钙钛矿结构（ABO_3）氧化物因在较宽的氧分压和温度范围内具有较好的化学稳定性和电化学催化活性而被用作 SOFC 阳极材料。因钙钛矿的 A 位和 B 位都有非常强的掺杂能力，用低价的金属离子对 A 位进行掺杂，电中性的要求将致使 B 位金属离子价态升高或产生氧空位，氧空位的产生使得 ABO 钙钛矿类材料又具有氧离子电导性，阳极材料具有了电子-离子混合电导性能，可将电化学反应界面由电解质阳极燃料三相界面扩展到整个阳极和燃料气体的界面，大大增加了电化学活性区的有效面积。而且，混合导体氧化物可以催化甲烷等碳氢燃料气体的氧化反应，不产生积碳现象，也不会发生硫中毒，这些都表明将其作为以碳氢化合物为燃料的 SOFC 阳极具有优势。其中 $LaCrO_3$ 和 $SrTiO_3$ 系列氧化物表现出相对较好的性能。近年来，$Sr_2MgMoO_{3-\delta}$ 作为一种双钙钛矿结构的阳极材料，其研究取得了一定的进展。A 位有序的层状氧缺位双钙钛矿结构 $GdBaFe_2O_{5+\delta}$（GBFO）对称电极材料引入 Ba^{2+} 缺位，进一步提高了该材料的电化学性能。采用溶胶-凝胶法分别在 1000℃ 空气中和 1050℃ 氢气中合成了 GBFO 双钙钛矿结构材料，该材料为四方结构，在不同气氛下合成的样品具有不同的氧空位，且氧空位的含量可以随着气氛环境的改变而改变。GBFO 对称电极材料与常用的 LSGM 和 SDC 电解质具有良好的化学兼容性。

3）CeO_2 基氧化物阳极材料。CeO_2 是具有萤石结构的氧化物，不容易烧结。CeO_2 对干燥 CH_4 具有良好的催化氧化反应活性，掺杂及不掺杂的 CeO_2 基阳极材料在低氧分压下都表现出混合导体的性能，是很有潜力的中温 SOFC 阳极材料。还原气氛下，Ce^{4+} 易被还原为 Ce^{3+}，导致晶格扩展，阳极表面产生裂纹，严重时阳极会从电解质表面脱落。在 CeO_2 中掺入低价离子可以极大地减小晶格在氧化还原循环反应时的扩展与收缩，但掺杂会导致材料的电子电导率减小。综合两方面考虑，合适的低价离子掺杂量非常重要，如在 CeO_2 中掺入物质的量分数约为 45% 的 Gd^{3+}、Sm^{3+} 等碱土金属阳离子时，CeO_2 基氧化物阳极材料可得到很好的性能。

4）其他氧化物类阳极材料。除了 CeO_2 基和钙钛矿结构氧化物外，人们还研究了其他氧化物，如烧绿石结构（Pyrochlore Structure）氧化物，它具有较高的电导率，但氧化还原气氛下稳定性不好。Nb-Ti-O 结构化合物具有金红石结构，低的氧分压下具有很好的导电性能，但热膨胀性能不好。铋基金属氧化物低氧分压下具有电子导电性，其中 Bi_2O_3-Ta_2O_5 阳极材料应用于以丁烷为燃料的 SOFC，表现出很好的电导性能，700℃连续操作 200h，有稳定持续的电压输出。

3. SOFC 的阴极材料

1）（La，Sr）CoO$_{3-\delta}$ 系。钴酸锶镧（Lanthanum Strontium Cobalate，LSC）具有比 LSM 高的电导率和氧还原催化活性，1000℃的电导率为 1200S/cm，比 LSM 的电导率（150 S/cm）高得多，被认为是潜在的中温 SOFC 的阴极材料而备受重视，但 LSC 的热膨胀系数与 YSZ、DCO 等电解质相同，在操作温度下两者还发生反应生成绝缘相。当其与 CeO$_2$ 基中温电解质［SDC、钇掺杂氧化铈（YDC）等］匹配时，LSC 和该类电解质同样会发生化学反应生成绝缘相，导致 SOFC 阳极/电解质界面性能缺乏长期稳定性，尤其是电池热循环过程中的稳定性。

2）（La，Sr）CuO$_{3-\delta}$ 系。La$_{1-x}$Sr$_x$CuO$_{3-\delta}$ 系阴极材料是一种具有较高氧缺陷的钙钛矿结构化合物，具有良好的电子电导性和优异的催化活性，300℃时的电导率为 4.8×10^{-4}S/cm，800℃时的阴极极化电阻仅为 0.20Ω·cm^2。研究发现其与高温电解质材料氧化钇稳定的二氧化锆（YSZ）电解质相匹配，且其电导率和电化学活性都优于 La$_{1-x}$Sr$_x$CoO$_{3-\delta}$ 系阴极材料。在 650℃时的复合阴极材料 La$_{1-x}$Sr$_x$CuO$_{3-\delta}$-SDC 系列样品中，La$_{0.7}$Sr$_{0.3}$CuO$_{3-\delta}$-SDC 的过电位最小，因为将离子导电材料 SDC 掺入 La$_{0.7}$Sr$_{0.3}$CuO$_{3-\delta}$-SDC 后，调小了 La$_{0.7}$Sr$_{0.3}$CuO$_{3-\delta}$-SDC 的热膨胀系数（La$_{0.7}$Sr$_{0.3}$CuO$_{3-\delta}$ 的热膨胀系数比 SDC 的大），同时又增大了 TPB 面积，有利于电极/电解质界面电荷的转移，改善了电极界面性能，有利于提高电极的电化学性能，但材料电导率降低。综合考虑这两方面因素，确定 SDC 掺入量为 20% 时所得复合材料的性能最佳。组装单电池 NiO-SDC65、SDC LSCu-SDC20 在 750℃时的输出功率达到 130mW/cm^2。采用柠檬酸-硝酸盐自蔓延燃烧法合成了掺铜铁酸镧 LaFe$_{1-x}$Cu$_x$O$_{3-\delta}$（LFC）阴极粉体和 Gd$_{0.1}$Ce$_{0.9}$O$_{2-\delta}$（GDC）电解质粉体，合成的 LFC 粉体（$x\leqslant0.2$）均呈现单一的钙钛矿结构，且与电解质 GDC 在低于 900℃具有良好的化学相容性；B 位掺杂 Cu 元素能够提高阴极材料的电导率，700℃左右在 $x=0.2$ 时其电导率最大，为 104S/cm（图 3-18）；极化阻抗随着 Cu^{2+} 掺杂量的增加而减小，$x=0.2$ 时在 750℃空气气氛下的电极与电解质间的极化阻抗 R_p 最小为 0.237Ω·cm^2（图 3-19）。

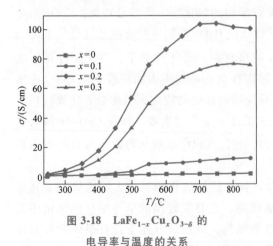

图 3-18 LaFe$_{1-x}$Cu$_x$O$_{3-\delta}$ 的
电导率与温度的关系

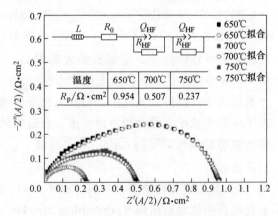

图 3-19 LFC0.2 在空气气氛下不同温度
时的电化学阻抗谱

3）类钙钛矿类氧化物。随着中低温 SOFC 的深入研究，一些具有电子和离子导电的混合导体，即类钙钛矿型 A_2BO_4 氧化物逐渐成为人们的研究热点。A_2BO_4 比 ABO_3 有着更高的催化活性和热稳定性，当用异价金属离子（Sr^{2+}、Ba^{2+}、Ca^{2+} 等）取代部分 A 位离子时，可改变 B 位离子氧化状态的分布，增加氧空位的浓度，从而提高对甲烷氧化反应的催化活性，因此它可以用作以甲烷为燃料的中温 SOFC 的阴极材料。同时，K_2NiF_4 结构氧化物具有良好的晶体结构、高温超导性及较高的催化活性。近年来，对于 B 位掺杂的 A_2BO_4 型复合氧化物已有一些研究，如 Nd_2NiO_4 和 $La_2Ni_xCo_{1-x}O_4$，以及 $La_2Ni_{1-x}Cu_xO_4$ 等材料。除了 B 位掺杂外，A 位掺杂的如 $La_{2-x}Sr_xNiO_4$ 也是一种较好的离子和电子的混合导体。同 $La_2Ni_xCo_{1-x}O_4$ 相比较，$La_{2-x}Sr_xNiO_4$ 具有更高的氧扩散系数和表面交换系数。

4）钙钛矿型、类钙钛矿型氧化物与电解质复合阴极材料。阴极材料中混入适量电解质材料制备复合阴极材料，有以下优点：第一，增大阴极材料的离子电导性，有效地增大电极、电解质和空气的三相反应界面（Triple Phase Boundary，TPB），即增大电化学反应的活性区；第二，可有效降低阴极过电位，中低温条件下电池性能得到明显改善；第三，适量电解质材料可调节阴极材料的热膨胀系数，增强与电解质材料的相容性。电解质材料的加入在调整两者（阴极/电解质）热膨胀匹配性的同时，还会带来阴极材料电导性能的下降。因此，确定最佳的掺杂量是至关重要的。

总之，固体氧化物燃料电池的中温化是解决高温固体氧化物燃料电池中的问题，以及促进 SOFC 商业化的有效途径。钙钛矿型、类钙钛矿型化合物、氧化铈基氧化物及其复合材料是目前常用的电池材料。以后的研究开发应主要集中在以下三个方面：第一，研究质子传导机理并开发中温下具有足够电导率的质子电解质导体、质子-离子混合导体电解质及与其相匹配的系列电极材料；第二，开发中温条件下催化活性较高且可与相应电解质材料匹配的新电极材料；第三，通过在电极/电解质界面处添加电极阻隔层或制备梯度电极等方法改善电极和电解质之间的接触状态，从而提高电池的输出性能。

3.2　锂离子型化学-电能转换材料

3.2.1　锂离子型化学-电能转换工作原理

锂离子电池的工作原理如图 3-20 所示，电池充电时，锂离子从正极中脱嵌，通过电解质和隔膜，嵌入到负极中；电池放电时，锂离子由负极中脱嵌，通过电解质和隔膜，重新嵌入到正极中。上述正、负极反应是一种典型的嵌入反应，因此锂离子电池又被称为摇椅电池，意指电池工作时锂离子在正、负极之间可以摇来摇去。在正常充、放电过程中，Li^+ 在层状结构的碳材料和金属氧化物的层间嵌入和脱出，一般只引起层面间距变化，不破坏晶体结构。由于锂离子在正、负极中有相对固定的空间和位置，因此电池充放电反应的可逆性很好，从而保证锂电池较长的循环寿命和工作的安全性。

锂离子电池充、放电反应可表示如下（正极材料以 $LiCoO_2$ 为例）。

正极反应：

$$LiCoO_2 \longrightarrow CoO_2 + Li^+ + e^-$$

（3-33）

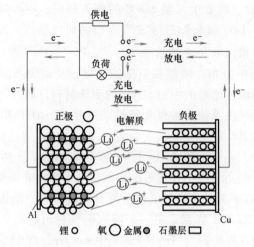

图 3-20 锂离子电池的工作原理

负极反应：

$$Li^+ + e^- + C_6 \longrightarrow LiC_6 \qquad (3\text{-}34)$$

总反应：

$$LiCoO_2 + C_6 \longrightarrow CoO_2 + LiC_6 \qquad (3\text{-}35)$$

锂离子电池具有以下优点：

1）工作电压高，可达到 3.6V，相当于 3 节 Ni-Cd 或 Ni-MH 电池。

2）能量密度高，目前锂离子电池质量比能量达 $180W \cdot h/kg$，是镍镉电池（Ni-Cd）的 4 倍，镍氢电池（Ni-M_xH）的 2 倍。

3）能量转换效率高，锂离子电池能量转换率达到 96%，而镍氢电池（Ni-MH）为 55%~65%，镍镉电池（Ni-Cd）为 55%~75%。

4）自放电率小，锂离子电池自放电率小于 2%/月。

5）循环寿命长，Sony 公司 18650 型锂离子电池能循环 1000 次，容量保持率达到 85% 以上。

6）具有高倍率充、放电性，Saft 公司最近研制的高功率型锂离子电池的功率密度达到 4000W/kg。

7）无任何记忆效应，可以随时充、放电。

8）不含重金属及有毒物质，无环境污染，是真正的绿色电源。

3.2.2 锂及锂合金类负极材料

1. 金属锂负极材料

二次锂电池的发展经历了曲折的过程。初期，负极材料是金属锂，它是比容量最高的负极材料。由于金属锂异常活泼，所以能与很多无机物和有机物反应。在锂电池中，锂电极易与非水有机电解质反应，在表面形成一层钝化膜（固态电解质界面膜，Solid Electrolyte Interface，SEI），使金属锂在电解质中稳定存在，这是锂电池得以商品化的基础。对二次锂电池，在充电过程中，锂将重新回到负极，新沉积的锂的表面由于没有钝化膜保护，非常活泼，部分锂将与电解质反应并被反应产物包覆，与负极失去电接触，形成弥散态的锂。与此同时，充电时在负极表面会形成枝晶，造成电池软短路，使电池局部温度升高，熔化隔膜，软短路变成硬短路，电池被毁，甚至爆炸起火。

金属锂的表面形态对枝晶的形成、充放电效率和循环寿命有较大影响，因此锂负极的改进主要集中在加入添加剂以改进锂的表面形态方面。

（1）形成 SEI　在锂负极、有机溶剂电解质的电池中，锂与有机电解质溶剂反应形成以 Li_2CO_3 为主的 SEI。SEI 对 Li^+ 扩散有一定阻碍作用，SEI 的形成是初次充、放电不可逆容量损失的一个原因，但 SEI 的存在提高了负极的稳定性。利用 CO_2 氧化法在 Li 电极表面预先形成一层 Li_2CO_3，与电池充放电过程形成的 Li_2CO_3 相比，结构更致密和稳定，电池循环性能得到提高。

（2）电解质中加入 HF　锂与电解质溶液反应形成以锂盐 LiOH、Li_2O 为主要成分的表面膜，它一方面传递锂离子，一方面阻止内部锂与电解质进一步反应。加入 HF 后，外层的表面膜与 HF 反应形成组织均匀的 LiF 层，能有效地防止枝晶的形成，提高电池的循环性能和充、放电效率。

（3）加入无机离子和碘化物　电解液中的无机离子如 Mg^{2+}、Zn^{2+} 等在锂的沉积过程中发生还原反应，形成锂合金，从而使锂钝化，有利于防止枝晶的形成。电解液中加入 SnI_2 后，循环性能明显提高，原因还不十分清楚。

（4）加入有机添加剂　从研究结果看，提高循环寿命和充、放电效率效果最好的添加剂是联砒啶类有机物。其原因一般认为是有机化合物附着在金属锂表面，降低了表面的锂离子传递阻抗。

（5）锂负极的表面处理　其中包括降低锂负极的表面粗糙度、锂表面加碳粉，以及涂覆有机表面活性剂等。

2. 锂合金类负极材料

为了克服锂负极高活泼性引起的安全性差和循环性差的缺点，研究人员开发了各种锂合金作为新的负极材料。从世界各国申请的锂离子电池负极材料专利来看，基本上包括了常见的各种锂合金，如 LiAlFe、LiPb、LiAl、LiSn、LiIn、LiBi、LiZn、LiCd、LiAlB、LiSi 等。

相对于金属锂负极，锂合金负极避免了枝晶的生长，提高了安全性。然而，在反复循环过程中，锂合金将经历较大的体积变化，电极材料逐渐粉化失效，合金结构遭到破坏。

为了解决维度不稳定的缺点，采用了多种复合体系：①采用混合导体全固态复合体系，即将活性物质（如 Li，Si）均匀分散在非活性的锂合金中，其中活性物质与锂反应，非活性物质提供反应通道；②将锂合金与相应金属的金属间化合物混合，如将 Li_2Al 合金与 Al_2Ni 混合；③将锂合金分散在导电聚合物中，如将 Li_xAl、Li_xPb 分散在聚乙炔或聚并苯中，其中导电聚合物提供了一个弹性、多孔、有较高电子和离子电导率的支撑体；④将小颗粒的锂合金嵌入到一个稳定的网络支撑体中。这些措施在一定程度上提高了锂合金体系的维度稳定性，但仍不能达到实用化的程度。

近年来出现的锂离子电池，锂源是正极材料 $LiMO_2$（M 代表 Co、Ni、Mn），负极材料可以不含金属锂。因而，在合金类材料的制备上有了更多选择。用电沉积的方法制备纳米级（小于 100nm）的 Sn 及 SnSb、SnAg 金属间化合物，其循环性得到明显改善。最近又通过化学沉积法制备了尺寸为 300nm 的 $Sn_{0.88}Sb$ 合金，循环 200 次可以保持 95% 的初始容量。国外曾用球磨制备了粒度为 10nm 的 SnFe/SnFeC 复合材料体系，循环 80 次可逆比容量为 200mA·h/g；制备的 Cu_6Sn_5 合金，可逆比容量达到 400mA·h/g。

3.2.3 碳及硅基材料类负极材料

1. 碳基材料

商品化锂离子电池中应用最成功的负极材料是碳材料，碳材料在锂离子电池中取代金属锂作为负极，使电池的安全性能和循环性能得到大大提高，同时又保持了锂离子电池高电压的优势。其优点主要有比容量高、循环效率高、循环寿命长和电池内部没有金属锂。通常，锂在碳材料中形成的化合物的理论表达式为 LiC_6，其理论比容量为 372mA·h/g。一般来说，选择一种好的负极材料应遵循以下原则：比能量高；相对锂电极的电极电位低；充、放电反应可逆性好；与电解液和黏结剂的兼容性好；比表面积小（$< 10m^2/g$）；振实密度高（$> 2.0g/cm^3$）；嵌锂过程中尺寸和机械稳定性好；资源丰富、价格低廉；在空气中稳定、无毒副作用。目前研究较多的碳材料有石墨、乙炔黑、微珠碳、石油焦、碳纤维、裂解聚合物和热解碳等。此外，根据其结构特点，碳材料可进行如下分类（图 3-21）。

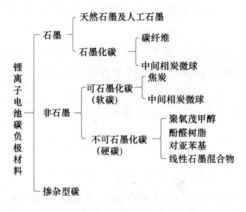

图 3-21 碳材料的分类

软碳是指可石墨化碳，主要有石油焦、针状焦、碳纤维、焦炭、炭微球等。石油焦、碳纤维、炭微球，这类材料的结构常为无序，晶粒尺寸小，碳原子之间的排列是任意旋转或平移的，这使其具有较大的层间距和较小的层平面，Li 在其中扩散速率较快，能使电池进行更高速的充、放电，且无定形炭比表面积大，表面含较多的极性基团，能与电解液有较好的相容性。Sony 公司于 1990 年推出的第一代锂离子二次电池是用石油焦作为负极材料，所使用的石油焦由石油沥青经 1000℃ 左右热处理，脱氧、脱氢而成。这类碳材料中存在一定杂质，难以制备高纯碳，具有非结晶结构，呈涡轮层状，且资源丰富，价格低廉。焦炭具有热处理温度低、成本低，以及与碳酸丙烯酯基电解液相容等特点，因此可以降低电池成本。此外，其嵌、脱速率比石墨大，具有较好的载荷特性。因此，经过改进，此类材料能够成为有竞争力的碳素材料。

硬碳是指不可石墨化碳，是高分子聚合物的热解碳。将具有特殊结构的交联树脂在 1000℃ 左右热解可得硬碳，这类硬碳主要由单层石墨构成，这些石墨层相互交错形成孔径和开孔都很小的微孔。这类碳在 2500℃ 以上的高温也难以石墨化，常见的硬碳有树脂碳〔如酚醛树脂、环氧树脂和聚糠醇树脂（也称为聚氧茂甲醇）碳等]、有机聚合物热解碳（如 PFA、PVC、PVDF 和 PAN 等）和炭黑（乙炔黑）等。研究发现，硬碳材料均具有很高的可逆比容量（一般为 500～700mA·h/g）。其中，聚糠醇树脂碳的比容量达到 400mA·h/g（Sony 公司已用作锂离子电池负极材料），含硫聚合物热解所得硬碳的比容量为 500mA·h/g，聚苯酚热解所得硬碳的比容量为 580mA·h/g，沥青、聚氯乙烯（PVC）、聚并苯（PPP）和环氧酚醛树脂热解所得硬碳的比容量均大于 700mA·h/g。汪红梅等人研究了一种新离子型负极成膜添加剂 MMPD（2D）对 NMC811/石墨电池性能的影响，并与当前最常用商业化负极成膜添加剂碳酸亚乙烯酯（Vinylene Carbonate，VC）进行对比试验。结果表明：含 2D 成膜阻抗明显低于 VC；含 2D 电解液电池的石墨负极钝化膜更加稳定，能有效提升锂离子电池的循环、存储和倍率性能；60℃存储含 2D 电池的电压和电阻变化较小；高温循环 200 周后，不含 2D 添加剂的电池容量损失达 15%，含 2D 的电池容量保持率在 92% 以上。

在 1991 年，日本 NEC 公司基础研究实验室的电子显微镜专家 Ljjina 在高分辨透射电子显微镜下检验石墨电弧设备中产生的球状碳分子时，意外发现了由管状的同轴纳米管组成的碳分子，这就是现在的碳纳米管（Carbon Nanotube，CNT），又名巴基管（Buckytube）。由于它具有独特的电子结构和物理化学性质，具有许多潜在的应用价值，因此激起了人们极大的研究兴趣。碳纳米管（CNT）是由碳六元环构成平面叠合而成的纳米级无缝管状结构材料，有多层管（Multi-Walled Carbon Nano-Tube，MWNT）也有单层管（Single-Walled Carbon Nano-Tube，SWNT），如图 3-22 所示。碳纳米管的外径为几纳米至几百纳米，内径为 1nm 到几十纳米，长度为几十纳米到几毫米，层间距约为 0.34nm。它两端可以是封口的，也可以是开口的，有直的也有弯的，还有螺旋状的。

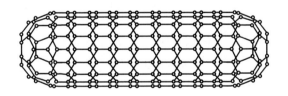

图 3-22　单壁碳纳米管结构示意图

碳纳米管具有类似石墨的层状结构，许多结构性质都有利于锂离子的嵌入，同时有实验发现，它具有很高的充电比容量，可达 1000mA·h/g，具有很大的吸引力。碳纳米管的层间距（$d_{002}=3.4～3.5nm$）大于石墨的层间距（3.35nm），大的层间距对锂离子来说进出有了大的通道，这些大的通道不仅增大了锂离子的扩散能力，而且使锂离子能够更加深入地嵌入。同时，嵌锂时由于体积的膨胀，层间距要增加 10% 左右，因此石墨层要发生移动，从而使嵌锂顺利进行。因此从这个原理上看，碳纳米管的充电容量可能远大于石墨。碳纳米管的管径仅为纳米级尺寸，因而它具有较大的比表面。碳纳米管这种特殊的微观结构使锂离子嵌入深度小，过程短。它不仅可嵌入管内各层间和管芯，而且可嵌入到管间的缝隙中，从而为锂离子提供可嵌入的空间位置，有利于进一步提高锂离子电池的放电容量及电流密度。在锂离子嵌入脱出反应中，碳纳米管的电化学行为和它们的微观结构密切相关，因此不同的制备方法，不同的工艺生产出的碳纳米管用作锂离子电池的负极后可能产生很大的差异。目前比较常见的合成方法主要有电弧法、激光蒸发法和催化裂解法。

电弧放电法是 Sumio Lijima 首次发现碳纳米管时所采用的方法，其原理是石墨电极在电弧放电产生的高温下蒸发，于阴极附近沉积出碳纳米管。它是在真空反应器中充以一定压力的惰性气体或氢气，采用较粗大的石墨棒为阴极，细石墨棒为阳极，在电弧放电的过程中阳极石墨棒不断被消耗，同时在石墨阴极上沉积出含有碳纳米管的产物。另外也有报道表明，在阳极沉积物中也发现了碳纳米管，并认为其与阴极产物有相似的生长过程。

激光蒸发法的原理是利用激光在特定气氛下照射含有金属催化剂和碳源的靶材并将其蒸发，同时结合一定的反应气体，在基底或反应腔壁沉积出碳纳米管。

催化裂解法（又称 CVD 法），是通过烃类（如甲烷、乙烯、苯等）或含碳氧化物（如 CO 等）在催化剂（如过渡族金属 Fe、Co、Ni、Cr、Cu 等）的作用下裂解并重构而制备碳纳米管的方法。碳纳米管的直径很大程度上依赖于催化剂颗粒的直径，因此通过催化剂种类与粒度的选择及工艺条件的控制，可获得纯度较高、尺寸分布较均匀的碳纳米管，并且该工艺适于工业大批量生产。这种制备方法的缺点是碳纳米管存在较多的结晶缺陷，常常发生弯曲和变形，石墨化程度较差，这对碳纳米管的力学性能及物理性能会有不良的影响。因此对由此法制备的碳纳米管采取一定的后处理是必要的，如高温退火处理，可消除部分缺陷，使管变直、石墨化程度增大。

2. 硅基材料

高比容量负极材料的开发一直是锂离子蓄电池研究的重要领域。锂与硅（Si）反应可得到不同的产物，如 $Li_{12}Si_7$、Li_7Si_3、$Li_{13}Si_4$ 和 $Li_{22}Si_5$ 等，其中 $Li_{22}Si_5$ 合金的理论储锂的比容量高达 4200mA·h/g，大于金属锂的 3860mA·h/g，更是碳负极材料的 11.29 倍，Si 是目前所发现的具有最高储锂量的负极材料，且 Si 还是地壳中第二丰富的元素，价格便宜。从化学性质来看，与电解液反应活性低，嵌锂过程中不会引起溶剂分子与 Li^+ 共嵌入的问题，因此 Si 非常适用于作为锂离子蓄电池的负极材料。然而，Si 基负极材料循环性能目前还很不好，原因是嵌锂过程中，会引起硅体积膨胀 1~3 倍：脱锂时又发生体积收缩，在这个过程中产生的应力造成材料结构的破坏和机械粉化，导致电极材料间及电极材料与集流体的分离，电阻增大，进而失去电接触，致使容量迅速衰减，最后导致电极材料失效，因此在锂离子蓄电池中很难实际应用。因此，在获得高容量的同时，如何提高硅基负极材料的循环性能，是目前的一个研究重点。解决这一问题的主要办法有使硅材料纳米化和多孔化，制备硅合金及硅复合材料和多相掺杂等。

（1）**硅单体材料** 硅单体材料的结构分为非晶态/无定形态和晶态两种形式，研究表明，非晶态硅具有更好的电化学性能。此外，减小硅的粒径可以降低嵌锂过程中的绝对体积膨胀，减小电极内部应力，改善材料的容量和循环性能。因此，制备具有纳米级的硅单体材料是近年来研究的热点，硅的纳米化、又细分为零维硅纳米球、一维硅纳米线和二维硅纳米薄膜。国内的研究发现，纳米硅基复合材料的实际质量比容量高达 1700mA·h/g 以上，是石墨理论比容量的 5 倍，而且循环性能好，可以经受高倍率充、放电。纳米合金复合材料在充、放电过程中的绝对体积变化较小，电极结构具有较高的稳定性。纳米材料的比表面积很大，存在大量的晶界，有利于改善电极反应动力学性能。因此，纳米合金复合材料可能是合金类负极材料的最佳选择。

（2）**硅合金材料** 普通硅在嵌脱锂过程中存在较大的体积膨胀和粉化，纳米硅材料容易团聚形成非活性的致密块体材料，循环性能也不理想，因此人们转向了对硅合金材料（Si-M）的研究。M 可以是金属或惰性物质，如 Ni、Ti、Cu、V、Co、Cr、Fe、Mn、Zr 等，在整个充、放电过程中不具有嵌脱锂活性，主要起缓解体积变化和改善循环性能的作用。

（3）硅的氧化物材料　硅的氧化物材料主要包括：SiO、SiO_2 及其混合物。研究发现，随着 SiO_x 中含氧量的增加，电池比容量降低，但是循环性能提高。一般认为，硅的氧化物，如 SiO 作为负极的储锂反应是 SiO 首次嵌锂过程中原位形成 Li_2O 和锂的硅酸盐（Li_4SiO_4）及纳米 Si，为不可逆反应。生成的 Li_2O 和 Li_4SiO_4 作为缓冲介质，不但能够有效抑制 Si 在脱嵌锂过程中带来的体积变化，还可防止纳米 Si 的团聚，进而提高电极的循环性能。

总体来讲，相对于硅材料的其他形式（如硅合金等），硅的氧化物材料存在嵌锂容量小、循环性能差和大电流嵌锂性能更差的缺点，因此这种材料逐渐淡出了人们的视野。

（4）硅基复合材料　为了解决硅基材料本身导电性较弱，体积膨胀严重等问题，除采用纳米化、合金化和硅的氧化物来解决该问题外，另一个有效的方法就是制成硅基碳复合材料。由于硅和碳原子同属于元素周期表中第ⅣA族，且碳类负极材料具有良好的导电性，在嵌脱锂过程中体积变化很小，正好弥补了硅基材料的缺点。

例如，通过对硅化镁的氧化、炭层涂覆和随后的酸洗合成炭笼包覆多孔硅（Porous Si in Carboncages，Po Si@ CC）复合材料，其表现出更好的电化学性能。Po Si@ CC 复合材料在 0.4 A/g 电流密度下，经 100 次循环后比容量为 864mA·h/g，容量保持率为 91.7%。当电流密度增加到 1.6A/g 和 3.2A/g 时，比容量可分别保持在 590mA·h/g、475mA·h/g。炭笼中多孔硅的独特结构以及炭层可缓解粉化并稳定 SEI，使得 Po Si@ CC 具有良好的循环和速率性能。通过导电炭壳完全包覆固体硅核，可制备核壳型结构 Si/C 复合材料。包覆炭层不仅有利于提高硅材料的电导率，缓冲硅晶体在脱嵌锂离子过程中的部分体积膨胀效应，而且避免了硅表面与电解液直接接触，缓解电解液的分解，使整个电极循环性能得到提高。以稻谷壳为原材料采用酸解和高温反应合成 SiO_2，将其在 Ar/H_2（4%，体积分数）混合氛围中于 970℃ 条件下均衡反应，使相互连接的硅纳米颗粒嵌入到 SiO_2 矩阵中；然后对形成的 Si/SiO_2 粉末采用氢氟酸刻蚀，将产物介孔硅与碳纳米管球磨，获得碳纳米管-硅（CNT-Si）复合材料；制备的电极经历 100 次循环后，依然能保持 2028.6mA·h/g 的比容量和 91.7% 的容量保持率。采用嵌段共聚物模板法合成了具有致密堆积优势的短棒状有序介孔 SiO_2（Ordered Mesoporous SiO_2，简称 SiO_2-OMPs），通过镁热还原和碳包覆工艺制备了有序介孔 Si/C 复合材料。在 50 次循环充、放电测试中，复合材料在 0.1A/g 的电流密度下具有大于 93% 的可逆容量保持率，显示出优异的循环稳定性和倍率性能。

3.2.4　过渡金属氧化物负极材料

一般而言，体相 Li_2O 既不是电子导体，也不是离子导体，不能在室温下参与电化学反应。研究发现，锂插入到过渡金属氧化物后，形成了纳米尺度的复合物，过渡金属 M 和 Li_2O 的尺寸在 5nm 以下。这样微小的尺度从动力学考虑是非常有利的，这是 Li_2O 室温电化学活性增强的主要原因。后来发现，这一反应体系也适用于过渡金属氟化物、硫化物、氮化物等，这是一个普遍现象，在这些体系中形成了类似的纳米复合物微结构。对于电子电导率较高的材料，如 RuO_2，第一周循环充、放电效率可以达到 98%，可逆比容量为 1100mA·h/g。有报道通过阳极氧化法和后退火处理在铜箔上合成了三维网络结构氧化铜纳米线，将其作为负极材料制备了无须添加黏结剂的锂离子电池。在 1C 倍率下，氧化 1000s 制备的 CuO 纳米线表现出最高的 1172mA·h/g（图 3-23）首次循环（首圈）放电比容量和 594mA·h/g 的可逆比容量，500 次循环可逆比容量为 607.6mA·h/g，可逆比容量保持率为 102.3%。交联的三维网络结构 CuO 纳米线相互支撑，提供稳定的结构，有效缓解了 CuO 纳米线作为锂离子电池负极材料中的体积膨胀问题，表现出了优异的倍率性能和循环寿命。

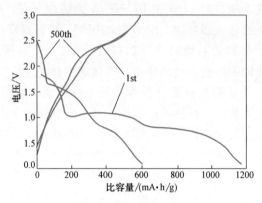

图 3-23　1000s 样品阳极以 1C 倍率在 0~3V 的电位范围内的部分循环充、放电

3.2.5　硫化物负极材料

含硫无机电极材料包括简单二元金属硫化物、硫氧化物、Chevrel 相化合物、尖晶石型硫化物、聚阴离子型磷硫化物等。与传统氧化物电极材料相比，此类材料在比容量、能量密度和功率密度等方面具有独特的优势，因此成为近年来电极材料研究的热点之一。二元金属硫化物电极材料种类繁多，它们一般具有较大的理论比容量和能量密度，并且导电性好，价廉易得，化学性质稳定，安全无污染。除钛、钼外，铜、铁、锡等金属硫化物也是锂二次电池发展初期研究较多的电极材料。由于仅含两种元素，二元金属硫化物的合成较为简单，所用方法除机械研磨法、高温固相法外，也常见电化学沉积和液相合成等方法。作为锂电池电极材料，这类材料在放电时，或者生成嵌锂化合物（如 TiS_2），或者与氧化物生成类似的金属单质和金属硫化物（如 Li_2S、Cu_2S、NiS、CoS），有的还可以进一步生成 Sn 合金（如 SnS、SnS_2）。李宗峰等人以 $CoC_{12}·6H_2O$ 和硫脲（CH_4N_2S）为原料，采用一步水热法制备出两种不同形貌（3D 花状和球状）的硫化钴（CoS）锂离子电池负极材料。当钴硫物质的量之比为 1:1 时，在 180℃下水热反应 12h 可得到 3D 花状 CoS 负极材料，其三维立体花状结构由纳米级层片组成；当钴硫物质的量之比为 1:1，添加十六烷基三甲基溴化铵（CTMAB），在 180℃下反应 12h 可制得由小颗粒聚结成的球状 CoS 负极材料。在 0.1C 电流密度下，3D 花状 CoS 电池首次放电比容量为 752mA·h/g（图 3-24a），并且具有良好的倍率性能；在 1C 电流密度下，经过 200 次的循环测试后，3D 花状 CoS 电池仍有较高的放电比容量（185mA·h/g），远高于球状 CoS 电池（118.6mA·h/g），并且没有衰减的趋势（图 3-24b）。

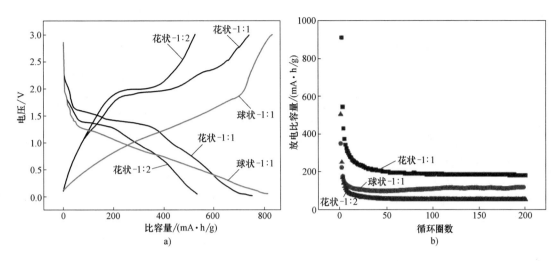

图 3-24   CoS 电极材料在 0.1C 的电流密度下首次充、放电的电化学性能图

3.2.6   锂基正极材料

扫码看视频

锂基正极主要包括钴酸锂（LiCoO$_2$）、镍酸锂（LiNiO$_2$）、锰酸锂（LiMn$_2$O$_4$）、磷酸亚铁锂（LiFePO$_4$）等。

1）LiCoO$_2$ 正极材料。LiCoO$_2$ 的结构有尖晶石结构、层状结构以及岩盐结构。LiCoO$_2$ 稳定的结构使得它作为正极材料有良好的循环稳定性，所以 LiCoO$_2$（主要是二维层状结构）是目前广泛应用的一种正极材料。二维层状结构 LiCoO$_2$ 充放电过程的比容量为 150mA·h/g，小于理论比容量 275mA·h/g。这是由于实际结构中锂离子和钴离子与氧层的作用不同所致。常用的合成 LiCoO$_2$ 的方法有喷雾分解法、超临界干燥法、溶胶-凝胶法、冷冻干燥法、旋转蒸发法等。溶胶-凝胶法可以得到纳米级的 LiCoO$_2$，并且粒径分布均匀，使 LiCoO$_2$ 电化学性能得到很大提高。LiCoO$_2$ 目前仍被广泛应用为锂离子电池正极材料，其工作电压高，电化学性能较好，且合成工艺较为成熟，目前占据市场主体。

但是钴是稀有金属，LiCoO$_2$ 价格高，并且对环境有较大污染。锂离子的运动会使 LiCoO$_2$ 的结构在收缩和膨胀后发生晶型转变，使得 LiCoO$_2$ 发生松动而脱落。这直接导致材料内部锂离子输运困难、内阻增大、容量降低、循环性能变差；同时 LiCoO$_2$ 的抗过充能力较差，当脱锂超过 80% 时，有相变发生。为此，人们利用包覆和掺杂等方法对其进行了大量改性研究。通过掺杂改性，可以提高材料的结构稳定性，改善材料的电化学性能，且能降低成本。

2）层状结构 LiNiO$_2$ 正极材料。在 LiNiO$_2$ 的两种结构中，只有 α-NaFeO$_2$ 型层状结构的 LiNiO$_2$ 才可以作为锂离子电池正极材料。α-NaFeO$_2$ 型层状结构的 LiNiO$_2$ 与多种电解液具有较好的相容性，理论比容量为 274mA·h/g，实际比容量为 190~210mA·h/g，平均工作电压约为 3.6V，且环境污染小，价格较低，是一种很有前途的锂离子电池正极材料。

LiNiO$_2$ 通常采用共沉淀法、高温固相法、溶胶凝胶法、喷雾干燥法和电解法等合成。但它的合成工艺条件较为苛刻，有可能会使阳离子在锂离子位的排列不规则，锂离子的反复脱嵌导致结构塌陷，造成循环过程中容量的衰退。$LiNiO_2$ 在嵌入和脱出锂离子的过程中也会发生晶型的可逆（不可逆）相变，热稳定性较差。可采用掺杂和表面包覆的方法对其进行改性。常用的掺杂有碱土金属 Ca、Mg、Sr、Mn、Ti、Co、Al 等，可以明显改善其电化学性能。

3）尖晶石结构的 $LiMn_2O_4$ 正极材料。尖晶石型 $LiMn_2O_4$ 是现在锂电池正极材料研究的热点，具有原料丰富、廉价、无毒、环境相容性好等优点。对于 $Li_xMn_2O_4$，当 x 在 0~1 之间变化时，体积膨胀收缩对晶格常数影响较小，结构保持很好，具有 4V 的电压平台，理论放电比容量为 148mA·h/g，实际放电比容量为 110~120mA·h/g。从成本和安全性角度来考虑，尖晶石结构的 $Li_xMn_2O_4$ 是非常具有发展潜力的锂离子电池正极材料之一。目前常用的制备方法有高温固相反应法、共沉淀法、乳液干燥法、溶胶-凝胶法等。

但该材料在使用过程中易发生 Mn 溶解，从而导致电池正极材料容量损失。同时，其电导率远低于 $LiCoO_2$。通过掺杂 Al、Ga、Co、Ni、Fe、Mg 等元素可以提高 $LiMn_2O_4$ 的结构稳定性和循环性能；通过一定的表面处理可以提高 $LiMn_2O_4$ 的高温电性能。

4）三元或多元正极材料。由于目前已有的单一正极材料都有各种各样的缺陷，那么综合三种或多种正极材料，通过协同作用避开缺陷以达到最优的使用性能所得到的正极材料就称为多元材料。多元材料是近几年发展起来的新型锂电池正极材料，具有容量高、成本低、安全性好等优异特性，在小型锂电池与动力锂电池领域具有良好的发展前景。

$LiCoO_2$ 易合成，可产生高电压且电化学性能稳定，但价格昂贵，实际容量只有理论比容量的 50% 左右；$LiNiO_2$ 和 $LiMnO_2$ 具有高比容量，但结构不稳定，循环性能不佳，通过掺杂可以改善循环性能。因 $LiCoO_2$、$LiNiO_2$ 和 $LiMnO_2$ 都属于层状结构嵌锂化合物，且 Ni、Co、Mn 属于同一周期相邻的元素，核外电子排布相似，原子半径比较接近。因此，许多研究者希望通过 N、Co、Mn 互掺，结构互补得到性能更优异的嵌锂氧化物正极材料。综合 $LiCoO_2$、$LiNiO_2$ 和 $LiMnO_2$ 三类材料的优点，形成 $LiCoO_2/LiNiO_2/LiMnO_2$ 体系，可组合成镍、钴、锰三元素协同的新型过渡金属嵌锂氧化物复合材料，可用通式表示为 $LiCo_xMn_yNi_{1-x-y}O_2$（$0<x<0.5$，$0<y<0.5$），其综合性能优于任一单组分氧化物，存在明显的协同效应。刘俊杰等将一定化学计量比的 $MnCl_2·4H_2O$、$NiCl_2·6H_2O$、$CoCl_2·6H_2O$ 溶于水中，在反应釜中 180℃ 下反应 12h，得到粉红色前驱体。然后将制备的前驱体与 $LiOH·H_2O$ 高温焙烧制得正极材料。在电化学性能测试中，该材料表现良好，其中在 2.5~4.5V 电压平台，0.2C 下放电比容量为 160mA·h/g。且经过 90 个循环后，库仑效率保持在 98% 以上。

5）橄榄石结构 $LiFePO_4$ 正极材料。$LiFePO_4$ 是一种新型锂离子电池正极材料，结构如图 3-25 所示。其中，锂原子占据的八面体相互共边，它们在 a-b 平面沿着 b 轴方向延伸，形成链状排列；铁原子占据的八面体相互共顶点，它们在与锂原子相邻的 a-b 平面沿着 b 轴方向形成锯齿形排列。在锂原子所在的 a-b 平面中，包含 PO_4 四面体，这样就限制了锂离子的移动空间。因此，$LiFePO_4$ 的电导率比其他层状氧化物 $Li_{1-x}MO_2$ 要低得多。橄榄石结构的 $LiFePO_4$ 常压下即使加热到 200℃ 仍然稳定，但由于其结构中四面体和八面体共边，高压下不稳定，会转变为尖晶石相。$LiFePO_4$ 稳定性高，晶格变形较小，可带来更好的放电过程，解决了锂钴氧化物和锂锰氧化物等锂离子电池放电率低、循环寿命短的问题。

磷酸铁锂是目前最理想的正极材料。资源丰富，价格低廉，理论比容量可达 170mA·h/g，相对于锂的电极电位为 3.5V，脱、嵌锂时结构保持稳定，循环性能良好，环境友好。

目前唯一的不足就是大电流放电能力比较差，如果这一问题能够顺利解决，LiFePO$_4$便有望成为新一代锂离子电池正极材料，非常适合汽车用锂离子动力电池。孙锴等人通过尿素辅助软模板法研究了表面活性剂亲油基的链长对 LiFePO$_4$/C 复合材料形貌及其电化学性能的影响。结果表明：在尿素作用下，亲油基的链长对颗粒生长和成型起到了关键作用。在室温下，样品 LFP-DTAB-urea 在 0.1C 倍率下放电比容量首次达到了 153.1mA · h/g，50 次循环后放电比容量保持在 130mA · h/g，容量保持率为 84.9%；10C 倍率下放电比容量达到 79.5mA · h/g。该研究结果为其他锂二次电池甚至新型二次电池电极材料的研究提供了参考，同时表明软模板法在纳米材料合成中具有广阔的应用前景。

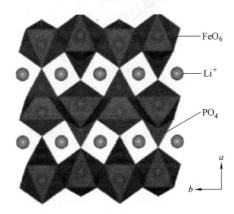

图 3-25 LiFePO$_4$ 的微观结构

3.2.7 石墨烯复合正极材料

LiMPO$_4$ 具有理论容量高、成本低和循环性能稳定等优点，非常适宜发展为电动汽车用锂离子电池正极材料。但是 LiMPO$_4$ 材料较低的电子及离子传导性成为其产业化必须克服的难题。大量研究表明，碳包覆和金属离子掺杂可以提高材料的电导率，纳米化可以改善锂离子的传输通道。不同的碳包覆原料和工艺，由于会生成不同结构的碳材料，对改善材料电子的电导率、减小颗粒尺寸、提高材料充放电容量的效果可能会迥然不同。石墨烯是一种只有1 个碳原子厚度的二维材料，其碳原子以 sp2 杂化轨道组成六角型蜂巢晶格结构。由于其具有高的比表面积、优异的导电性能和化学稳定性，用于 LiMPO$_4$ 复合材料时具有以下优势：①可以与 LiMPO$_4$ 颗粒和集流体形成很好的电接触，易于电子在集流体和 LiMPO$_4$ 颗粒之间迁移，从而降低电池内部电阻，提高输出功率；②优异的力学性能和化学性能赋予石墨烯-LiMPO$_4$ 复合电极材料较好的结构稳定性，从而提高电极材料循环稳定性；③LiMPO$_4$ 在石墨烯负载上，可以有效控制晶粒增长，使得到的颗粒尺寸控制在纳米级。

通过不同方法制备的石墨烯-LiMPO$_4$ 复合材料，在结构、形貌和电化学性能等方面都有差异。目前石墨烯-LiMPO$_4$ 复合材料的制备方法主要有固相法、液相法、喷雾干燥法和水（溶剂）热法等，可以使不同形貌的 LiMPO$_4$ 负载在三维或二维石墨烯片上。可采用固相合成法制备不同石墨烯质量分数的碳包覆磷酸铁锂/石墨烯正极材料。制备的复合正极材料晶型结构完整，体现出了磷酸铁锂典型的橄榄石结构；当石墨烯质量分数为 10% 时，在 0.1 C

下，锂离子电池的充、放电性能达到最佳，首次充电比容量可达 169.07mA·h/g，放电比容量为 144.12mA·h/g（图 3-26）。该复合材料的倍率性能良好，有效减小了电池极化和电池内阻，提高了锂离子电池性能。

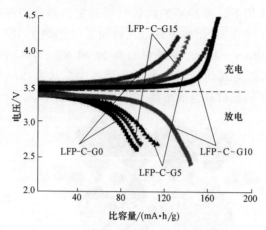

图 3-26　不同复合材料的首次充、放电性能测试

3.2.8　电解质及隔膜材料

1. 电解质

电池的电解质的作用是能实现离子导电，而不能完成电子导电。对于锂离子电池电解质，除完成上述功能外，还应具有电化学窗口宽的特点。

（1）常用有机溶剂　能够溶解锂盐的有机溶剂有很多，表 3-3 列出了部分有机溶剂的物理性能，其结构如图 3-27 所示。在锂电池体系中，有机溶剂应在相当低的电势下稳定或不与金属锂反应，因此必须是非质子溶剂，而且要求极性高，能溶解足够的锂盐，得到高的电导率。溶剂的熔点和沸点与电池体系的工作温度密切相关，它反映溶剂的一些物理性能，如分子结构和分子间作用力等。溶剂熔点低，沸点高，则工作温度范围宽。一般要求单一溶剂能在 -20℃ 到室温范围内均能保持液体。值得强调的是，当溶解电解质锂盐后，熔点会下降，沸点升高。

表 3-3　部分有机溶剂的物理性能

溶剂	熔点/℃	沸点/℃	黏度/(mPa·s)	偶极矩/10^{-30}C·m	相对介电常数	DN	AN
ACN	-45.7	81.8	13.142	13.142	38	14.1	18.9
EC	39	248	1.86(40℃)	16.011	89.6(30℃)	16.4	
PC	-49.2	241.7	2.530	17.379	64.4	15.1	18.3
DMC	3	90	0.59		3.1		
DEC	-43	127	0.75		2.8		
EMC	-55	108	0.65		2.9		
MPC	-49	130	0.78		2.8		
γ-丁内酯	-42	206	1.751	13.743	39.1	18.0	18.2

（续）

溶剂	熔点/℃	沸点/℃	黏度/(mPa·s)	偶极矩/10^{-30}C·m	相对介电常数	DN	AN
DME	-58	84.7	0.455	3.569	7.2	24	10.2
DEE		124					
THF	-108.5	65	0.46(30℃)	5.704	7.25(30℃)	20	8
MeTHF		80	0.457		6.24		
DGM		162	0.975		7.4	19.5	9.9
TGM		216	1.89		7.53	14.2	10.5
TEGM			3.25		7.71	16.7	11.7
1,3-DOL	-95	78	0.58		6.79(30℃)	18.0	
环丁砜	28.9	287.3	9.87(30℃)	15.678	42.5(30℃)	14.8	19.3
DMSO	18.4	189	1.991	13.209	46.5	29.8	19.3

注：ACN 为乙腈；EC 为碳酸乙烯酯；PC 为丙烯碳酸酯；DMC 为二甲基碳酸酯；DEC 为碳酸二乙酯；EMC 为碳酸甲乙酯；MPC 为碳酸甲丙酯；DME 为 1,2-二甲氧基乙烷；DEE 为二乙氧基乙烷；THF 为四氢呋喃；MeTHF 为 2-甲基四氢呋喃；DGM 为缩二乙二醇二甲醚；TGM 为缩三乙二醇二甲醚；TEGM 为缩四乙二醇二甲醚；1,3-DOL 为 1,3-氧环戊烷；DMSO 为二甲基亚砜；DN 为给体数；AN 为受体数。

83

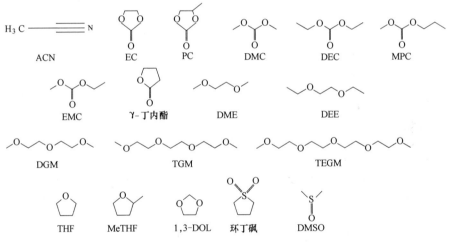

图 3-27　锂电池电解质体系中的主要有机溶剂

从溶剂角度来看，要获得性能良好的电解质溶液，溶剂必须尽可能满足下述要求。

① 溶剂必须是非质子溶剂，以保证在足够负的电势下的稳定性（或不与金属锂反应），而在极性溶剂中溶解锂盐可提高锂离子电导率。

② 介电常数高，黏度低，从而使电导率高。

③ 溶剂的熔点、沸点和电池体系的工作温度是直接相关的，要使电池体系有尽可能宽的工作温度范围，则要求溶剂有低的熔点和高的沸点，同时蒸气压要低。

从以上的分析可以看出，溶剂的介电常数和黏度是决定电解质的离子电导率的两个重要参数，而 DN 和 AN 数则分别表示了溶剂-阳离子和溶剂-阴离子之间的相互作用。但是上述几方面基本相互冲突，实际很难同时满足这些要求。如沸点越高，黏度就越大。通常采用混合溶剂来弥补各组分的缺点，以性能较好且常用的烷基碳酸酯为例。烷基碳酸酯有两种：直链酯和环酯。前者由于烷基可以自由旋转，极性小，黏度低，介电常数大，如碳酸二甲酯、碳酸二乙酯；而后者极性高，介电常数大，但由于分子间作用力强，结果黏度高，如碳酸丙烯酯、碳酸乙烯酯。这些酯与一些黏度低的醚类如二甲氧基乙烷和四氢呋喃相比，在氧化性高的条件下电化学稳定性好，因此，将两者混合起来，在一定程度上取长补短。这也是商品电池中常采用的办法。腈类有机溶剂是既具有高介电常数，又具有低黏度的非质子溶剂，但很容易在负极发生还原反应，即与锂发生反应，因而不适宜用于电压高的锂二次电池。

要使锂离子电池的电解质具有较高的离子导电性，就必须要求溶剂的介电常数高，黏度小。DMC（二甲基碳酸酯）、DEC（碳酸二乙酯）等黏度低，但介电常数低；而烷基碳酸盐极性强，介电常数高，但黏度大，分子间作用力大，锂离子在其中移动速率慢。因此，为获得具有高离子导电性的溶液，一般都采用 PC+DEC、EC+DMC 等混合溶剂。

（2）电解质锂盐　目前锂离子电池使用的电解质盐有多种，从它们在有机溶剂中解离和离子迁移的角度来看，一般是阴离子半径大的锂盐最好。卤素离子如 F^-、Cl^- 由于离子半径小，电荷密度高，因此在有机溶剂中的电离度小；而 Br^-、I^- 容易发生电化学氧化，因此卤素阴离子的锂盐不宜作为锂离子电池电解质的导电盐。高氯酸根离子的半径比卤素大，因此其锂盐在有机溶剂中的溶解度要大得多，可以提供足够高的电导率，但是由于阳极氧化时不稳定，容易引起电池安全问题。因此在 -1 价的无机阴离子盐中，适合做锂离子电池导电盐的仅有 $LiBF_4$、$LiPF_6$、$LiAsF_6$、$LiClO_4$ 等，它们的电导率、热稳定性和耐氧化性次序如下。

电导率：$LiAsF_6 \geqslant LiPF_6 > LiClO_4 > LiBF_4$。

热稳定性：$LiAsF_6 > LiBF_4 > LiPF_6$。

耐氧化性：$LiAsF_6 > LiPF_6 > LiBF_4 > LiClO_4$。

其中，$LiAsF_6$ 有非常高的电导率、稳定性和电池充、放电效率，但由于砷的毒性限制了它的应用。单纯 $LiPF_6$ 的热分解温度低，约为 30℃，很容易分解为 PF_3 和 LiF，因此以前常用的电解质锂盐为 $LiBF_4$ 和 $LiCF_3SO_3$。但是 $LiPF_6$ 的电导率最高，通过适当处理，能够避免分解及电解质聚合，所以目前锂离子电池基本上都在用 $LiPF_6$ 为电解质盐，但 $LiPF_6$ 电解质体系存在对水分敏感、热稳定性较差，加热到 80℃ 就可能发生分解等缺点。目前，正在研究的其他无机阴离子盐还有 $LiAlCl_4$、$Li_2B_{10}C_{10}$、$LiSCN$、$LiTaF_6$、$LiGeF_6$ 等，据报道 $Li_2B_{10}C_{10}$、$LiB_{12}C_{12}$ 在二氧环戊烷中的电导率可达 7mS/cm。

关于有机阴离子锂盐，人们发现 $LiCF_3SO_3$、$Li(CF_3SO_2)_2N$、$Li(C_2F_5SO_2)N$、$Li(CD_3SO_2)_3$ 等阴离子电荷分散程度高，在有机溶剂中易溶解，有可能成为锂离子电池新一代电解质，但目前尚未进入实用阶段。

① 三氟甲基磺酸锂。三氟甲基磺酸锂（$LiCF_3SO_3$）同四氟硼酸锂、六氟磷酸锂相比，热稳定性更好。

② 二（三氟甲基磺酰）亚胺锂，也称为双三氟甲烷磺酰亚胺锂，分子式为 $C_2F_6LiNO_4S_2$ 或 $CF_3SO_2NLiSO_2CF_3$，简称为 LiTFSI，其结构式为

该盐具有良好的电化学稳定性，其离子半径大，离子电导率高，而且它具有较好的热稳定性及不易水解的特性，其热分解温度超过360℃，成为近年来受到广泛关注的一种锂盐电解质。而二（三氟甲基磺酰）亚胺锂（LiTFSI）不但具有与LiPF$_6$相近的电导率，还有良好的热稳定性，加热到236℃才熔化，360℃才开始分解。同时，LiTFSI被认为是高度石墨化电极，如中间相碳微球（MCMB）的最具吸引力的电解质锂盐，不足之处就是LiTFSI腐蚀集流体铝箔从而使其应用受到限制。已有报道表明，通过添加LiPF$_6$或LiBF$_4$到LiTFSI电解质中可以缓解对集流体铝箔的腐蚀。

③ 三（三氟甲基磺酰）甲基锂。三（三氟甲基磺酰）甲基锂［LiC（CF$_3$SO$_2$）$_3$］熔点为271～273℃，热分解温度在340℃以上，在氮气气氛下热重分析表明，它在高达400℃时不发生分解，为目前有机电解质锂盐中稳定性最好的锂盐。它的电导率比其他有机阴离子锂盐均要高，在1mol/L电解质溶液中可达1.0×10^2S/cm。EC/DMC电解质在-30℃都不发生凝固，而且在这样的低温下电导率还在10^{-3}S/cm以上，这对于军事应用而言非常重要，因为一般军事应用要求使用温度为-30～50℃。即使是Li（CF$_3$SO$_3$）$_2$N的EC/DMC电解质，其冻结温度也在-29℃以上，这主要归结于它的离子半径比较大。

（3）有机电解质常用添加剂 在电解质中加入添加剂，可以改善界面特性，提高电解质导电能力，有的添加剂还具有过充电保护作用。

① 改善界面特性的添加剂。用石墨做锂离子电池负极时，在含醚、直链烷基碳酸盐、PC的电解质溶液中，石墨电极不能可逆地插入锂离子，其主要原因可能是石墨电极的弱钝化导致溶剂分子和锂离子的共插入，从而导致石墨脱落或者是由于溶剂分子在电极表面发生还原反应而失活。由于溶剂分解，会在石墨电极的表面形成一层保护膜，如果在电解质中加入合适的添加剂，可以改善表面膜的特性，并能使表面膜变得薄且致密。由无机添加剂形成的表面膜更容易通过非溶剂化的锂离子，阻止溶剂的共嵌入。

常用的无机添加剂有CO$_2$、N$_2$O、SO$_2$、S$_x^{2-}$等，其中CO$_2$可以在石墨电极的表面形成Li$_2$CO$_3$膜，减少气体生成和电极首次不可逆容量。

② 改善电解质导电能力的添加剂。提高电解质导电能力添加剂的作用主要是提高导电盐的溶解和电离能力，此类添加剂分为与阳离子作用和与阴离子作用两种类型。冠醚和穴状化合物作为添加剂能和阳离子形成配合物，提高导电盐在有机溶剂中的溶解度，因此提高电解质的电导率。硼基化合物如三（五氟苯基）硼烷（TPFPB）是阴离子接受体，用这类物质作为添加剂可以和F$^-$形成配合物，甚至可以将原来在有机溶剂中不溶解的LiF溶解在有机溶剂中，如可以在DME中溶解形成浓度达1.0mol/L的溶液，电导率为6.8×10^{-3}S/cm。

③ 过充电保护添加剂。目前过充电保护是通过保护电路来实现的，将来有可能采用氧化还原对进行内部过充电保护。这种方法的原理是在电解质中添加合适的氧化还原对。在正常充电时，这个氧化还原对不参加任何的化学或电化学反应，而当充电电压超过电池的正常充电截止电压时，添加剂开始在正极上被氧化，氧化产物扩散到负极被还原，还原产物再扩散回到正极被氧化，整个过程循环进行，直到电池的过充电结束。

这样在充电满负荷以后，氧化还原对在正极和负极之间穿梭，吸收过量电荷，形成内部防过充电机理，从而大大改善电池的安全性能和循环性能。因此，这种添加剂被形象地称为氧化还原飞梭。

（4）有机电解质与电极材料的相容性 电解质在电极界面上的化学或电化学反应，对电池的容量特性及充、放电特性有重要的影响，通过对负极或正极和电解质界面的研究，不仅对电解质和电极材料的选择，而且对界面反应的控制和对提高电池的性能都具有重要的指导作用。

电解质体系的组成多种多样，而负极碳材料结构复杂、种类繁多，它们的导电行为因电解质体系的不同而不同。研究表明，电解质与负极材料的作用主要表现是，在电解质和负极材料的界面之间会发生钝化反应，在负极表面形成钝化膜（SEI），它可以使锂离子通过而阻止溶剂分子进入。钝化膜是在充放电过程中，电解质中的极性溶剂、盐的阴离子在负极表面发生还原反应生成锂盐化合物，然后沉积在负极表面形成的。钝化膜的化学组成和性质取决于负极材料和电解质的组成和性质，对电池的性能和容量有重要影响。

（5）电解质组成与其理化参数之间的关系

① 电导率。电导率是衡量电解质性能的一个重要参数，它决定了电极的内阻和倍率特性，较高的电导率是实现锂离子电池良好低温性能的必要条件。为兼顾锂离子电池常温及低温性能，原则上要求电解质体系能在较宽的温度范围内具备良好的离子导电特性。电解质的导电行为主要受所用电解质锂盐的种类及溶剂的黏度、介电常数、熔点等参数的影响。

a. 溶剂的介电常数对电导率的影响。溶剂中阴阳离子间的作用力遵循库仑法则

$$f = \frac{Z_i Z_j e^2}{\varepsilon_r d^2} \tag{3-36}$$

式中，f 为电荷间作用力；$Z_i e$ 为阳离子电荷；$Z_j e$ 为阴离子电荷；d 为阴、阳离子间距；ε_r 为溶剂的介电常数。

所以溶剂的介电常数越大，锂离子与阴离子的作用力越小，锂盐越容易解离，自由离子数越多，电导率越高。随着温度的降低，溶剂的介电常数减小，离子间静电相互作用产生的阻滞效应增大。

b. 溶剂黏度对电导率的影响。溶剂黏度主要影响电解质中离子的迁移率。根据 Stokes 方程式

$$\mu_i = \frac{|Z_i| e}{6\pi \eta r_i} = \frac{\lambda_i}{|Z_i| N_A e} \tag{3-37}$$

式中，η 为黏度；$|Z_i| e$ 为离子电荷；r_i 为溶剂化离子半径；λ_i 为溶液电导率。

所以可知：黏度越大，离子迁移率越低。同时可以看出，溶剂化后的离子半径越大，同样离子迁移率越低。而随着温度的降低，锂离子电池电解质的黏度增加，同样会导致锂离子电池电解质的电导率降低。

c. 溶剂的给体数（DN）对电导率的影响。溶剂的施主数越大，给电子能力越强，与锂离子的相互作用越强，所以施主数大的溶剂优先与锂离子溶剂化。

d. 锂盐对电导率的影响。锂盐浓度越大，自由移动的锂离子数目增多，但是也增加了电解质的黏度，所以锂盐浓度存在最大值。

从锂盐角度来看，锂离子电池的电导率主要由正负离子电荷、数目和迁移速率决定。根据如下公式

$$\delta = \sum n_i \mu_i Z_i e \tag{3-38}$$

式中，δ 为溶液的电导率；μ_i 为离子迁移率；n_i 为自由离子的数目；$Z_i e$ 为自由离子电荷。

所以锂离子电池电解质的电导率由锂盐的溶解、锂离子的溶剂化、溶剂化离子的迁移三

个过程决定。锂盐阴离子体积越大，电荷分布越分散，阴阳离子间的缔合程度越小。但是如果锂盐阴离子体积过大，自身迁移率小，也会降低电解质的电导率。

e. 导电添加剂对电导率的影响。导电添加剂的作用是添加剂分子与电解质离子发生配位反应，促进锂盐的溶解和电离，减小溶剂化锂离子的溶剂化半径，增加锂盐的溶解度。

加入硼基化合物作为阴离子俘获剂或加入冠醚作为阳离子俘获剂，可以很明显地提高电解质的电导率。

② 电化学窗口。电化学窗口是指发生氧化反应的电位 E_{ox} 与发生还原反应的电位 E_{red} 之差。电化学稳定窗口越宽，说明电解质的电化学稳定性越强。作为电解质应用的必要条件之一，首先是不与负极和正极材料发生电化学反应。因此，E_{red} 应低于金属锂的氧化电位，E_{ox} 必须高于正极材料的锂嵌入电位，即必须在宽的电位范围内不发生还原反应（负极）和氧化反应（正极）。

a. 溶剂。对于常规溶剂而言，目前文献中报道的溶剂的分解电压分别是二甲基碳酸酯DME（5.1V）<四氢呋喃 THF（5.2V）<碳酸乙烯酯 EC（6.2V）<乙腈 ACN（6.3V）<丙烯酸甲酯 MA（6.4V）<丙烯碳酸酯 PC（6.6V）<二甲基碳酸酯 DMC（6.7V）、碳酸二乙酯DEC（6.7V）、碳酸甲乙酯 EMC（6.7V）。

目前在提高锂离子电池电化学窗口方面研究比较多的是砜类溶剂，如乙基甲氧基砜等，它们具有较高的分解电压，但其黏度较高、纯度低、价格贵，限制了其在电解质中的有效应用。

b. 锂盐。目前已经在商品化的锂离子电池电解质中普遍使用的锂盐是六氟磷酸锂，该锂盐的电化学稳定性强，阴极反应过程的稳定电压达 5.1V，只能说基本满足宽电位的要求，但是锂离子电池在充电过程中存在一定的补偿过电位，所以对电解质的体系的电化学窗口要高于电池的充电截止电压。对于锂盐的有机阴离子而言，氧化稳定性与取代基有关。吸电子基团如—F 和—CF 等的引入有利于负电荷的分散，提高稳定性。以玻璃碳为工作电极，得到阴离子的氧化稳定性大小顺序为

$$BPh_4^- < ClO_4^- < CF_3SO_3^- < N[(SO_3CF_3)_2]^- < C(SO_3CF_3)_3^- < SO_3C_4F_9^- < BF_4^- < PF_6^- < AsF_6^- < SbF_6^-$$

而其他锂盐如 LiBOB 的分解电压只有 4.5V，不能满足宽电位的要求。而一些有机磷酸锂盐都具有较低的氧化电位（3.7V），很难应用在锂离子电池的电解质中。所以对于应用在宽电化学窗口的锂离子电池中的电解质必须开发和设计新型锂盐。

③ 电荷传递电阻。锂离子电池充、放电过程除了包括锂离子在固相、液相的传输过程，还包括电极/电解质界面的电荷传递过程，表征该过程所受的阻力大小称为电荷传递电阻，又称为电化学反应电阻。电化学反应电阻越大，说明电化学反应越不容易进行，或者说产生同样的电流，电化学反应电阻越大，所需要的过电位越大，即需要的推动力越大。

电解质是锂离子电池的重要组成部分，在电池内部正、负极之间担负传递离子的作用，一般用溶有锂盐的非水有机溶剂混合物作为锂离子电池的电解质。电解质的组成对锂离子电池性能起着至关重要的作用，因此在锂离子电池电解质方面的研究将越来越深入。

2. 隔膜材料

隔膜材料吸收电解液后组装在电池的正极和负极之间，是锂离子电池中非常重要的部件。隔膜的主要作用是将电池的正、负极隔开，防止两极直接接触发生短路。充电时，锂离子从正极脱嵌，经过隔膜嵌入负极；放电时，锂离子从负极中脱嵌而嵌入正极。由此可见，

在锂离子电池充放电过程中，锂离子经过隔膜在正负极之间发生迁移而导电。隔膜材料一般是多孔性聚合物膜，在过度充电或者温度升高时，隔膜还能通过闭孔来阻隔离子传导，防止爆炸。隔膜材料本身是不导电的，但其结构和性能决定了电池的界面结构、内阻大小，从而影响到电池的容量、循环及安全性，性能优异的隔膜对提高电池及动力电池的综合性能具有重要的作用。

（1）锂离子电池对隔膜材料的基本要求

① 化学稳定性。隔膜对电解液和电极材料必须具有足够的化学稳定性。由于锂离子电池的电解质溶液为强极性的有机化合物，因此，隔膜必须耐电解液腐蚀，并与正、负电极接触时不发生反应。

② 电化学稳定性。锂离子电池在使用过程中最高电压可达 4.5V，隔膜材料处在这样极强的氧化还原环境中必须具有一定的电化学稳定性。一般要求隔膜/电解液体系至少在 0~4.5V（以金属锂作为对电极：Li^+/Li）的范围内不发生分解。

③ 锂离子的电导性。锂离子电池中使用的电解液在室温下的离子电导率一般为 $10^{-3} \sim 10^{-2}S/cm$。因此，要求隔膜/电解液体系在室温下的离子电导率大于 $10^{-3}S/cm$。

④ 厚度。锂离子电池对隔膜的厚度有一定的要求。隔膜厚，机械强度高，在电池装配过程中不易被刺破，但隔膜过厚将减少电池装配时活性物质的量，降低电池的容量；隔膜薄，离子的传导性好，但隔膜过薄，其保液能力和电子绝缘性降低，会对电池性能产生不利的影响。目前，普通的锂离子电池隔膜的厚度要求在 $25\mu m$ 以下，而应用于电动汽车（Electric Vehicle，EV）或混合动力汽车（Hybrid Electric Vehicle，HEV）的电池隔膜为满足电池大电流放电和高容量的需要，一般在 $40\mu m$ 左右。另外，隔膜厚度的均匀性对电池的循环寿命也是非常重要的。

⑤ 孔隙率。隔膜要有足够的孔隙率来吸收电解液，以保证较高的电导率。孔隙率是指孔隙的体积与隔膜的总体积之比，以百分数表示。适当的孔隙率对于保持一定量的电解液是非常必要的。孔隙率的大小不仅影响隔膜的保液性能，而且对电池的循环性能及安全性也会产生影响。锂离子电池隔膜材料的孔隙率一般为 40%~50%。

⑥ 孔径大小和分布。为了防止电极材料穿过隔膜，锂离子电池的隔膜必须具备亚微米级的孔径，另外，亚微米级的孔径还能有效防止锂枝晶的穿透。孔径的大小与分布的均匀性直接影响电池的性能，孔径越大，隔膜对锂离子迁移的阻力越小，但孔径过大会导致隔膜的力学性能和电子绝缘性能下降，容易造成正、负极直接接触而发生内部短路；孔径太小又会增加电池的电阻。如果孔径分布不均匀，工作时易造成电极/电解液界面的电流密度不均匀，从而影响电池的性能，因此隔膜必须具有均匀的孔径分布。商品化锂离子电池隔膜的孔径一般在 $0.03~0.12\mu m$，且分布均匀，最大孔径与平均孔径之差不超过 $0.01\mu m$。

⑦ 透气率。透气率是指定量的空气在单位压差下通过单位面积隔膜所需要的时间。通常用 Gurley 值来表示，一般在 200~500s。隔膜的透气率主要受隔膜的厚度、孔隙率、孔径大小及其分布情况等多种因素的影响。在固定的孔结构下，隔膜的透气率与电阻成正比关系。

⑧ 机械强度。隔膜本身要具有一定的机械强度，在电池组装和充、放电过程中，如果隔膜破裂，就会发生短路，降低成品率。隔膜的机械强度可用抗张强度和抗穿刺强度来衡量。抗张强度是指隔膜在长度方向和垂直方向上的拉伸强度，与制膜的工艺相关。采用单轴

拉伸制备的隔膜在拉伸方向上与垂直方向强度不同，垂直拉伸方向的强度约是沿长度方向强度的1/10；采用双轴拉伸制备的隔膜在延伸方向和垂直方向上的强度基本一致。为了防止隔膜被粗糙的电极表面颗粒刺穿而发生短路，隔膜必须具备一定的抗穿刺强度。抗穿刺强度是指施加在给定针形物上用来戳穿隔膜样本的质量，用它来表征隔膜在装配过程中发生短路的趋势。一般锂离子电池隔膜的抗穿刺强度至少为 11.8kgf/mm （ 1kgf = 9.80665N）。

⑨ 润湿性。隔膜和电解液之间较好的润湿性能够扩大隔膜与电解液的接触面，从而增加离子导电性，提高电池的充、放电性能和容量。如果隔膜的润湿性不好，会增加隔膜与电极间的界面电阻，影响电池的充、放电效率和循环性能。

⑩ 尺寸稳定性。当将隔膜材料置于电极材料之间被液体电解液浸润时，应该保持平整，不能出现褶皱或扭曲现象。锂离子电池隔膜在高温下也必须具备良好的尺寸稳定性，始终保证正、负极活性物质的隔离，以提高锂离子电池的安全性。

⑪ 热闭合性能。对于锂离子电池，尤其是动力锂离子电池，其安全性显得越来越重要，因此对隔膜材料也提出了更高的要求。目前动力锂离子电池的隔膜材料一般具有热闭合性能。这一特性为锂离子电池提供了一个额外的安全保护，热闭合性能的主要参数分为闭孔温度和破膜温度。闭孔温度是指隔膜材料微孔闭合时的温度。当电池内部发生放热反应自热、过充或者电池外部短路时，产生的大量的热导致电池内部温度迅速升高。当温度升高到隔膜材料的熔点时，材料发生熔融从而堵住微孔形成热关闭，阻断离子的继续传输而形成断路，起到保护电池的作用。一般 PE 的闭孔温度为 $130 \sim 140\,^\circ\text{C}$，PP 的闭孔温度为 $150\,^\circ\text{C}$。破膜温度是指当电池内部温度升高到一定程度时造成隔膜破裂，而发生电池短路，隔膜发生破裂时的温度为破膜温度。隔膜材料较低的闭孔温度和较高的破裂温度对提高电池的安全性是有利的。

（2）隔膜材料的分类　根据结构和组成的不同，将锂离子电池隔膜材料主要分为聚烯烃微孔膜、无纺布隔膜和无机复合隔膜。

1）聚烯烃微孔膜。目前，锂离子电池隔膜材料以聚烯烃微孔膜为主。聚烯烃微孔膜的特点是具有良好的机械强度、孔隙率较高、化学稳定性好，并且成本低廉、适合工业化生产。商品化的锂离子电池隔膜材料主要有单层聚乙烯（PE）、聚丙烯（PP）微孔薄膜和聚丙烯/聚乙烯/聚丙烯（PP/PE/PP）三层微孔复合膜。聚烯烃微孔膜的制造方法有干法和湿法两种。

① 干法，又称延伸法，制备工艺为：熔融挤出—热处理—拉伸。第一步是在应力场下将聚烯烃原料熔融挤出，得到具有垂直于挤出方向平行排列片晶结构的硬弹性前驱体膜；第二步在稍低于熔点温度下进行热处理，目的是进一步提高结晶度，以促进拉伸过程中微孔形成；最后一步以一定的拉伸速度对硬弹性膜拉伸，使片晶结构分离，产生微孔结构。多孔结构与聚合物的结晶性、取向性有关。干法工艺简单且无污染，是锂离子电池隔膜制备的常用方法，但是该法存在着孔径及孔隙率较难控制的缺点。目前美国 Celgard 公司、日本 UBE 公司采用此种工艺生产单层 PE、PP，以及三层 PP/PE/PP 复合膜。

② 湿法，又称热致相分离法，是近年来发展起来的一种制备微孔膜的方法。它是利用高聚物与某些高沸点的小分子化合物在较高温度（一般高于聚合物的熔点）时可形成均相溶液的特点，将溶液预制成膜，溶液在冷却过程中发生固-液相或液-液相分离，采用溶剂萃取、减压等方法脱除小分子化合物，得到互相贯通的微孔膜材料。湿法的原料一般是聚乙烯

（PE），主要用于单层的 PE 隔膜的制备。湿法可以较好地控制孔径及孔隙率，缺点是需要使用溶剂，可能产生污染，且成本较高。采用该法制备隔膜的公司主要有美国恩泰克公司、日本的东燃通用集团及日东旭化成株式会社等。

目前聚烯烃微孔隔膜由于具有较高的机械强度、良好的化学稳定性、防水、生物相容性好、无毒性等优点，在锂离子电池中广泛应用。但这种隔膜材料还存在以下一些问题。

① 耐高温性能较差。根据锂离子电池的爆炸机理，电池内部温度可能升至 230℃，而 PE 膜的闭孔温度为 130～140℃，PP 膜的闭孔温度为 170℃左右。当电池发生热失控时，在急速升温的过程中，聚烯烃隔膜可能来不及阻止电化学反应的继续进行而使电池的内部达到隔膜的熔融温度，使正、负极材料发生大面积的接触，导致电池发生爆炸，使得锂离子电池存在一定的安全隐患。

② 孔隙率较低。较低的孔隙率不利于溶剂化的锂离子迁移率的提高，因而难以满足电池快速充、放电的要求，从而影响电池的循环和使用寿命。

③ 与电解液润湿性差。由于聚烯烃材料的结晶度高且极性小，使得其与电解液的亲和性较差，隔膜不能被电解液充分溶胀，无法完全满足电池快速充、放电的要求。

2）无纺布隔膜。鉴于聚烯烃隔膜的局限性，人们积极开发新的隔膜材料以满足锂离子电池的安全性要求。无纺布隔膜因具有可设计孔结构和较高的孔隙率而引起了越来越多的关注。

无纺布隔膜是通过化学、物理或机械的方法将许多纤维黏合缠绕在一起制成纤维状膜。用于制备无纺布隔膜的纤维既可以是天然纤维，也可以是合成纤维，天然纤维主要包括纤维素及其衍生物。合成纤维包括聚烯烃、聚酰胺（PA）、聚四氟乙烯（PTFE）、聚偏二氟乙烯（PVDF）、聚氯乙烯（PVC）以及聚酯纤维等（Polyester Fiber，PET）。无纺布隔膜的主要黏结方法有树脂黏合和热塑性纤维黏合。树脂黏合是将树脂作为黏结剂喷在纤维网上，然后干燥、热固化，有时还需要加压才能成网。热塑性纤维黏合是将低熔点的热塑性纤维作为黏结剂，由于其比基础纤维的熔点低，可将基础纤维黏合成网，然后用两个热压辊加压以增强两种纤维的黏结性。为了尽量减少外来黏结剂对电池性能的不利影响，热塑性黏结方法被广泛用于无纺布电池隔膜的生产。

无纺布隔膜的孔隙率较高（60%～80%），它的结构特点是呈现三维孔状，这种结构可有效避免因为针孔造成的短路现象，并有效提高保液率，还可防止锂枝晶的生长。与聚烯烃隔膜相比，无纺布隔膜在提高透气性和改善吸液性方面具有独特的优势，并且制备成本较低，将成为锂离子动力电池隔膜的重要发展趋势之一。近年来，越来越多的美国和日本专利报道了无纺布隔膜在锂离子电池领域的应用，目前我国对于该领域的研究还较少。

虽然无纺布隔膜在碱锰电池、镍氢和镍镉等二次电池中已有应用，但一直没有实现在锂离子电池中的应用，主要原因在于制备无纺布隔膜的纤维直径一般为 10～20μm，而锂离子电池隔膜的厚度一般要求在 30μm 以下，如果使用传统的合成纤维制备无纺布隔膜，其孔径无法达到要求。因此，采用纳米级的纤维做原材料成为制备无纺布隔膜的发展趋势。静电纺丝法是近年来发展起来的制备无纺布隔膜的新方法，它是指聚合物溶液或熔体在静电力作用下产生具有较细直径（从纳米到微米）的纤维，与传统的纺丝过程相比，得到的纤维有较大的表面积，所制备的隔膜内部可形成交叉的多孔结构，具有孔隙率高、孔径小等优点。由于静电纺丝技术起步较晚，存在着理论不完善、生产效率较低、纤维之间不粘连和溶剂回收等问题，有待进一步的研究和解决。

3）无机复合隔膜。无机复合隔膜，也称陶瓷隔膜，它是将超细无机颗粒与少量黏结剂黏结在一起而形成的一种多孔膜。常用的无机颗粒主要有 Al_2O_3、SiO_2、TiO_2、MgO 等，聚合物黏结剂主要有聚偏氟乙烯（PVDF）、偏氟乙烯-六氟丙烯共聚物（PVDF-HFP）、聚苯胺（PAN）等。由于无机颗粒具有较大的比表面积和良好的亲水性，因此无机复合隔膜对非水电解液表现出很好的润湿性，尤其是对那些高介电常数、难以被聚烯烃膜浸润的电解质，如碳酸乙烯酯（EC）、碳酸丙烯酯（PC）等，同样具有很好的润湿性。同时，无机复合隔膜还具有良好的热稳定性，在高温下热收缩率为零。无机复合隔膜优异的电解液润湿性和热稳定性使得它更适合作为动力电池的隔膜材料。

虽然无机复合隔膜可以提高锂离子电池的安全性，但它的机械强度存在很大问题，难以满足锂离子电池卷绕和组装的要求。如果采用增加黏结剂的方法来增强无机复合隔膜的机械强度，黏结剂的增加会降低它的孔隙率，使隔膜电解液的保液率下降，从而影响锂离子电池的快速充、放电性能。

为了解决无机复合隔膜机械强度低的问题，德国 Degussa 公司于 2001 年开发了将聚合物无纺布和陶瓷材料结合在一起的 Separion（商品名）系列隔膜。Separion 系列隔膜是在柔韧的、通孔的纤维素无纺布的上下均匀地涂上对电解质溶液具有优良润湿性的陶瓷材料，如氧化铝、二氧化硅、氧化锆或它们的混合物。Separion 系列隔膜不仅解决了机械强度的问题，而且体现了纤维素受热不易变形的特性，在 200℃ 下不发生收缩和熔融现象，具有较高的热稳定性，可提高动力电池的安全性。

目前，虽然对于无机复合隔膜的研究还不多，但由于无机复合隔膜作为新一代隔膜与传统隔膜相比具有很好的安全性，正逐步成为人们研究的热点方向。

3.3　非锂金属离子型化学-电能转换材料

类似于锂离子电池，非锂金属离子电池也是一种二次电池（充电电池），它主要依靠非锂金属离子或者络合金属离子在正极和负极之间移动来工作。常见的非锂金属离子主要包括碱金属（Na^+ 和 K^+），碱土金属（Mg^{2+} 和 Ca^{2+}），第ⅢA族金属（Al^{3+}）和过渡族金属（Zn^{2+}）。这些离子的共同特征是在地壳中储量丰富、价格便宜、环境友好、适宜大规模开发使用。

3.3.1　钠离子型化学-电能转换材料

1. 工作原理

图 3-28 所示为钠离子电池的工作原理，使用的正极为层状钠氧化物，负极为石墨。在充、放电过程中，Na^+ 在两个电极之间往返嵌入和脱嵌：充电时，Na^+ 从正极脱嵌，经过电解质嵌入负极，负极处于富钠状态；放电时则相反。

钠离子电池具有与锂离子电池相似的工作原理和储能机理。钠离子电池在充、放电过程中，钠离子在正、负电极之间可逆地穿梭，引起电极电势的变化而实现电能的储存与释放，是典型的"摇摆式"储能机理。充电时，钠离子从正极活性材料晶格中脱出，正极电极电势升高，同时钠离子进一步在电解液中迁移至负极表面并嵌入负极活性材料晶格中，在该过

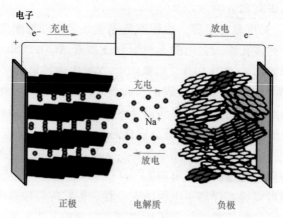

图 3-28　钠离子电池的工作原理

程中电子则由外电路从正极流向负极，引起负极电极电势降低，从而使得正、负极之间电压差升高而实现钠离子电池的充电；放电时，钠离子和电子的迁移则与之相反，钠离子从负极脱出经电解液后重新嵌入正极活性材料晶格中，电子则经由外电路从负极流向正极，为外电路连接的用电设备提供能量做功，完成电池的放电和能量释放。

2. 特点

依据目前的研究进展，钠离子电池与锂离子电池相比有 3 个突出优势：

1）原料资源丰富，成本低廉，分布广泛。

2）钠离子电池的半电池电位比锂离子电池电位高约 0.3V（$E_{Na^+/Na}^{\Theta} = E_{Li^+/Li}^{\Theta} + 0.3V$），即能利用分解电势更低的电解质溶剂及电解质盐，电解质的选择范围更宽。

3）钠离子电池有相对稳定的电化学性能，使用更加安全。

与此同时，钠离子电池也存在着缺陷，如钠元素的相对原子质量比锂高很多，导致理论比容量小，不足锂的 1/2；钠离子半径比锂离子半径大 70%，使得钠离子在电池材料中嵌入与脱嵌更难。

3. 结构组成

同锂离子电池等一样，钠离子电池一般包括以下部件：负极、正极、电解质、隔膜等。

（1）负极材料

1）碳基负极材料。

钠离子与石墨层间的相互作用比较弱，因此钠离子更倾向于在电极材料表面沉积而不是插入石墨层之间，同时由于钠离子半径较大，与石墨层间距不匹配，导致石墨层无法稳定地容纳钠离子，因此石墨长期以来被认为不适合做钠离子电池的负极材料。然而，Adelhelm 课题组于 2014 年首次报道石墨在醚类电解液中具有储钠活性，研究表明放电产物为嵌入溶剂化钠离子的石墨。利用这种溶剂化钠离子的共嵌效应（图 3-29a），南开大学牛志强和陈军等人进一步探索了天然石墨在醚类电解液中的嵌钠行为，发现其循环性能非常优异（6000周后容量保持率高达 95%），如图 3-29b 所示，而且在 10A/g 的高电流密度下，比容量仍超过 100mA·h/g（图 3-29c），良好的倍率性能源于充、放电过程中的部分赝电容行为间。美国马里兰大学的 Wang 课题组成功合成了层间距扩大的石墨（$d = 4.3\text{Å}$，$1\text{Å} = 0.1\text{nm}$），实现了石墨在传统酯类电解液中的可逆脱嵌。

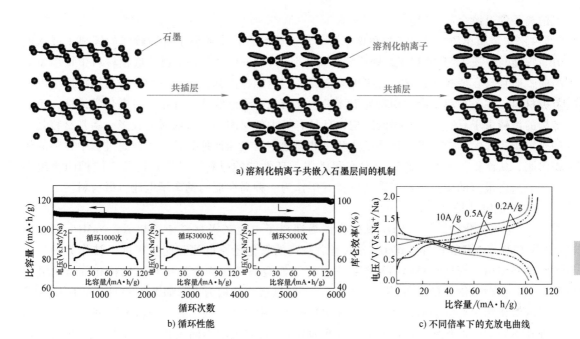

a) 溶剂化钠离子共嵌入石墨层间的机制

b) 循环性能

c) 不同倍率下的充放电曲线

图 3-29 石墨在链状醚类电解液中的储钠行为

与石墨相比，纳米碳材料的结构更加复杂，拥有更多的活性位点，特别是具有良好的结构稳定性和优良的导电性的碳纳米线和纳米管，因此更适宜做钠离子电池的负极材料。超大的比表面积能增大电极材料内部电解液与钠离子的接触面积，提供更多的活性位点。石墨烯作为一种具有超大比表面积的新型碳材料，广泛地应用于钠离子电池负极材料。

2）合金类储钠负极材料。采用合金作为钠离子电池负极材料可以避免由钠单质产生的枝晶问题，因而可以提高钠离子电池的安全性能、延长钠离子电池的使用寿命。目前研究较多的是钠的二元、三元合金。其主要优势在于钠合金负极可防止在过充电后产生枝晶，增加钠离子电池的安全性能，延长了电池的使用寿命。通过研究表明，可与钠制成合金负极的元素有 Pb、Sn、Bi、Ga、Ce、Si 等。合金负极材料在钠离子脱嵌过程中存在体积膨胀率大，导致负极材料的循环性能差。如 Sb 做负极时，Sb 到 Na_3Sb 体积膨胀 390%，而 Li 到 Li_3Sb 体积膨胀仅有 150%。纳米材料的核/壳材料能有效地调节体积变化和保持合金的晶格完整性，从而维持材料的容量。

3）过渡金属氧化物负极材料。过渡金属氧化物因为具有较高的容量早已被广泛研究作为锂离子电池负极材料。该类型材料也可以作为有潜力的钠离子电池嵌钠材料。与碳基材料脱嵌反应和合金材料的合金化反应不同，过渡金属氧化物主要是发生可逆的氧化还原反应。迄今为止，用于钠离子电池电极材料的过渡金属氧化物还比较少，正极材料主要有 γ-Fe_2O_3 和 V_2O_5，负极材料主要有 TiO_2、MoO_3、SnO_2 等。TiO_2 具有稳定、无毒、价廉及含量丰富等优点，在有机电解液中溶解度低和理论能量密度高，一直是嵌锂材料领域的研究热点。TiO_2 为开放式晶体结构，其中钛离子电子结构灵活，使 TiO_2 很容易吸引外来电子，并为嵌入的碱金属离子提供空位。在 TiO_2 中，Ti 与 O 是六配位，TiO_6 八面体通过公用顶点和棱连接成为三维网络状，在空位处留下碱金属的嵌入位置。TiO_2 是少有的几种能在低电压下嵌

93

入钠离子的过渡金属材料。

4）非金属单质。从电化学角度来看，单质磷具有较小的原子量和较强的锂离子嵌入能力。它能与单质 Li 生成 Li_3P，理论比容量达到 $2\,596mA \cdot h/g$，是目前嵌锂材料中比容量最高的，而且与石墨相比，它具有更加安全的工作电压，因此，它是一种有潜力的锂离子电池负极材料。在各种单质磷的同素异形体中，红磷是电子绝缘体，并不具备电化学活性，正交结构的黑磷由于具有类似石墨的结构，且具有较大的层间距，目前研究较多。磷基材料是一种比容量较高的储钠材料，目前亟待解决的问题主要是如何抑制钠离子嵌脱过程中材料的体积膨胀，从而得到具有较高库仑效率和优秀循环性能的材料。虽然目前关于嵌钠的报道不多，但从已报道的文献来看，磷基材料有望作为一种高性能的钠离子电池负极材料。

（2）正极材料

1）金属氧化物。与 $LiMO_2$ 氧化物作为锂离子电池正极材料使用相似，$NaMO_2$ 氧化物（如 $NaCoO_2$、$NaMnO_2$ 和 $NaFeO_2$ 等）有着较高的氧化还原电位和能量密度，被作为钠离子正极材料使用。根据材料的结构不同，可将过渡金属氧化物分为层状氧化物和隧道型氧化物。当氧化物中钠含量较高时（$x \geqslant 0.5$），一般以层状结构为主。如图 3-30 所示，Delmas 等将层状氧化物主要分为 O2、O3、P2 和 P3 型，其中 "O" 或 "P" 表示不同密堆积中钠离子处在不同的配位环境（P＝棱形、O＝八面体），数字表示不同氧化层的重复排列单元。近年来低钴含量材料及锰基和铁基等环境友好材料受到广泛关注，对单金属氧化物（锰基氧化物、铁基氧化物）及多元金属氧化物做了大量研究。

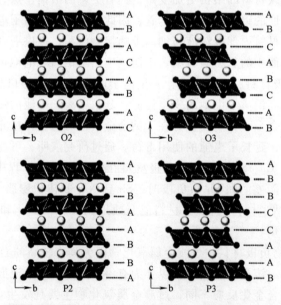

图 3-30 O3 型、P2 型和隧道型氧化物的结构示意图

2）聚阴离子化合物。聚阴离子化合物材料因具有诸多优势而备受青睐。聚阴离子材料具有开放的框架结构、较低的钠离子迁移能和稳定的电压平台，其稳定的共价结构使其具有较高的热力学稳定性及高电压氧化稳定性，主要分为：磷酸盐类如橄榄石型 $NaFePO_4$、NA-SICON（Na Super Ionic Conductor）型 $Na_3V_2(PO_4)_3$ 等；氟磷酸盐类如正交型 Na_2FePO_4F 和四方型 $Na_3V_2(PO_4)_2F_3$ 等，其结构如图 3-31 所示。此外，还有焦磷酸盐类如 $Na_2FeP_2O_7$、

$NaMnP_2O_7$ 和正交晶系的 $Na_2CoP_2O_7$ 等，硫酸盐类如 $Na_2Fe_2(SO_4)_3$ 等。

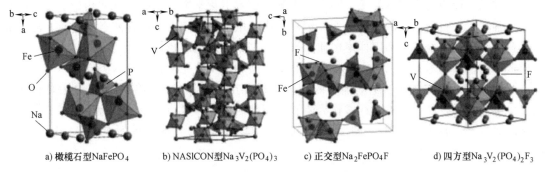

a) 橄榄石型NaFePO$_4$　b) NASICON型Na$_3$V$_2$(PO$_4$)$_3$　c) 正交型Na$_2$FePO$_4$F　d) 四方型Na$_3$V$_2$(PO$_4$)$_2$F$_3$

图 3-31　聚阴离子化合物结构

3）金属氟化物。金属氟化物因氟离子具有很强的电负性、结构中离域电子数目较少，造成材料电子导电性差。尽管金属氟化物材料具有开放结构和三维钠离子通道，但导电性差严重制约其电化学性能，通过碳包覆和合成纳米化材料可以提高材料导电性。

4）普鲁士蓝类化合物。普鲁士蓝类化合物为 CN^- 与过渡金属离子配位形成的配合物，具有 3D 开放结构，有利于钠离子传输和储存，也被广泛用于钠离子电池正极材料。美国得克萨斯大学的 Good enough 课题组研究表明，普鲁士蓝及其衍生物 $A_xMFe(CN)_6$（A = K 和 Na，M = Ni、Cu、Fe、Mn、Co 和 Zn 等）在有机电解液体系中也显示了较好的倍率性能和循环稳定性。尽管这些化学物本身无毒，价格低廉，但制备过程由于 CN^- 的使用，可能会对环境造成影响。此外，合成过程对水含量的控制是十分关键的，这将直接影响材料的性能。

5）二维过渡金属碳化物（MXenes）。二维过渡金属碳化物（MXenes）家族成员的种类繁多，不同的化合物其钠离子嵌入/脱嵌电位差别很大，因此既有钠离子电池负极材料，也可以找到正极材料。美国德雷塞尔大学的 YuryGogotsi 和法国图卢兹大学的 Patrice Simon 开发了一种新型的 MXenes-V_2C，两层 V 原子分别在 MXenes 的两面，中间为一层 C 原子，层与层之间相距较远，可以储存钠离子。它们以 V_2C 为正极，硬碳作为负极制成了钠离子全电池装置（图 3-32），其工作电压和容量分别可以达到 3.5V 和 50mA·h/g。由于 V_2C 脱嵌钠离子的过程既有电容特征，又有扩散控制的氧化还原作用，且能够在大电流密度下充、放电，因此这种装置被称作钠离子电容器。

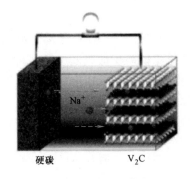

图 3-32　V_2C 正极钠离子电池示意图

（3）电解质材料　电解质是电池的重要组成部分，影响电池的安全性能和电化学性能。

所以改善电解质对电池的能量密度、循环寿命、安全性能有重要的影响。作为钠离子电池电解质，需满足以下几个基本要求：高离子电导率、宽电化学窗口、电化学和热稳定性，以及高力学强度。从目前已有的研究来看，钠离子电池电解质从相态上包含液态电解质、离子液体电解质、凝胶态电解质和固体电解质四大类，其中液态电解质又分为有机电解质和水系电解质这两类，固体电解质又分为固体聚合物电解质和无机固态电解质这两类。

（4）隔膜材料　锂离子电池隔膜的孔径不适合用于半径较大的钠离子电池中。目前在钠离子电池中主要是利用玻璃纤维作为隔膜，因此研究和开发的空间还较为广阔。王佳以聚氧化乙烯（PEO）和氧化铝（Al_2O_3）为原料，利用涂膜法制备出系列 PEO-Al_2O_3 复合隔膜。实验结果显示，PEO-Al_2O_3-90 复合隔膜具有最高的离子电导率（$1.21 \times 10^3\,S/cm$）、最大的吸液率（260%）、较好的热稳定性、较高的孔隙率（47%），以及较宽的电化学窗口（0~4.8V）。通过组装电池发现，PEO-Al_2O_3-90 复合隔膜电池在电流密度为 0.1 C 时，表现出较高的放电比容量，优异的循环稳定性及较强的安全性。

（5）发展趋势　钠离子电池具有比能量高、安全性能好、价格低廉等优点，在储能领域有望成为锂离子电池的替代品。钠离子电池材料研究经过近年来的快速发展已经出现了一批具有电化学活性的关键材料，这种情况的出现很大程度上归功于钠离子电池与锂离子电池之间有很多类似之处，这也使得很多钠离子电极材料的研究可以看作从相应的锂离子电极材料中直接类比借鉴而来。这种利用"前车之鉴"开展研究的方式对于推进钠离子电池技术领域的研究水平提升，加快技术突破具有较强的助推作用。但同时，应注意到钠离子电池材料也有着一些独特的特性。如果借鉴锂离子电池现有材料体系和晶体结构的脱嵌机理开发出一种或多种具有稳定脱嵌性能的钠离子电池正、负极材料体系，则能实现技术突破，甚至在较短时间内实现钠离子电池的实用化和产业化。但目前，钠离子电池材料研究总体现状是正极材料研究进展较快。当然，钠离子电池技术除正极材料外，还包括电解质和隔膜技术，但基于液态电解质体系的相关技术已长久地应用于包括铅酸电池、镍镉电池、镍氢电池和锂离子电池中，积累了大量研究和产业化经验，因此有理由相信目前的技术水平可以满足钠离子电池的应用需求。

3.3.2　镁离子型化学-电能转换材料

1. 工作原理

镁离子电池的工作原理与前文所述的锂离子和钠离子电池的工作原理相似，也是一种浓差电池，正、负极活性物质都能发生镁离子的脱嵌反应，其工作原理如下：充电时，镁离子从正极活性物质中脱出，在外电压的趋势下经由电解液向负极迁移；同时，镁离子嵌入负极活性物质中；因电荷平衡，所以要求等量的电子在外电路的导线中从正极流向负极。充电的结果是使负极处于富镁态，正极处于贫镁态的高能量状态，放电时则相反。外电路的电子流动形成电流，实现化学能向电能的转换。

2. 特点

与锂离子电池相比，镁离子电池尽管具有能量密度高、成本低、无毒安全、资源丰富等特点，但其研究仍处于起步阶段，距离实用化阶段还远。制约镁二次电池的因素有两个：镁在大多数电解液中会形成不传导的钝化膜，镁离子无法通过，致使镁负极失去电化学活性；

Mg^{2+}很难嵌入到一般基质材料中，因此镁二次电池要想有所突破必须克服这两个瓶颈，寻找合适的电解液和正极材料。

3. 组成结构

（1）负极材料

1）金属和合金。作为镁离子电池的负极材料，其要求是镁的嵌入和脱嵌电极电位较低，从而使镁电池的电势较高。金属镁具有很好的性能，其氧化还原电位较低（-2.37V vs SHE），比能量大（2205mA·h/g），因此目前所研究的负极材料，大多数都是金属镁或者镁合金。通过减小镁颗粒的大小，可以显著提高镁负极材料的容量。

2）低应力金属氧化物。尖晶石型钛酸锂（$Li_4Ti_5O_{12}$）由于其独特的"零应变"特征，作为锂离子电池负极材料已经备受关注。中科院化学所郭玉国研究员和中科院物理所谷林、李泓研究员的研究表明，钛酸锂同样可以作为镁离子电池负极材料。镁离子可以插入钛酸锂结构中，钛酸锂的可逆比容量可达到175mA·h/g，得益于材料在充、放电过程中的"零应变"，经过500次循环后，材料的容量仅有5%的衰减（图3-33）。

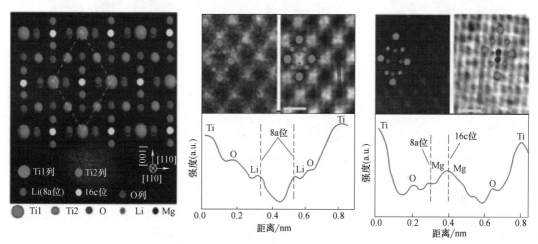

图3-33 尖晶石型钛酸锂的结构示意图及嵌镁过程

（2）正极材料

1）Chevrel 相 MoX（X = S，Se）。1917 年，Chevrel 等人首次报道了形式为 MMo_nS_{n+1}（M 为 Mg 时，$2 \leqslant n \leqslant 6$）的镁离子嵌入材料。Chevrel 相硫化物是非常好的镁离子嵌入/脱嵌正极材料。法国 Bar-Ilan 大学的 Aurbach 等人组装的镁二次电池使用的正极材料为 $Mg_xMo_3S_4$，其结构和其他 Chevrel 相化合物一样，可以认为是 Mo_6S_8 单元的紧密堆积。与其他基体相比，Chevrel 相不需要把正极材料做成纳米颗粒、纳米管或是薄片，而它具有的独特结构能加快镁离子的传递速度。Aurbach 等人在原有电池系统基础上，对镁二次电池进行了进一步的改进。新的体系在原来的正极材料中加入了 Se 元素，加快了正极材料中的离子插入与扩散速度，容量和循环性能都有所提高。Mitelm An 等人随后发表了用三元的 Chevrel 化合物 $Cu_yMo_6S_8$ 作为插入正极，在室温下，它比 Mo_6S_8 表现出了更好的性能，循环次数可达到几百次。硫化物作为正极材料主要缺陷是：制备比较困难，并且要求在真空或氩气气氛下高温合成；比起氧化物容易被腐蚀，其氧化稳定性不理想。尽管如此，其良好的充、放电性能使其成为了理想的插入/脱嵌基质材料。

2）过渡金属氧化物。Pereiva-Ramos 等人的研究发现，Mg^{2+}可以插入到钒氧化物 V_2O_5 中，并形成 $Mg_{0.5}V_2O_5$ 化合物，而且嵌入与脱嵌是可逆的，但其循环性能差。南开大学的袁华堂课题组采用高温固相法合成了 MgV_2O_6 正极材料，得到了较高的放电比容量和较好的循环性能，但镁离子在正极中的扩散速度仍然很慢。减小材料的粒径可以缩短离子的扩散路径并提高材料的循环寿命，也可以通过加入碳等导电性好的颗粒增强镁离子的扩散性进而提高可逆容量。

MnO_2 也是一种合适的镁离子电池正极材料。其性能与它的结构和形貌密切相关，如隧道状 MnO_2 由于充、放电时结构易崩塌而导致容量损失快。尽管层状 MnO_2 的放电容量低于隧道状 MnO_2，但由于其可以提供离子插入的快速二维路径，长时间循环后仍能保持较高的容量（图 3-34）。哈尔滨工程大学的曹殿学教授等以尖晶石 MnO_2/石墨烯复合材料为正极制备了镁离子电池。当充、放电电流密度为 136mA/g，电解液为 1.0M 的 $MgCl_2$ 时，初始放电比容量达到了 545.6mA·h/g，经 300 次循环后其比容量保持在 155.6mA·h/g。

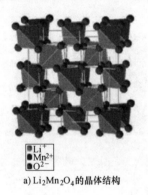
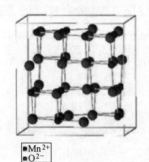
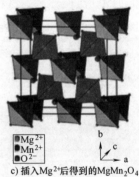

a）$Li_2Mn_2O_4$ 的晶体结构　　　　b）移除 Li^+ 后带有空穴的 λ-MnO_2　　　　c）插入 Mg^{2+} 后得到的 $MgMn_2O_4$

图 3-34　MnO_2 正极材料结构

3）层状二硫化物或二硒化物。以 MoS_2 为代表的层状二硫化物或二硒化物具有独特的层状结构，层与层之间以范德华力结合，层间的孔隙可容纳大量的离子嵌入，因此也被认为是镁离子电池正极的候选材料之一（图 3-35）。清华大学的李亚栋教授制备了多种形貌的二硫化钼，包括类富勒烯中空笼状，纤维绒状的和纳米球状的，遗憾的是，这些材料未能表现出令人满意的储镁性能。南开大学的陈军教授以类石墨烯的二硫化钼作为正极，镁作为负极制得镁离子电池，经 50 次循环后其比容量可保持 170mA·h/g。华中科技大学的 Di Chen 和中科院半导体所的 Guozhen Shen 则研究了 WSe_2 作为镁离子电池正极的性能，结果表明 WSe_2 纳米线在 50 mA/g 的电流密度下循环 160 圈后，比容量保持 200mA·h/g，库仑效率为 98.5%。同时该材料在大电流下也表现出良好的循环稳定性。此外，TiS_2 也可以作为镁离子电池的正极材料。

（3）电解液　自从镁离子电池发明以来，研究人员一直在寻找能够使镁进行可逆的沉积或溶解的电解液，突破制约镁离子电池发展的瓶颈。一方面，镁是活泼金属，肯定不能直接以水溶液为电解液；另一方面，传统的离子化镁盐［如 $MgCl_2$，$Mg（ClO_4）_2$ 等］又不能实现 Mg 的可逆沉积。理想中的电解液应该有很好的电导率，电位窗口宽，在高效率 Mg 沉积或溶解循环多次后仍能够保持稳定。提高电导率、采用具有较强吸电子性的烷基或芳香基团的格氏试剂来提高其氧化分解电位，或者通过格氏试剂的各种反应制备还原性较低的有机

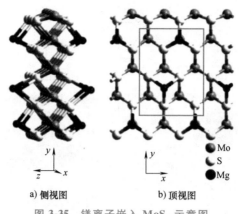

a) 侧视图　　　　　　　　　b) 顶视图

○ Mo
○ S
● Mg

图 3-35　镁离子嵌入 MoS_2 示意图

镁盐将会是格氏试剂用作可充式镁电池电解液的发展方向。最初，Aurbach 以溶于醚溶剂中的格氏试剂为电解液进行镁离子电池的放电研究，实验结果表现出了很好的性能，实现了镁沉积的平衡并且在放电循环 2000 多次后，电池容量的损失只有 15%。后来，聚合物电解质的研究兴起，Kumar 等人开发了一种聚偏氟乙烯-三氟甲烷磺酸镁聚合物凝胶电解质（GPE），并以金属镁为负极、以 MnO_2 为正极组成的电池。该电池在电压为 1.6V，恒电流为 C/8 的情况下，可以稳定循环 30 次，并且容量保持在 150mA·h/g。

（4）发展趋势　镁电池满足了人们开发高性能、低成本、安全环保的大型充电电池的需求，镁电池要得到实际应用还有一定距离，存在自身腐蚀析氢和形成钝化膜等问题。很多相关报道仅仅是镁沉积性能良好，但是本身电导率和放电电压不是很理想，今后的研究重点应该放在高电导率、低钝化的电解质和相应的电极上，目前的电解质溶剂局限于四氢呋喃（THF）和乙醚，易吸水，而 Mg 不适合在有水环境下运作，可以尝试用混合电解质，各自发挥相应作用，聚合物电解质应引起足够重视，而正极材料研究主要集中在适合镁离子的嵌入材料，可以通过掺杂改性。

3.3.3　铝离子型化学-电能转换材料

1. 工作原理

如图 3-36 所示，铝离子电池以金属铝为负极、三维泡沫石墨烯为正极，以含有四氯化铝阴离子（$AlCl_4^-$）的离子液体为电解液，在室温下实现了电池长时间可逆充、放电。$AlCl_4^-$是电池中的电荷载体，而石墨烯材料的层状结构能够像容纳锂阳离子（Li^+）和其他阳离子一样，可逆地容纳 $AlCl_4^-$，这是该铝离子电池能够高效运行的材料结构基础。在放电过程中，$AlCl_4^-$ 从石墨烯正极中脱嵌出来，同时在金属铝负极反应生成 $Al_2Cl_7^-$；在充电过程中，上述反应发生逆转，从而实现充、放电循环。

2. 特点

铝离子电池相比于传统二次电池具有一些鲜明的优势，主要体现在以下几个方面：

1）铝离子电池具有快速充、放电的特性和超长循环寿命。用三维泡沫石墨烯作为电池负极材料，利用它优良的导电性能和巨大的表面积，能够大大缩短电池的充、放电时间并提

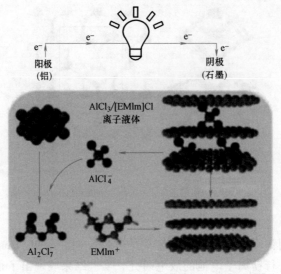

$$\text{Al}+7\text{AlCl}_4^- \longrightarrow 4\text{Al}_2\text{Cl}_7^- +3e^- \qquad C_n[\text{AlCl}_4^-]+e^- \longrightarrow C_n+\text{AlCl}_4^-$$

图 3-36　铝离子电池示意图

高它的循环性能。例如，在 5000mA·h/g 的电流下，电池不到 1min 就能被充满。同时，循环 7500 次后，电池的容量几乎没有衰减。7500 次循环意味着如果每天充、放电一次，20 年后电池依然完好如初，这远远超过了人们对锂离子电池 1000 次左右的预期循环寿命。

2）铝离子电池的安全性突出。安全性能差一直是锂离子电池的致命缺陷之一。和锂离子电池不同的是铝离子电池采用离子液体电解液，不存在易燃易爆等安全问题。例如，将电钻钻入正在使用的铝离子电池，电池没有燃烧，仍能继续工作。

3）生产铝离子电池的原材料更容易获取，成本低。尽管通过化学气相沉积生长的三维泡沫石墨烯在目前不能算是廉价的电极材料，但是可以预计的是，其生产成本会随着规模经济的实现而大幅下降。

4）铝离子电池还具有柔性、可折叠的特点，这在未来的可穿戴设备上将大有应用前景。不可否认，这类铝离子电池也同样存在一些缺点。目前，该电池只能产生约 2V 电压，低于传统锂离子电池的 3.6V；其只考虑活性物质计算得到的能量密度只有 40W·h/kg，低于传统锂离子电池的 100~150W·h/kg。从工作电压和能量密度上看，这类铝离子电池更接近我们熟悉的铅酸电池、碱性镍镉电池等水相电池，而与锂离子电池甚至是目前正处在研发阶段的钠离子电池相比具有很大的差距。此外，依赖于昂贵的离子液体电解液也是该铝离子电池的一个不足之处。

3. 发展趋势

尽管铝离子电池目前还只是一个雏形，但是却为未来铝离子电池的研究吹响了号角，今后的研究工作可能会集中在设计和发展具有更高工作电压和更大存储容量的新型正极材料，以提高铝离子电池整体的工作电压、能量和功率密度。寻找更廉价的电解液也是铝离子电池发展一个迫切需要考虑的问题。如果这些问题得到充分解决，再加上其他技术指标的优势和成本，这类廉价、安全、高速充电、灵活和长寿命的铝离子电池将会在我们的日常生活中普及使用。特别需要强调的是，由于铝离子电池自身的特性，它们不太可能在一些需要高能量密度的应用领域与锂离子电池形成直接竞争。相反，它们的低成本、良好的循环寿命和安全性使得它们会在例如大规模智能电网储能（Grid Storage）等对成本、循环寿命和安全性格外强调的应用领域大显身手。不管成功与否，铝离子电池的出现为人们提供了一种新的可能与选择。

3.4　金属氢化物镍型化学-电能转换材料

20 世纪 60 年代末，荷兰 Philips 实验室和美国 Brookhaven 实验室先后发现 LaNi$_5$ 和 Mg$_2$Ni 等储氢合金具有可逆的吸、放氢性能，而且吸、放氢过程伴随热效应磁性变化和电化学效应等。根据它的电化学效应，从 1973 年开始人们就试图用 LaNi$_5$ 作为二次电池的负极材料，由于无法解决 LaNi$_5$ 在充放电过程容量迅速衰减的问题，这种尝试以失败告终。直到 1984 年利用多元合金化方法解决了容量迅速衰减的问题后，以储氢合金作为负极的 Ni/MH 二次电池才在全世界范围内得到了大力的研究、开发和使用，仅在 1999 年 Ni/MH 电池的销售数量就达到 9 亿只。

3.4.1　金属氢化物镍型化学-电能转换工作原理

金属氢化物镍电池的正极活性物质采用氢氧化镍，负极活性物质为储氢合金，电解液为碱性水溶液（如氢氧化钾溶液），如图 3-37 所示。其基本电极反应如下：

$$\text{正极反应：} \quad Ni(OH)_2+OH^- \underset{\text{放电}}{\overset{\text{充电}}{\rightleftharpoons}} NiOOH+H_2O+e^- \tag{3-39}$$

$$\text{负极反应：} \quad M+H_2O+e^- \underset{\text{放电}}{\overset{\text{充电}}{\rightleftharpoons}} MH+OH^- \tag{3-40}$$

$$\text{电池总反应：} \quad M+Ni(OH)_2 \underset{\text{放电}}{\overset{\text{充电}}{\rightleftharpoons}} NiOOH+MH \tag{3-41}$$

式中，M 为储氢合金；MH 为储有氢的储氢合金。

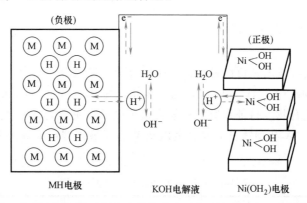

图 3-37　Ni/MH 电池的工作原理示意图（图中实线箭头表示电池充电过程；虚线箭头表示电池放电过程）

电池的充、放电过程可以看作是氢原子或质子从一个电极移到另一个电极的往复过程。在充电过程中，通过电解水在电极表面上生成的氢不是以气态分子氢形式逸出，而是电解水生成的原子氢直接被储氢合金吸收，并向储氢合金内部扩散，进入并占据合金的晶格间隙，形成金属氢化物。在充电后期正极有氧气产生并析出，氧透过隔膜到达负极区，与负极进行复合反应生成水，其反应如下。

正极反应：

$$4OH^- \Longleftrightarrow 2H_2O + O_2 + 4e^- \tag{3-42}$$

负极反应：

$$4MH + O_2 \Longleftrightarrow 4M + 2H_2O \tag{3-43}$$

电化学反应：

$$O_2 + 2H_2O + 4e^- \Longleftrightarrow 4OH^- \tag{3-44}$$

在过充电过程中，对于理想密封电池，正极上产生的 O_2 很快地在负极上与氢反应生成水。MH-Ni 电池的失效在很大程度上是由于负极对氧气复合能力的衰减，导致电池内压升高，迫使电池安全阀开启，产生漏气、漏液等现象。

在过放电时，当电压接近 $-0.2V$ 时，在正极上产生氢，使内压有少量增加，但这些氢很快与负极反应，反应式如下。

正极反应：

$$H_2O + e^- \Longleftrightarrow \frac{1}{2}H_2 + OH^- \tag{3-45}$$

负极反应：

$$\frac{1}{2}H_2 + M \Longleftrightarrow MH \tag{3-46}$$

电池总反应：

$$OH^- + MH \Longleftrightarrow H_2O + M + e^- \tag{3-47}$$

在 MH-Ni 电池设计时，一般采用正极限容、负极过量，即负极的容量必须超过正极。否则，过充电时，正极上会析出氧，从而使合金被氧化，造成负极片的不可逆损坏，导致电池容量及寿命骤减；过放电时，正极上会产生大量氢气，造成电池内压上升。所以，一般负、正极的设计容量比为 1.5 左右。

3.4.2 储氢合金负极材料

MH-Ni 电池的核心技术是负极材料，即储氢合金。储氢合金是由易生成稳定氢化物的元素 A（如 La、Zr、Mg、V、Ti 等）与其他元素 B（如 Cr、Mn、Fe、Co、Ni、Cu、Zn、Al 等）组成的金属间化合物。目前研究的储氢合金负极材料主要有 AB_5 型稀土镍系储氢合金、AB_2 型 Laves 相合金、A_2B 型镁基储氢合金以及 V 基固溶体型合金等类型，它们的主要特性见表 3-4。

表 3-4　典型储氢电极合金的主要特性

合金类型	典型氢化物	合金组成	吸氢质量（%）	电化学比容量/(mA·h/g)	
				理论值	实测值
AB_5 型	$LaNi_5H_6$	$MmNi_a(Mn,Al)_bCo_c$ ($a=3.5\sim4.0, b=0.3\sim0.8, a+b+c=5$)	1.3	348	330

（续）

合金类型	典型氢化物	合金组成	吸氢质量（%）	电化学比容量/(mA·h/g)	
				理论值	实测值
AB_2 型	$TiMn_2H_3$、$ZrMn_2H_3$	$Zr_{1-x}Ti_xNi_a(Mn,V)_b(Co,Fe,Cr)_c(a=1.0\sim1.3,b=0.5\sim0.8,a+b+c=2)$	1.8	482	420
AB 型	$TiFeH_2$、$TiCoH_2$	$ZrNi_{1.4}$、$TiNi$、$Ti_{1-x}Zr_xNi_a(a=0.5\sim1.0)$	2.0	536	350
A_2B 型	Mg_2NiH_4	$MgNi$	3.6	965	500
V 基固溶体型合金	$V_{0.8}Ti_{0.2}H_{0.8}$	$V_{4-x}(Nb,Ta,Ti,Co)_xNi_{0.5}$	3.8	1018	500

上述五种类型的储氢合金中，AB 型合金最早被用为电极材料，对其研究也最广泛。而 AB_2 型、A_2B 型及 V 基固溶体型合金因具有更高的容量正受到更多研究者的关注。下面对 AB_5 型混合稀土镍系储氢电极合金、AB_2 型 Laves 相储氢电极合金、AB_3 型镁基储氢电极合金和 V 基固溶体型电极合金进行简要介绍。

1. AB_5 型混合稀土镍系储氢电极合金

AB_5 型储氢合金为 $CaCu_5$ 型六方结构（图 3-38），典型代表为 $LaNi_5$ 合金。$LaNi_5$ 合金的 La 占据 1a（0，0，0）等价位置，Ni 分别占据 2c（1/3，2/3，0）和 3g（1/2，0，1/2）等价位置。金属元素替代可发生在 La 和 Ni 位置，一般 4f 稀土元素可以在 La 位置上进行全部浓度范围内的固溶替代，而对镍的替代则限定在特定浓度范围内有限的金属元素（主要为金属氢化物不稳定性元素）。一般在合金多元替代中，具有较大原子半径的元素优先占据 3g 位置，而与镍原子半径相近的元素随机分布在这两种位置。氢优先占据四种不同的间隙位置：4h（B_4）、6m（A_2B_2）、12n（AB_3）和 12o（AB_3）。

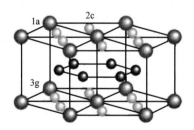

图 3-38 AB_5 晶体结构

虽然 $LaNi_5$ 合金具有很高的电化学储氢容量和良好的吸放动力学特性，但因合金吸氢后晶胞体积膨胀较大，随着充、放电循环的进行，晶格发生变形，导致合金严重分化和比表面增大，其容量迅速衰减，因此不适合作为 Ni/MH 电池的负极材料。其后多元 $LaNi_5$ 系储氢合金的开发基本上解决了这一难题，使储氢合金电极的实用化迈出了关键一步。但还存在要把 $LaNi_5$ 系多元合金（如 $La_{0.7}Nd_{0.3}Ni_{0.5}Co_{2.4}Si_{0.1}$）用于生产 Ni/MH 电池，以及降低合金材料价格的问题。解决此问题的途径之一是降低合金中 Co 的含量，并用廉价的混合稀土 Mm（主要成分为 La、Ce、Pr、Nd）替代单一稀土 La 和 Nd。

因此目前研制的 AB_5 型混合稀土镍系储氢电极合金具有良好的性价比，是国内外

Ni/MH 电池生产中应用最为广泛的电池负极材料。况桂芝研究了一种对 LaNi$_5$ 合金表面修饰化学镀的方法：先用氟化液（HF 和 KF-2H$_2$O）对合金粉进行预处理，然后在不同的温度下，加入不同质量比的 CuCl 对合金粉进行包覆处理。结果发现这种处理方法可以优化合金的充、放电性能。在 50℃下处理的样品的常温放电性能最好，在电流密度为 800mA/g 时平均放电比容量达到 285mA·h/g，而未包覆的只有 230mA·h/g（图 3-39）。

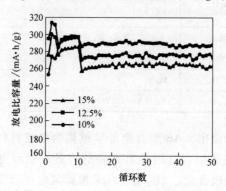

图 3-39   不同 CuCl 含量下，表面改性的 LaNi$_5$ 合金在 50℃的放电循环性能曲线

随着 Ni/MH 电池产业的迅速发展，对电池的能量密度和充、放电性能的要求不断提高，进一步提高电池负极材料的性能已成为推动 Ni/MH 电池产业持续发展的技术关键。研究表明，对合金的化学成分（包括合金 A 侧的混合稀土组成和 B 侧的合金组成）、表面特性及组织结构进行综合优化，是进一步提高 AB$_5$ 型混合稀土系储氢电极合金性能的重要途径。

2. AB$_2$ 型 Laves 相储氢电极合金

在 AB 二元合金中，ZrM$_2$ 及 TiM$_2$（M 代表 Mn、V、Cr）等合金的化学式均为 AB$_2$，且因 A 原子和 B 原子的原子半径之比（r_A/r_B）为 1.225 而形成一种密堆排列的 Laves 相结构，故称该类合金为 AB$_2$ 型 Laves 相合金。在合金中原子半径较大的 A 原子与原子半径较小的 B 原子相间排列，Laves 相的晶体结构具有很高的对称性及空间充填密度。Laves 相储氢合金的结构有 C$_{14}$（MgZn 型，六方晶系）、C$_{15}$（MgCu 型，正方晶系）及 C$_{36}$（MgNi 型，六方晶系）三种类型，但 AB$_2$ 型储氢合金只涉及 C$_{14}$ 与 C$_{15}$ 型两种结构，如图 3-40 所示。由于原子排列紧密，C$_{14}$ 与 C$_{15}$ 型 Laves 相的原子间隙均由四面体构成，包括由 1 个 A 原子和 3 个 B 原子组成的 A$_1$B$_3$、由 2 个 A 原子和 2 个 B 原子组成的 A$_2$B$_2$，以及由 4 个 B 原子组成的 B$_4$ 三种类型。研究表明，在单位 AB$_2$ 晶体中，包含有 17 个四面体间隙（12 个 A$_2$B$_2$、4 个 A$_1$B$_3$ 及一个 B$_4$）。由于 Laves 相结构中可供氢原子占据的四面体间隙（A$_2$B$_2$ 及 A$_1$B$_3$）较多，AB$_2$ 型 Laves 相合金具有储氢量大的特点。如 ZrMn 和 TiMn$_2$ 的储氢量为 1.8%（质量分数），其理论比容量为 482mA·h/g，比已经实用化的 AB$_5$ 型混合系合金（理论比容量为 348mA·h/g）提高了约 40%。

由于 AB$_2$ 型合金比 AB$_5$ 型合金的储氢密度更高，所以可使 Ni/MH 电池的能量密度进一步提高。因此，在高容量储氢电极合金的研究开发中，AB$_2$ 型合金的研究受到广泛关注，被看作是继 AB$_5$ 型合金之后第二代储氢负极材料。研究开发中的 AB$_2$ 型合金放电比容量已可达 380~420mA·h/g。但目前还存在初期活化比较困难，高倍率放电性能较差及成本较高等不足之处，有待于进一步改进与提高。从 AB$_2$ 型合金的产业化应用来看，目前只有美国 O-

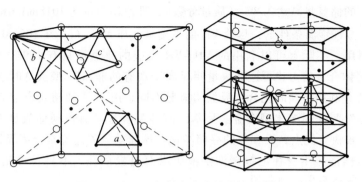

图 3-40 Laves 相储氢合金的结构示意图

vonic 公司独家用于 Ni/MH 电池的生产。

3. AB₃ 型储氢镁基电极合金

AB₃ 型合金结构有两种类型：PuNi₃ 型斜六面体结构和 CeNi₃ 型六面体结构。其中大部分 AB₃ 型合金结构与 AB₅ 型和 AB₂ 型合金结构密切相关，AB₃ 型合金结构含有广泛重叠排列结构，由 AB₅ 型结构单元和 AB₂ 型结构单元沿 c 轴 [001] 方向以不同方式堆砌而成。作为储氢合金电极材料，研究较多的主要是具有 PuNi₃ 型结构的多元含有金属镁的合金，如 LaCaMgNi₉ 和 （LaMg） （NiCo）₃ 合金，此类储氢合金的电化学比容量在 360~400mA·h/g。其结构如图 3-41 所示。

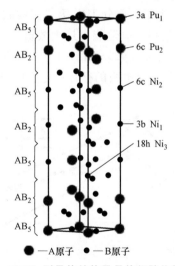

图 3-41 PuNi₃ 型晶体结构及晶格间隙位置示意图

日本三洋 Ni/MH 电池在 AB₃ 型合金中加入约为 A 原子数量的 1/3 的 Mg 原子，得到了更容易吸附并释放氢的"超晶格合金"结晶结构。此"超晶格合金"的结构以 PuNi₃ 型结构为主。与原来使用的负极材料相比，该新材料储存氢原子可增加 25%，可以大幅度提高负极材料的电化学容量，从而使 AA （即 5 号圆柱形电池） 型 Ni/MH 电池的比容量达到了 2500mA·h/g，实现了在 AA 型 Ni/MH 电池中 10% 容量的提高。

4. V 基固溶体型电极合金

V 及 V 基固溶体合金 （V-Ti 及 V-Ti-Cr 等） 吸氢时可生成 VH 及 VH₂ 两种类型的氢化

物。其中，VH_2 的储氢量高达 3.8%（质量分数），理论比容量达 1018mA·h/g，为 $LaNi_5H_6$ 的 3 倍左右。在接近室温条件下，尽管 VH 的平衡氢气压太低（$p_{H2} = 10^{-9}$ MPa）而使 VH-V 放氢反应难以利用，实际上可以利用的 VH_2-VH 反应的放氢量只有 1.9%（质量分数）左右，但 V 基固溶体合金的上述可逆储氢量明显高于现有的非 AB_5 型或 AB_2 型合金。与 AB_5 型和 AB_2 型等合金利用金属间化合物吸氢的情况不同，由于 V 基储氢合金的吸氢相是 V 基固溶体，故称之为 V 基固溶体型合金。V 基固溶体型合金具有可逆储氢量大、氢在氢化物中的扩散速度比较快等优点，已在氢的存储净化、压缩及氢的同位素分离等领域较早得到应用。但由于 V 基固溶体本身在电极碱性溶液中没有电极活性，不具备可充、放电的能力，一直未能在电化学体系中得到应用。

近年来，为了研究开发高容量的储氢电极合金，日本进一步研究了 V 基固溶体型合金的电极性能并取得了重要发展。研究表明通过在 V_3Ti 合金中添加适量非催化元素 Ni 并优化控制合金的相结构，利用在合金中形成的一种三维网状分布的第二相的导电和催化作用，可使以 V-Ti-Ni 为主要成分的 V 基固溶体型合金具备良好的充放电能力。在所研究的 V_3TiNi_x（$x = 0 \sim 0.75$）合金中，$V_3TiNi_{0.56}$ 合金的放电比容量可达 410mA·h/g，但存在循环容量衰减较快的问题。通过对 $V_3TiNi_{0.56}$ 合金进行热处理及进一步多元合金化研究，合金的循环稳定性及高倍率放电性能得到显著提高，从而使 V 基固溶体型合金发展成为一种新型的高容量储氢电极材料，显示出良好的应用开发前景。V 基储氢材料的结构和电化学性能，采用真空感应电弧炉熔炼了 $V_2Ti_{0.5}Cr_{0.5}Ni_{1-x}Mn_x$（$x = 0.05 \sim 0.2$）储氢合金，储氢合金主要由体心立方（BCC）结构的钒基固溶体主相和部分 TiNi 第二相构成。当合金电极中 Mn 替代 Ni 的量逐渐增加，储氢合金电极的高倍率放电性能、最大放电比容量和交换电流密度逐渐增大，当 $x = 0.2$ 时，合金放电比容量最大值为 429.3mA·h/g（图 3-42），高倍率放电性能为 55%，交换电流密度为 52 mA/g，而储氢合金电极的循环稳定性能降低。

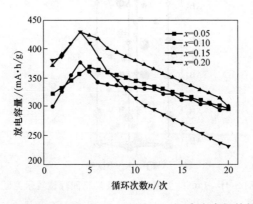

图 3-42　$V_2Ti_{0.5}Cr_{0.5}Ni_{1-x}Mn_x$（$x = 0.05 \sim 0.2$）合金电极的循环稳定性能

5. 钛系 AB 型储氢合金电极材料

钛与镍可形成三种金属间化合物：Ti_2Ni 相、TiNi 相和 $TiNi_3$ 相。其中只有前两种才具有在间隙位置吸收大量氢的特征，吸氢后可分别形成 $Ti_2NiH_{2.5}$ 和 TiNiH。吸氢后 Ti_2Ni 和 TiNi 氢化物的晶型未发生改变，但其晶胞体积分别膨胀 10% 和 17%。在碱液和室温条件下，TiNi 储氢电极材料可完全可逆地充、放电，且 TiNi 合金抗粉化、抗氧化和电催化性能良好，但其理论化学储氢比容量偏低，仅为 250mA·h/g。Ti_2Ni 由于可以形成多种氢化物相

（$Ti_2NiH_{0.5}$、Ti_2NiH、Ti_2NiH_2、$Ti_2NiH_{2.5}$ 相），其电化学储氢难以完全可逆地进行，仅有 40% 的氢可以参与电化学反应过程，且其抗粉化和抗氧化性能相对较差。将 TiNi 和 Ti_2Ni 的混合粉末烧结制备的电极，其充、放电比容量提高到 $300mA \cdot h/g$，充、放电效率接近 100%。这主要是因为在 TiNi-Ti_2Ni 混合烧结电极中，氢可以按移动式机制进行充、放电，即 TiNiH 相首先进行放电，由于在两相中浓度梯度的形成，$Ti_2NiH_{2.5}$ 相的氢通过固相扩散逐步转移到 TiNi 相，并实现可逆放电。这种氢移动式机制为构建新型储氢复合材料提供了新的思路。

3.4.3 镍正极材料

在氢氧化镍电极的充、放电过程中，并不是简单的放电产物 $Ni(OH)_2$ 和充电产物 NiOOH 之间的电子的得失。$Ni(OH)_2$ 有 α 和 β 两种晶型结构，NiOOH 具有 γ 和 β 两种晶型结构。因此在氢氧化镍电极的充、放电过程中，各晶型活性物质之间的转化很复杂，如图 3-43 所示。

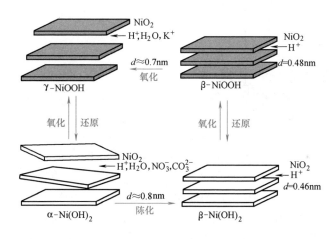

图 3-43　氢氧化镍在充、放电过程中的晶型转换

1. 球形 Ni(OH)₂ 正极材料的基本性质与制备方法

（1）基本性质　$Ni(OH)_2$ 是涂覆式 Ni/MH 电池正极使用的活性物质。电极充电时 $Ni(OH)_2$ 转变成 NiOOH，Ni^{2+} 被氧化成 Ni^{3+}；放电时 NiOOH 逆变成 $Ni(OH)_2$，Ni^{3+} 还原成 Ni^{2+}。电极的充电反应式为

$$Ni(OH)_2 + OH^- \underset{放电}{\overset{充电}{\rightleftharpoons}} NiOOH + H_2O + e^- \tag{3-48}$$

按反应式，$Ni(OH)_2$ 充电过程中 Ni^{2+} 与 Ni^{3+} 相互转变产生的理论放电比容量约为 $289mA \cdot h/g$。由于电化学反应不充分或过充、过放，$Ni(OH)_2$ 的实际放电容量常与理论值有一定的差异。在充、放电过程中，也经常出现非化学计量现象。

近年来，$Ni(OH)_2$ 正极材料的密度有显著提高，与原有的无规则形状的低密度 $Ni(OH)_2$ 相比，高密度球形 $Ni(OH)_2$ 因能提高电极单位体积的填充量（>20%）和放电容量，且有良好的充填流动性，是 Ni/MH 电池生产中广泛应用的正极材料。虽然目前还没

有统一的高密度定义范围，但一般认为松装密度大于 1.5g/mL、振实密度大于 2.0g/mL 的球形为高密度球形 Ni（OH）$_2$。

Ni（OH）$_2$ 存在 α、β 两种晶型，NiOOH 存在 β、γ 两种晶型。目前生产 Ni/MH 电池使用的 Ni（OH）$_2$ 均为 β 晶型。研究表明，结晶完好的 β-Ni（OH）$_2$ 由层状结构的六方单元晶胞（图 3-44）组成，每个晶胞中含有一个镍原子、两个氧原子和两个氢原子。两个镍原子之间的距离 $a_0 = 0.3126nm$，两个 NiO$_2$ 层之间的距离 $c_0 = 0.4605nm$。NiO$_2$ 层中 Ni^{2+} 与占据的八面体间隙可能成为空穴，也可能被其他金属离子如 Co^{2+} 和 Zn^{2+} 等填充而形成 Ni^{2+} 晶格缺陷。NiO$_2$ 层间的八面体间隙可能填充有 H$_2$O、CO$_3^{2-}$、SO$_4^{2-}$、K$^+$ 和 Na$^+$ 等。

在充、放电过程中，各晶型的 Ni（OH）$_2$ 和 NiOOH 存在一定的对应转变关系，如图 3-45 所示。研究表明，β-Ni（OH）$_2$ 在正常充、放电条件下转变为 β-NiOOH，相变过程中产生质子 H$^+$ 的转移，NiO$_2$ 层间距从 0.4605nm 膨胀至 0.484nm，镍层间距 a_0 从 0.3126nm 收缩至 0.281nm。

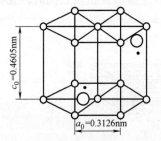

图 3-44　β-Ni（OH）$_2$ 单元晶胞

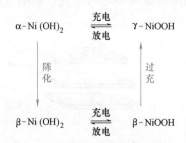

图 3-45　各晶型的转变

由于 a_0 收缩，导致 β-Ni（OH）$_2$ 转变为 β-NiOOH 后，体积缩小 15%。但在过充电条件下，β-NiOOH 将转变为 γ-NiOOH。此时 Ni 的价态从 2.90 升至 3.67，c_0 膨胀至 0.69nm，a_0 膨胀至 0.282nm。由于 a_0 和 c_0 增加，导致 β-NiOOH 转变为 γ-NiOOH 后，体积膨胀 44%，生成 γ-NiOOH 时的体积膨胀会造成电极开裂、掉粉，影响电池容量循环寿命。由于 γ-NiOOH 在电极放电过程中不能逆变为 β-Ni（OH）$_2$，使电极中活性物质的实际存量减少，导致电极容量下降甚至失效。γ-NiOOH 放电后将转变成 α-Ni（OH）$_2$，此时 c_0 膨胀至 0.76~0.85nm，a_0 膨胀至 0.302nm。γ-NiOOH 转变为 α-Ni（OH）$_2$ 后，体积膨胀了 39%。由于 α-Ni（OH）$_2$ 极不稳定，在碱液中很快就转变为 β-Ni（OH）$_2$、Ni（OH）$_2$ 和 NiOOH，各晶型的密度、氧化态和晶胞参数等均有差异。

较小晶粒氢氧化镍的电化学活性、活性物质利用率和循环性能较好，因为对于较小的晶粒来说，其质子固相扩散较有利，可以减小充、放电时晶体中的质子浓差极化，而且与电解质的接触面积增加，因此可以提高活性物质的利用率。但若晶粒太小，比表面积太大，则密度会降低，从而影响氢氧化镍的振实密度。因此要求样品的粒度适中且粒径分布合理，使较小的晶粒能填充到大颗粒的间隙中，较佳的情况是氢氧化镍的粒度在 3~25μm 呈正态分布，中位值在 8~11μm。

（2）制备方法　用于电池材料的球形 Ni（OH）$_2$ 制备方法主要有三种，即化学沉淀晶体生长法、镍粉高压催化氧化法及金属镍电解沉淀法。其中化学沉淀晶体生长法制备的 Ni（OH）$_2$ 综合性能相对较好，已得到广泛应用。

1）化学沉淀晶体生长法。此方法即在严格控制反应物质浓度、pH 值、反应时间、搅拌速度等条件下，使镍盐溶液和碱溶液直接反应生成微晶晶核，晶核在特定的工艺条件下生长成球形颗粒。目前国际上普遍以硫酸镍、氢氧化钠、氨水和少量添加剂为原料进行生产。化学反应是在特定结构的反应釜中进行的，主要通过调节反应温度、pH 值、加料量、添加剂、进料速度和搅拌强度等工艺参数来控制晶核产生量微晶晶粒尺寸、晶粒堆垛方式、晶体生长速度和晶体内部缺陷等晶体生长条件，使 $Ni(OH)_2$ 粒子长成一定尺寸后流出釜体。出釜体的产品经混料、表面处理、洗涤、干燥、筛分、检测和包装后，供电池厂家使用。

2）镍粉高压催化氧化法。采用镍粉为基本原料，在催化剂的作用下，利用 O_2 和水将金属镍粉氧化成氢氧化镍，一般采用的催化剂是硝酸、硫酸等。该方法制得的氢氧化镍纯度较高，Ni 的转化率较高，可达到 99.99%，而且工业污染小。缺点主要是合成的样品球形较差，未反应的 Ni 粉混在产品氢氧化镍中，给分离造成困难，而且此方法对设备要求高，能耗较大。

3）金属镍电解沉淀法。将金属镍作为阳极，在外加电流的作用下，镍被氧化成 Ni^{2+}，阴极发生还原吸氢反应，产生的 OH^- 与 Ni^{2+} 反应生成氢氧化镍沉淀。根据电解液是否含水，电解法又分为水溶液法和非水溶液法。水溶液法是利用恒流阴极极化和恒电位阳极电沉淀而得到 $Ni(OH)_2$，并吸附水嵌入 $Ni(OH)_2$ 晶格中。非水溶液法是以惰性电极（石墨、铂、银）为阴极，醇做电解液，铵盐和季铵盐作为支持电解质，因此又称为醇盐电解法，在电解液和整个电解过程中不能有水存在，在外加电流作用下，并在醇沸点温度下加热电解。此方法合成的氢氧化镍粒子形态好，只是整个过程中设备需要密封，严格控制无水条件，因此成本较高。电解法可以实现零排放，其显著的环境效益备受关注。

2. 影响高密度球形 $Ni(OH)_2$ 电化学性能的因素

作为镍电池活性物质的氢氧化镍，其本身的电化学性能较差，在实际的充放电过程中还存在一些问题，如放电容量不高、残余容量较大、电极膨胀、电极寿命较短等。影响电化学性能的因素主要有化学组成、粒径大小、粒径分布、密度、晶型、表面形态和组织结构等。

（1）化学组成的影响　镍含量、添加剂和杂质含量的高低对 $Ni(OH)_2$ 的电化学性能均有一定的影响。纯 $Ni(OH)_2$ 的镍含量为 63.3%，因含水、添加剂和杂质，可使镍含量降至 50%~62%。通常 $Ni(OH)_2$ 的放电容量随着镍含量的升高而增大。为了提高活性物质的利用率、电池的放电电压平台及其电压与电池总容量的比率，以及提高电池的大电流充、放电性能和循环寿命，常采用共沉淀法，在 $Ni(OH)_2$ 的制备过程中添加一定量的 Co、Zn 和 Cd 等添加剂。由于 Cd 对人体及环境有较大危害，在 Ni/MH 电池中已不再使用。不同种类添加剂及其添加量会对微晶结构产生一定的影响。此外，电池中的杂质主要为 Ca、Mg、Fe、SO_4^{2-} 和 CO_3^{2-} 等，它们对 $Ni(OH)_2$ 的性能均有不同程度的负面影响。

（2）粒径及粒径分布的影响　由化学沉淀晶体生长法制备的球形 $Ni(OH)_2$ 的粒径一般在 $1~50\mu m$（扫描电镜法测定，下同），其中平均粒径在 $5~12\mu m$ 的使用频率最高。粒径大小及粒径分布主要影响 $Ni(OH)_2$ 的活性、比表面积、松装密度和振实密度。一般粒径小、比表面积大的颗粒活性就高。但粒径过小，会降低松装密度和振实密度，今后生产 $Ni(OH)_2$ 的粒径有细化的趋势。在 0.2C 和 1.0C 放电条件下，平均粒径对 $Ni(OH)_2$ 利用率（测试容量与理论容量的百分比）的影响如图 3-46 所示。

（3）微晶晶粒尺寸及缺陷的影响　化学组成和颗粒粒径分布相同的 $Ni(OH)_2$ 电化学

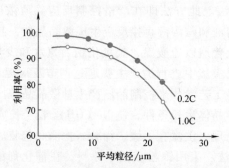

图 3-46 Ni（OH）$_2$ 的利用率与平均粒径的关系

性能往往存在相当大的差异。根本原因是 Ni（OH）$_2$ 晶体内部微晶晶粒尺寸和缺陷不同。在制备 Ni（OH）$_2$ 过程中，不同的反应工艺、反应物后处理方法及添加剂的种类和添加量都会对组成 Ni（OH）$_2$ 晶体的微晶晶粒大小、微晶晶粒排列状态产生影响。微晶晶粒大小和排列状态又会引起 Ni（OH）$_2$ 晶体内部缺陷、孔隙和表面形貌等的差异，最终影响 Ni（OH）$_2$ 的电性能。

表 3-5 为 Ni（OH）$_2$ 的晶粒大小、层错率与电性能之间的关系。从表中可知，层错率高、微晶晶粒小、微晶排列无序的 Ni（OH）$_2$，其活化速度快、放电容量高、循环寿命长、其电性能也较好。

表 3-5 Ni（OH）$_2$ 的结晶大小、层错率与电性能之间的关系

样品	{001}晶面		{101}晶面		层错率（%）	放电比容量/（mA·h/g）	1C 循环寿命/次
	半高宽	晶粒大小/nm	半高宽	晶粒大小/nm			
1	0.451	17.9	0.425	19.6	3.0	245	233
2	0.687	11.7	0.785	10.7	9.4	261	280
3	0.697	11.5	0.932	9.0	11.8	280	>500

思 考 题

1. 什么是比能量（能量密度）和比功率（功率密度）？强调"比"的概念有什么实际意义？

2. 请写出 H_2-O_2 燃料电池的电极反应和整个电池反应。

3. 固体氧化物燃料电池的优点有哪些？

4. 锂离子电池隔膜材料应满足哪些条件？

5. 请列举两种防止锂电池硅负极材料粉化的方法。

6. 已知离子电池正极材料 $LiCoO_2$ 的摩尔质量为 97.8g/mol，请计算其理论比容量（法拉第常数为 96472C）。

7. 简述钠离子电池的优缺点（相比于锂离子电池）。

8. 镍氢（Ni/MH）电池设计时，为什么要求负极的容量必须超过正极？

9. 简述镍氢电池 Ni（OH）$_2$ 正极材料晶粒尺寸与其电化学性能的关系。

10. 目前用于电动汽车的锂离子电池（动力电池）主要为三元锂电池和磷酸铁锂电池，请查阅资料，试从成本、性能、安全性等方面讨论二者的优缺点。

11. 有人说锂离子电池并不是真的环保，请查阅资料对该观点进行讨论，并指出推广锂离子电池我们应该注意什么。

12. 请比较说明燃料电池和锂离子电池的各自特点和应用领域，并讨论锂离子电池是否可以取代燃料电池。

13. 镍氢电池是氢燃料电池的一种吗？镍氢电池的应用领域和优缺点是什么？

参 考 文 献

[1] 艾德生，等. 新能源材料基础与应用 [M]，北京：化学工业出版社，2010.

[2] 王明华，等. 新能源材料导论 [M]. 北京：冶金工业出版社，2014.

[3] 张剑波，周红茹，司德春，等. 一种有序化纳米纤维膜电极及其制备方法：CN107359355B [P]. 2017-11-17.

[4] DEBE M K. Electro-catalyst approaches and challenges for automotive fuel cells [J]. Nature, 2012, 486 (7401)：43-51.

[5] KONGKAN A, ZHANG J X, LIU ZY, et al. Degradation of PEMFC observed on NSTF electrodes [J]. Journal of The Electrochemical Society, 2014, 161 (6)：744-753.

[6] MURATA S, IMANISHI M, HASEGAWA S, et al. Vertically aligned carbon nano-tube elelctrodes for high Current density operating proton exchange membrane fuel cells [J]. Journal of Power Sources, 2014, 253：104-113.

[7] 吴其胜. 新能源材料 [M]. 上海：华东理工大学出版社，2012.

[8] 余海林，夏一帆，张欣欣，等. 磺化聚芳醚砜/磺化聚乙烯醇交联膜的制备及在甲醇燃料电池中的应用 [J]. 高分子材料科学与工程，2020 (11)：121-126.

[9] 连文玉，傅荣强，王伟，等. 直接甲醇燃料电池用双重交联结构聚苯醚基质子交换膜的制备及性能 [J]. 膜科学与技术，2019，39 (6)：38-45.

[10] 陈光，崔崇，徐锋，等. 新材料概论 [M]. 北京：国防工业出版社，2013.

[11] 韩建勋. 梯度阳极支撑 Bi_2O_3/YSZ 电解质薄膜及单电池的制备 [D]. 济南：山东大学，2019.

[12] 孙毅. 高温高压合成掺杂镓酸镧固体电解质材料的输运性质研究 [D]. 长春：吉林大学，2019.

[13] 孙翠翠，孟祥伟，吕世权，等. 固体氧化物燃料电池电解质 GDC 掺杂 Li_2CO_3，Na_2CO_3 材料的结构和导电性能研究 [J]. 吉林化工学院学报，2019，36 (7)：91-94.

[14] 郭祥，田彦婷，吴萍萍，等. 直通孔陶瓷在固体氧化物燃料电池中的应用 [J]. 硅酸盐学报，2020 (6)：887-893.

[15] 张赢. 新型 $GdBaFe_2O_{5+\delta}$ 基双钙钛矿结构固体氧化物燃料电池电极材料的性能 [D]. 长春：吉林大学，2019.

[16] 汪红梅，邵先俊，张正华，等. 新离子型添加剂对高镍锂离子电池性能影响研究 [J]. 功能材料，2020，51 (4)：4119-4123.

[17] 胡信国等. 动力电池材料 [M]. 北京：化学工业出版社，2013.

[18] LIU N, WU H, MCDOWELL M T, et al. A Yolk-shell design for stabilized and scalable Li ion battery alloy anodes [J]. Nano Letters, 2012, 12 (6)：3315-3321.

[19] SHEN X, TIAN Z, FAN R, et al. Research progress on silicon/ carbon composite anode materials for lithium ion battery [J]. Journal of Energy Chemistry, 2017, 27 (4)：1067-1090.

[20] ZHANG Y, DU N, ZHU S, et al. Porous silicon in carbon cages as high-performance lithium-ion battery anode Materials [J]. Electrochimical Acta, 2017, 252：4919-4926.

[21] 张林，王静，唐艳平，等. 有序介孔硅包碳复合结构的制备及其储锂行为 [J]. 无机化学学报，2020，36 (5)：893-900.

[22] 曹宇光，肖煌，周佳盈，等，三维网络结构氧化铜纳米线锂离子电池负极材料的制备和性能研究 [J]. 功能材料，2020，51 (4)：4142-4147.

[23] 李宗峰，董桂霞，亢静锐，等. 一步水热法合成 3D 花状 CoS 锂离子电池负极材料的组织及电化学性能研究 [J]. 粉末冶金技术，2020，38（2）：98-103+112.

[24] YABUUCHI N, KUBOTA K, DAHBI M, et al. Research development on sodiumion batteries [J]. Chemical Reviews, 2014, 114（23）：11636-11682.

[25] 吴其胜. 新能源材料 [M]. 2 版. 上海：华东理工大学出版社，2017.

[26] 王佳. PEO-Al$_2$O$_3$ 复合隔膜和生物碳负极材料制备及电化学性能研究 [D]. 杭州：浙江工业大学，2019.

[27] YUAN C, ZHANG Y P, et al, Investigation of the intercalation of polyvalent cations（Mg^{2+}, Zn^{2+}）into λ-MnO$_2$ for rechargeable aqueous battery [J]. Electrochim. Acta, 2014, 116：404-412.

[28] 雷永泉. 新能源材料 [M]. 天津：天津大学出版社，2000.

[29] 况桂芝. LaNi$_5$ 储氢合金表面改性及其电化学性能的研究 [D]. 南京：东南大学，2015.

[30] 梁彤祥. 清洁能源材料导论 [M]. 哈尔滨：哈尔滨工业大学出版社，2012.

[31] 顾琳. 电池正极材料球形 Ni（OH）$_2$ 的制备条件与性能研究 [D]. 昆明：昆明理工大学，2010.

112

第4章
力电转换新能源材料

力电转换最典型的实例之一为风力发电。在古代，风能是最早被利用到生活中的能源之一，如古代的风力磨面作坊，风车抽水⋯⋯但是利用风力发电的想法还要追溯到20世纪30年代，随着两次工业革命的完成，能源的大量消耗和环境的严重污染促使人们寻找一种新型的可再生能源。风能的最大利用体现在风力发电上，毕竟风电比水电储量大，比火电环保，比核电安全。

我国的风电发展起步于20世纪80年代，而当时一些欧美国家已经具有很大规模的风力发电场了。如今我国风电已经从无到有、从小到大、从弱到强，已经成为全球第一。2016年，全球风电新增装机容量为54GW，其中我国就有23GW，位列第二的美国只有8GW。不仅如此，在我国还诞生了世界上第一个10MW风电场（图4-1a），比美国得克萨斯目前世界最大的风力发电场还要大12倍。

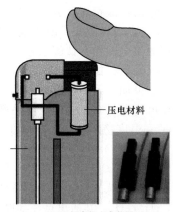

压电材料

a) 我国第一个千万级风电基地——甘肃酒泉风电基地 b) 打火机点火装置

图 4-1　力电转化材料的典型应用

压电材料也是一种可以实现力电转换的新型材料。当对压电材料施加外部机械动能时，材料内部电荷重新排列，形成电位差。最典型的压电材料应用是打火机点火装置（图4-1b），将手指的机械压力动能转化为火花电能。

本章主要介绍压电材料、风能新能源材料、海洋能新能源材料，以及用于风能和海洋能收集和转换的纳米发电机，重点阐述压电效应及几种典型的压电材料、风力发电的原理和特点、海洋能发电原理和类型，以及纳米发电机的最新研究进展。

4.1 压电材料

压电材料除了具有一般介质材料所具有的介电性能和弹性性能外，还具有压电性能。由于压电材料的各向异性，每一项性能参数在不同的方向所表现出的数值不同，这就使得压电材料的性能参数比一般各向同性的介质材料多得多。压电材料的众多性能参数是它广泛应用的重要基础。在没有对称中心的晶体上施加压力、张力或切向力时，会发生与应力成比例的介质极化，同时在晶体两端面将出现正、负电荷，这一现象称为正压电效应。反之，在晶体上施加电场而引起极化时，则将产生与电场强度成比例的变形或机械应力，这一现象称为逆压电效应。这两种正、逆压电效应统称为压电效应。晶体是否出现压电效应由构成晶体的原子和离子的排列方式，即晶体的对称性所决定。

从居里兄弟发现压电性的 1880 年—1940 年的 60 年中，被人们所知的压电材料只有水晶、酒石酸钾钠、磷酸二氢钾等少数几种单晶体（在某温度范围内不仅具有自发极化，而且自发极化强度的方向能因外场强作用而重新取向的晶体）。由于单晶材料受产量低、难以加工、适用范围有限等限制，从而影响了压电材料的应用和发展。1942 年—1945 年，美国的韦纳、苏联的伍尔和戈德曼、日本的小川等发现钛酸钡（$BaTiO_3$）具有异常大的介电常数，不久又发现它具有压电性，$BaTiO_3$ 压电陶瓷的发现是压电材料的一个飞跃。压电陶瓷与压电单晶材料相比，具有机电耦合系数高、价格便宜、几乎能做成任意要求的形状、可通过掺杂改性而达到使用要求、易于批量生产等优点，被广泛应用于制作超声换能器、压电变压器、滤波器和压电蜂鸣器等器件，在国民经济、现代科学技术、现代国防工业中举足轻重。然而，纯的 $BaTiO_3$ 陶瓷难以烧结且居里温度不高（120℃），室温附近（约 25℃）存在相变，因此其使用范围受到限制。20 世纪 50 年代初，有一种性能大大优于钛酸钡的压电陶瓷材料——锆钛酸铅研制成功。从此，压电陶瓷材料的发展进入了新的阶段。20 世纪 60 年代到 70 年代，压电陶瓷不断改进，日臻完美。

常用的压电陶瓷有钛酸钡系、钛酸铅-锆酸铅二元系及在二元系中添加第三种 ABO_3 型化合物的三元系，如 $Pb(Mn_{1/3}Nb_{2/3})O_3$ 和 $Pb(CO_{1/3}Nb_{2/3})O_2$ 等组成的三元系。如果在三元系统上再加入第四种或更多的化合物，可组成四元系或多元系压电陶瓷。钛酸钡是最早使用的压电陶瓷材料，它的压电系数约为石英的 50 倍，但居里点只有 115℃，使用温度不超过 70℃，温度稳定性和机械强度都不如石英。此外，还有一种铌酸盐系压电陶瓷，如氧化钠（或氧化钾）·氧化铌（$Na_{0.5} \cdot K_{0.5} \cdot NbO_3$）和氧化钡（或氧化锶）·氯化铌（$Ba_x \cdot Sr_{1-x} \cdot Nb_2O_5$）等，它们不含有毒性较大的铅，对环境保护有利。目前使用较多的压电陶瓷材料是锆钛酸铅（PZT）系列，它是钛酸铅（$PbTiO_3$）和锆酸铅（$PbZrO_3$）组成的 $Pb(Zr_{1-x}Ti_x)O_3$，其居里点在 300℃ 以上，性能稳定，有较高的介电常数和压电系数。目前，世界各国正在大力研制开发无铅压电陶瓷，以保护环境并降低其对人们健康的危害。

4.1.1 压电效应及其表征参数

1. 压电效应

压电陶瓷是属于铁电体一类的物质，是一种经极化处理后的人工多晶铁电体。所谓

"铁电体",是指它具有类似铁磁材料磁畴结构的电畴结构。电畴是分子自发形成的区域,它有一定的极化方向,从而存在一定的电场。在无外电场作用时,各个电畴在晶体上杂乱分布,它们的极化效应被相互抵消,因此原始的压电陶瓷内极化强度为零,不具有压电性。要使之具有压电性,必须进行极化处理,即在一定温度下对其施加强直流电场,一般极化电场为 $3 \sim 5 kV/mm$,温度为 $100 \sim 150 ℃$,时间为 $5 \sim 20 min$。通过人工极化迫使"电畴"趋向外电场方向做规则排列。当直流电场去除后,陶瓷内仍能保留相当的剩余极化强度,则陶瓷材料宏观具有极性,也就具有了压电性能。

同样,若在陶瓷片上施加一个与极化方向相同的电场,由于电场的方向与极化强度的方向相同,所以电场的作用使极化强度增大。这时,陶瓷片内的正、负束缚电荷之间距离也增大,即陶瓷片沿极化方向产生伸长形变。同理,如果外加电场的方向与极化方向相反,则陶瓷片沿极化方向产生缩短形变。这种由于电效应而转变为机械效应或者由电能转变为机械能的现象,就是逆压电效应。

既然极化处理后的压电陶瓷宏观具有极性,就应该存在一定的电场,但是,当把电压表接到陶瓷片的两个电极上进行测量时,却无法测出陶瓷片内部存在的极化强度。这是因为陶瓷片内的极化强度总是以电偶极矩的形式表现出来,即在陶瓷的一端出现正束缚电荷,另一端则出现负束缚电荷。由于束缚电荷的作用,在陶瓷片的电极面上吸附了一层来自外界的自由电荷。这些自由电荷与陶瓷片内的束缚电荷符号相反而数量相等,它起着屏蔽和抵消陶瓷片内极化强度对外界的作用。所以电压表不能测出陶瓷片内的极化程度。

如果在陶瓷片上加一个与极化方向平行的压力 F,陶瓷片将产生压缩形变,陶瓷片内的正、负束缚电荷之间的距离变小,极化强度也变小。因此,原来吸附在电极上的自由电荷,有一部分被释放,从而出现了放电荷现象。当压力撤销后,陶瓷片恢复原状,片内的正、负电荷之间的距离变大,极化强度也变大,因此电极上又吸附一部分自由电荷而出现充电现象。这种由机械效应转变为电效应,或者由机械能转变为电能的现象,就是正压电效应。压电晶体产生压电效应的机理示意图如图4-2所示。

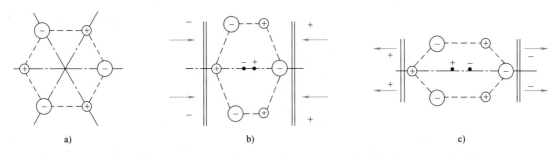

a)   b)   c)

图4-2 压电晶体产生压电效应的机理示意图

由此可见,压电陶瓷之所以具有压电效应,是由于陶瓷内部存在自发极化。这些自发极化经过极化工序处理而被迫取向排列后,陶瓷内即存在剩余极化强度。如果外界的作用能使此极化强度发生变化,陶瓷就出现压电效应。此外,还可以看出,陶瓷内的极化电荷是束缚电荷,而不是自由电荷,这些束缚电荷不能自由移动。所以在陶瓷中产生的放电或充电现象,是通过陶瓷内部极化强度的变化引起电极面上自由电荷的释放或补充的结果。

2. 压电陶瓷的性能参数

（1）压电系数　压电系数是压电陶瓷重要的特性参数，它是压电介质把机械能（或电能）转换为电能（或机械能）的比例常数，反映了应力或应变和电场或电位移之间的联系，直接反映了材料机电性能的耦合关系和压电效应的强弱。常见的四种压电常数：d_{ij}、g_{ij}、e_{ij}、h_{ij}（$i=1$，2，3；$j=1$，2，3，…，6），其中，i 表示电学参量的方向（即电场或电位移的方向），j 表示力学量（应力或应变）的方向。压电常数的完整矩阵应有 18 个独立参量，对于四方钙铁矿结构的压电陶瓷只有 3 个独立分量，以 d_{ij} 为例，即 d_{31}、d_{33}、d_{15}。式（4-1）~式（4-4）中，S 为应变，E 为电场强度，D 为电位移，T 为应力。

① 压电应变常数 d_{ij} 为

$$d_{ij}=\left(\frac{\partial S}{\partial E}\right)_T, d_{ij}=\left(\frac{\partial D}{\partial T}\right)_E \tag{4-1}$$

② 压电电压常数 g_{ij} 为

$$g_{ij}=\left(-\frac{\partial E}{\partial T}\right)_D, g_{ij}=\left(\frac{\partial S}{\partial D}\right)_T \tag{4-2}$$

由于习惯上将张应力及伸长应变定为正，压应力及压缩应变定为负，电场强度与介质极化强度同向为正，反向为负，所以 D 为恒值时，ΔT 与 ΔE 符号相反，故式中带有负号。如前所述的道理，对四方钙钛矿压电陶瓷，g_{ij} 有 3 个独立分量 g_{31}、g_{33} 和 g_{15}。

③ 压电应力常数 e_{ij} 为

$$e_{ij}=\left(\frac{\partial T}{\partial E}\right)_S, e_{ij}=\left(\frac{\partial D}{\partial S}\right)_E \tag{4-3}$$

同样 e_{ij} 也有 3 个独立分量 e_{31}、e_{33} 和 e_{15}。

④ 压电劲度常数 h_{ij} 为

$$h_{ij}=\left(-\frac{\partial T}{\partial D}\right)_S, h_{ij}=\left(\frac{\partial E}{\partial S}\right)_D \tag{4-4}$$

同理，h_{ij} 有 3 个独立分量 h_{31}、h_{33} 和 h_{15}。

由此可见，由于选择不同的自变量，可得到 d、g、e、h 四组压电常数。由于陶瓷的各向异性，使压电陶瓷的压电常数在不同方向有不同数值，即

$$d_{31}=d_{32}, d_{33}, d_{15}=d_{24}$$
$$g_{31}=g_{32}, g_{33}, g_{15}=g_{24}$$
$$e_{31}=e_{32}, e_{33}, e_{15}=e_{24}$$
$$h_{31}=h_{32}, h_{33}, h_{15}=h_{24}$$

这四组压电常数并不是彼此独立的，有了其中一组，即可求得其他三组。压电常数直接建立了力学参量和电学参量之间的联系，同时对建立压电方程有着重要的应用。

（2）机械品质因素 Q_m　机械品质因素 Q_m 表示在振动转换时材料内部能量损耗的程度，机械品质因素越高，能量的损耗就越少，产生机械损耗的原因是存在内摩擦，在压电元件振动时，要克服摩擦而消耗能量，机械品质因素与机械损耗成反比，即

$$Q_m=2\pi\frac{W_1}{W_2} \tag{4-5}$$

式中，W_1 为谐振时振子内储存的机械能量，W_2 为谐振时振子每周期的机械阻尼损耗能量。

Q_m 也可根据等效电路计算而得，即

$$Q_m = \frac{1}{C_1 \omega_s R_1} \qquad (4\text{-}6)$$

式中，R_1 为等效电阻，ω_s 为串联谐振频率，C_1 为振子谐振时的等效电容，

$$Q_m = \frac{\omega_p^2 - \omega_s^2}{\omega_p^2} (C_0 + C_1) \qquad (4\text{-}7)$$

式中，ω_p 为振子并联谐振频率；C_0 为振子的静电容，则

$$Q_m = \frac{\omega_p^2}{(\omega_p^2 - \omega_s^2) \omega_s R_1 (C_0 + C_1)} \qquad (4\text{-}8)$$

发射型压电器件，要求机械损耗小，Q_m 值要高。滤波器是用高机械品质因素材料制成的。由于配方不同，工艺条件不同，压电陶瓷的 Q_m 值也不相同，PZT 压电陶瓷的 Q_m 值为 50~3000，有些压电材料 Q_m 值还要更高。

（3）频率常数 N　对于压电陶瓷材料，其压电振子的谐振频率和振子振动方向长度的乘积是个常数，即频率常数。频率常数是谐振频率和决定谐振的线度尺寸的乘积。如果外加电场垂直于振动方向，则谐振频率为串联谐振频率；如果电场平行于振动方向，则谐振频率为并联谐振频率。因此，对于 31 和 15 模式的谐振和对于平面或径向模式的谐振，其对应的频率常数为 N_{E1}、N_{E5} 和 N_{EP}，而 33 模式的谐振频率常数为 N_{D3}；对于一个纵向极化的长棒来说，纵向振动的频率常数通常以 N_{Dt} 表示；对于一个厚度方向极化的任意大小的薄圆片，厚度伸缩振动的频率常数通常以 N_{Dt} 表示。圆片的 N_{Dt} 和 N_{DP} 是重要的参数。除了频率常数 N_{DP} 外，其他的频率常数等于陶瓷体中主声速的一半，各频率常数具有相应的下角标。

根据频率常数的概念，就可以得到各种振动模式的频率常数，长条形样品的长度振动的频率常数为

$$N_{31} = f_s l_1 \qquad (4\text{-}9)$$

式中，f_s 为长条形振子的串联谐振频率；l_1 为长条振子振动方向的长度。

频率常数是由材料性质决定的，这是因为声波在长条振子中传播速度为

$$v = 2 l_1 f_s \qquad (4\text{-}10)$$

而声波的大小仅与材料性质有关，与尺寸无关，如纵波声速为

$$v = \frac{Y}{\rho} \qquad (4\text{-}11)$$

式中，Y 为杨氏模量；ρ 为材料密度。对于一定组成的材料来说，Y 和 ρ 为常数，当然 v 也是常数，所以对于一定组成的材料来说，N_{31} 也是常数，N_{31} 知道后，可以根据需要的频率来设计振子的尺寸。此外，知道频率常数，还可以计算出材料的杨氏模量。振子的振动形式不同，其频率常数也不同。

（4）机电耦合系数 K　机电耦合系数或称有效机电耦合系数，是综合反映压电陶瓷材料性能的一个重要参数，是衡量材料压电性能好坏和压电材料机电能量转换效率的一个重要物理量。它反映一个重要压电陶瓷材料的机械能与电能之间的耦合关系，可用下式来表示机电耦合系数 K，即

$$K^2 = \frac{电能转变的机械能}{输入的电能} \quad 或 \quad K^2 = \frac{机械能转变的电能}{输入的机械能} \qquad (4\text{-}12)$$

因为机械能转变为电能总是不完全的，所以 K^2 总是小于 1。因为 K 是能量间的比值，所以无量纲。如 PZT 陶瓷，K 为 $0.5 \sim 0.8$，对于居里点在 24℃的罗谢尔盐，K 高达 0.9。压电陶瓷的振动形式不同，其机电耦合系数 K 的形式也不相同。即使是同一种压电材料，由于其振动方向和极化方向的相对关系不同，导致能量转换情况的差异，因而具有不同形式的 K 值，常见的有平面机电耦合系数 K_p 和径向机电耦合系数 K_{33}。

（5）压电陶瓷振子与振动模式　压电元件常用于振荡器、滤波器、换能器、光调幅器以及延迟线等各种机电、光电器件，这些器件都是通过压电效应激发压电体的机械振动来实现的。因此，只有通过对压电元件的振动模式进行分析，才能较深入地了解压电元件的工作原理和具体工作性质。虽然压电晶体（包括已极化的压电陶瓷）是各向异性体，但是压电元件都是根据工作需要，选择有利的方向切割下来的晶片，这些晶片大多数为薄长片、圆片、方片等较简单的形状。虽然它们的基本振动模式（如伸缩振动、切变振动等）大体上与各向同性的弹性介质相同，都是在有限介质中以驻波的形式传播，但是只有在非常简单的情况下，才可能得到波动方程的准确解。对于稍复杂的情况，只能得到近似解，一般需要数值计算才能得到精确解。在本章中，不可能对所有的振动模式都进行详细讨论，只是对其中最具有代表性的振动模式做较系统而全面的分析讨论，通过对其特殊性的讨论了解普遍性。

① 压电振子的谐振特性。极化后的压电体为压电振子。对压电振子施加交变电场，当电场频率与压电体的固有频率一致时，产生谐振。谐振频率为形成驻波的频率。形成驻波的条件为 $L = n\lambda/2$（其中，L 为振子间距，n 为整数，λ 为波长）。振动频率为 $f_r = u/\lambda$（u 是声波的传播速度，其值与物体的密度和弹性模量有关）。谐振线度尺寸与频率的关系为 $L = n(u/f_r)/2$，$n = 1$ 时的频率为基频，其他为二次、三次等谐振。

把压电振子、信号发生器和毫伏表串联，逐渐增加输入电压的频率，当外电压的某一频率使压电振子产生谐振时，就发现此时输出的电流最大，而振子阻抗最小，常以 f_m 表示最小阻抗（或最大导纳）的频率。当频率继续增大到某一值时，输出电流最小，阻抗最大，常以 f_n 表示最大阻抗（或最小导纳）的频率，被称为反谐振频率。

② 压电振子的等效电路。压电振子的谐振特性，即阻抗随频率变化的曲线，与 LC 电路谐振特性类似，即与二端网络的三元件电路（一个电感与一个电容串联，再与一个电容并联的电路）的阻抗随频率的变化曲线类似。电感的意义在于当某一振子在交变电场的作用下发生形变，引起另一压电振子形变从而感应出电荷。其是由振子的惯性引起的，可等效为振子的质量，而电容可等效为弹性常数，电阻由内摩擦引起。通过该等效电路图求出这一电路的阻抗绝对值，对其求导，在 $R = 0$ 时，可求出 f_m 和 f_n。

③ 振动模式。压电陶瓷根据振动模式又可分为横效应振子、纵效应振子，以及厚度切变振子三种。

横效应振子：横效应振子包括薄长条片振子和薄圆片振子。横效应振子的特点如下：a. 电场方向与弹性波传播方向垂直；b. 沿弹性波传播方向电场强度 E 为常数；c. 串联谐振频率 f_s 等于压电陶瓷的机械共振频率。

纵效应振子：纵效应振子包括细长棒振子和薄板的厚度伸缩振子。纵效应振子特点如下：a. 电场方向与弹性波传播方向平行；b. 沿弹性波传播方向电场强度 E 为常数；c. 并联谐振频率 f_p 等于压电陶瓷的机械共振频率。

厚度切变振子：若压电陶瓷片的极化方向和激励电场相互垂直，就可产生厚度切变振动，常称作剪切片，它是制作压电加速度器等常用的振动模式。

4.1.2　几种典型的压电材料

在自然界中大多数晶体都具有压电效应，但压电效应可能十分微弱，没有实际应用价值。随着对材料的深入研究，逐渐发现了石英晶体、钛酸钡、锆钛酸铅等材料是性能优良的压电材料。压电陶瓷的压电系数比石英晶体的压电系数大得多，所以采用压电陶瓷制作的压电式传感器的灵敏度较高。最早使用的压电陶瓷材料是钛酸钡（$BaTiO_3$），它是由碳酸钡和二氧化钛按物质的量 $1:1$ 混合后烧结而成的。它的压电系数约为石英的 50 倍，但居里点只有 115℃，使用温度不超过 70℃。钛酸钡由于具有压电特性，并且为无铅压电陶瓷，与羟基磷灰石复合用于骨修复，同时也有学者将钛酸钡处理在钛合金的表面，制备出一层具有压电特性的生物涂层用于骨组织工程中。

钛酸铅（$PbTiO_3$）是一种典型的具备机械能-电能耦合效应的压电陶瓷，以钛酸铅（$PbTiO_3$）为主晶相的陶瓷材料具有居里点高（约 490℃）、相对介电常数较低（约为 200）、泊松比低（约为 0.20）、机械强度较高等特性，适于高温和高频条件下应用。纯钛酸铅可由四氧化三铅和二氧化钛为原料合成，通常用陶瓷工艺固相烧结法很难得到结构致密的纯钛酸铅陶瓷材料。在其制备冷却过程中，当试样冷却温度通过居里点时因产生立方-四方相变而伴随着很大的应变，因而在晶界上及晶粒内都会产生很大的应力，这些应力的存在易使试样出现显微裂纹而导致陶瓷制品的碎裂。为了解决这一问题，常加入少量改性添加物，如二氧化锰、三氧化二铜、二氧化铈、五氧化二铌、三氧化二棚等氧化物对其进行改性。

$PbTiO_3$-$PbZrO_3$ 能生成连续固溶体，在 $Pb(Zr, Ti)O_3$ 固溶体中继续添加少量的 Nb、Cr、La 或 Fe 等，制成的一系列压电陶瓷材料，称为锆钛酸铅系陶瓷，简称 PZT。目前对此类压电陶瓷的研究工作进行得比较多。锆钛酸铅系压电陶瓷与钛酸钡系相比，压电系数更大，居里点在 300℃ 以上。各项机电参数受温度影响小，时间稳定性好。因此，锆钛酸铅系压电陶瓷是目前在压电式传感器中应用得最为广泛的一类压电材料。同时，通过微接触印刷构图的锆钛酸铅（PZT）薄膜，可以制造具有集成驱动和检测功能的压电纳米机电系统（Nano Electromechanical System，NEMS）。目前，在压电陶瓷无铅化的研究与开发上，世界各国均进行了大量的工作。性能较好的无铅压电陶瓷研究体系主要有五类：钛酸钡（$BaTiO_3$）基无铅压电陶瓷、钛酸铋钠基无铅压电陶瓷、Bi 层状结构无铅压电陶瓷、铌酸盐系（铌酸钾钠锂基）无铅压电陶瓷以及钨青铜结构的无铅压电陶瓷。这些无铅压电材料由于其成分和结构的不同，在压电性能上各有其特点。在对环境兼容材料的需求不断增长的推动下，过去的二十年见证了压电领域的蓬勃发展。为了最大程度地挖掘无铅压电材料的潜力，化学掺杂是一种有效的方法，有学者在铌酸钾钠 $K_{0.5}Na_{0.5}NbO_3$（KNN）中掺杂锰使其压电系数大大提高了近200%，而 PZT 中相同的掺杂物质使压电系数低于其原始值的 30%，在含铅和无铅钙钛矿中，化学掺杂效果可能完全不同，因此在无铅系统中还有很大的空间可以进一步增强压电性。

4.2　风能新能源材料

风能是地球表面大量空气流动所产生的动能。由于地面各自受太阳辐射

扫码看视频

后气温变化不同和空气中水蒸气的含量不同，因而引起各地气压的差异，在水平方向高压空气向低压地区流动，即形成风。

20世纪70年代，风能开发利用列入我国"六五"国家重点项目，得到迅速发展。我国先后从丹麦、比利时、瑞典、美国、德国引进一批中、大型风力发电机组。在新疆、内蒙古的风口及山东、浙江、福建、广东的岛屿建立了8座示范性风力发电机组。《中华人民共和国可再生能源法》及一系列配套政策的实施，促进了我国风电开发的快速增长。2010年，我国风电新增装机容量为1890万kW，居世界第一位。截至2010年底，我国具备大型风电场建设能力的开发商超过20家，共已建成风电场800多个，风电总装机容量4470万kW，超过美国位居世界第一位。我国风电的蓬勃发展势头有目共睹，2017年以来，我国一直都是全球风电装机增长速度最快、新增风电装机容量最大的国家，2012年更是已跃升为世界第一风电并网大国，风电年发电量首次突破千亿千瓦时大关。我国在风能的开发利用上加大了投入力度，在《国家能源科技"十二五"规划》中的"新能源技术领域"中提出了发展风力发电，在2011年—2017年，研制出具有自主知识产权的6~10MW陆地（近海）风电机组及关键部件；建立国际一流的风电技术及装备研究机构，研制出全球领先的风电装备，实现规模化生产；解决风电运营及保障中的重大技术问题，形成国内领先、国际一流的风电运营技术研发基地，使高效清洁的风能利用在中国能源的格局中占有应有的地位。风力发电机组如图4-3所示。

拓展视频

风力发电

图4-3 风力发电机组

4.2.1 风能资源

1. 全球风能资源

根据世界气象组织（World Meteorological Organization，WMO）主持绘制的风能资源图，地球陆地表面 $1.07 \times 10^8 \mathrm{km}^2$ 中27%的面积平均风速高于5m/s（距地面10m处），这部分面积总共约为 $3 \times 10^7 \mathrm{km}^2$。

2. 我国风能资源

我国的风能储量很大，分布范围广，甚至比水资源还要丰富。根据国家气象科学院的估算，我国陆地地面10m高度层的风能资源总储量为3226GW，其中实际可开发利用的风能资源储量为253GW，另外海上可开发的风能储量约为750GW。海上风力发电机组如图4-4所示。我国越来越重视开发风能资源，据国家能源局统计数据显示，2020年上半年，全国风电新增并网装机 632 万 kW，其中陆上风电新增装机 526 万 kW、海上风电新增装机 106 万 kW。为了实现"碳中和"目标，我国在发电端的努力必不可少。假设 2025 年非化石能源占一次能源消费比重达到 18.5%~20%，2030 年非化石能源占一次能源消费比重达到 25%，预计"十四五"光伏年均新增装机 74~100GW，风电年均新增装机 22~37GW；"十五五"光伏年均新增装机 112~138GW，风电年均新增装机 37~52GW。合理利用风能既可以减轻越来越严重的资源短缺压力，又可以减少环境污染。据估计，每 10MW 风电入网可节约 3.73t 煤，同时减少排放粉尘 0.498t、二氧化碳 9.35t、氮氧化物 0.049t 和二氧化硫 0.078t。例如，截至 2020 年 6 月底，全国风电累计装机 2.17 亿 kW，其中陆上风电累计装机 2.1 亿 kW、海上风电累计装机 699 万 kW，累计减排效益达 711.8 亿元。因此，如何更好地利用风能发电将是解决能源短缺问题道路上不可或缺的一部分，必将引起越来越多的关注和研究。

图 4-4 海上风力发电机组

4.2.2 风力发电原理

1. 风力发电原理概述

把风能转换为电能是风能利用中的最为基本的一种形式，风力发电一般有三种形式：小型风力发电机独立运行的方式、风力发电与其他发电方式相结合的方式、风力发电并入常规电网运行的方式。风力发电的核心部件是风力发电机（也叫风动机、风车等），风力发电机是以风能为能源，将风能转换为机械能或电能而做功的一种动力机。也就是说，风力发电机可以截获流动的空气所具有的动能并将风轮叶片迎风扫掠面积内的一部分动能转换为有用的机械能，使发电机在风轮轴的带动下旋转发电。其实质是以太阳能为热源，以大气为工作介质的利用热能的发电机。

风力发电机的作用是将风能最终转换为电能输出，目前采用的发电机有直流发电机、同步交流发电机和异步交流发电机三种。小功率风力发电机多采用同步或异步交流发电机，发出的交流电通过整流装置变成直流电。与直流发电机相比，交流发电机的效率更高，而且在低风速下比直流发电机发出的电能多，可以适应比较宽的风速范围。风力发电机工作时，大型风力发电机组可以直接向电网输电，小型风力发电机组可以与蓄电池相连，将电能储存起来，电能储存到一定程度时也可向电网输电。经过人类几个世纪的不断努力，风力发电技术已较为完善。风力发电机一般由风轮、发电机（包括传动装置）、调向器（尾翼）、塔架、限速安全机构和储能装置等构件组成。风力发电的基本原理就是风轮在风力作用下旋转，把风的动能转换为风轮轴的机械能，发动机在风轮轴的带动下旋转而发电。

在性能上，现在的风力发电机与几年前相比有很大的改进。风力发电机以前只是在少数边远地区使用，风力发电机只能接一个很小功率的灯泡，而且由于发电性能不稳，还会忽明忽暗，很容易损坏灯泡。随着技术的发展和进步，采用先进的充电器、逆变器，风力发电机变成了具有一定科技含量的系统，并能在一定条件下代替正常的市电。风力发电机的发展将更好地推动风能的利用和发展。风力发电机组结构示意图如图4-5所示。

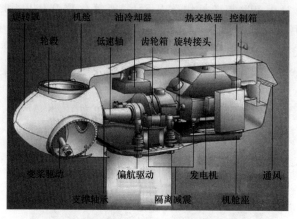

图4-5　风力发电机组结构示意图

2. 风力发电的核心技术

风力发电系统中的两个主要部件是风机和发电机，功率调节技术是风机最为关键的技术，变速恒频技术是发电机的核心技术，也是风力发电机的发展趋势。风力发电机使用中，风速超过额定风速（一般为 12~16m/s）以后，由于部件机械强度和发电机、电力电子容量等物理性能的限制，必须降低风轮的能量捕获，使功率保持在额定值附近，以减少叶片所承受的负荷和整个风机受到的冲击，保证风机不受损害。功率调节方式主要有定桨距失速调节、变桨距调节、主动失速调节三种方式。

3. 风力发电技术的发展趋势

1）单机容量不断增大，单机容量为 5MW 的风力发电设备已经进入商业化运行阶段，更大单机容量的风力发电设备也是现阶段的发展方向之一。

2）采用变桨距调节方式避免了定桨距调节方式中超过额定风速时发电功率下降的缺点，因而变桨距调节方式将迅速取代定桨距功率调节方式。

3）由于变速恒频调节方式可以通过调节机组的转速以追踪最大风能，提高了风机的运行效率，因而变速恒频发电系统迅速取代了恒速恒频发电系统，是将来风机的重要发展方向。

4）免齿轮箱系统要采取极低转速的发电机，会提高发电机的设计和制造成本，但是可以提高风力发电系统的效率和可靠性，因而免齿轮箱系统的直驱方式发电系统在某些国家也得到了一定的应用。

4.2.3　风力发电的特点及优势

风能作为绿色能源以其蕴藏量巨大、可以再生、分布广泛、没有污染的优势为各国所青昧。风能作为一种绿色能源，开发利用已有较长的历史和较成熟的技术，造价上也开始具备与化石燃料能源竞争的条件。并且风能具有巨大的能源储备，非常有发展潜力和应用前景。与其他形式的可再生洁净能源相比，风能较容易转化为电能，并以此为纽带实现与其他能源形式的转换而为人们所利用。

风力发电是目前利用风能的重要形式，也是多种可再生能源利用技术中比较成熟的，风力发电有其自身独特的优越性，主要体现在以下几个方面：

1）它是一种安全可靠的发电方式，随着大型机组的技术成熟和产品商品化的进程，风力发电成本降低。

2）风力发电不消耗资源、不污染环境，具有广阔的发展前景。

3）建设周期一般很短。一台风电机组的运输安装时间不超过三个月，万千瓦级风电场建设期限不到一年，而且安装一台可投产一台。

4）装机规模灵活，可根据资金多少来确定，为筹集资金带来便利。

5）运行简单，可完全做到无人值守运行。

6）实际占地少，机组与监控、变电等建筑仅占风电场约1%的土地，其余场地仍可供农、牧、渔业使用。

7）对土地要求低，在山丘、荒漠、海边滩涂、近海、河堤等地形条件下均可建设。

8）在发电方式上还有多样化的特点，既可独立运行、并网运行，也可和柴油发电机等组成互补系统，这为解决边远无电地区的用电问题提供了可能性。

4.2.4　压电效应用于风能发电

目前在许多环境下往往通过大型的风力发电机风车来回收风能发电，却忽略了对微型风能发电系统的研究。现如今微型电子元件发展迅速，但其相配套的电池存在着体积尺寸大、存储能量有限、需要人为更换及化学污染等缺点，这些缺点限制了微型电子元件的发展和利用。因此，可以通过微型风能发电系统将风能转化为电能供给微型电子元件使用，这个技术在房屋桥梁检测、森林防火等方面都存在需求。

微型风能发电装置根据不同的振动转化过程可以分为两种：一种为涡轮式微型风能发电装置；另一种为风致振动式风能发电装置。涡轮式风能发电装置的作用过程为：通过利用风能推动桨叶旋转产生机械能，再利用正压电效应或电磁感应等原理将涡轮旋转的机械能转换成电能从而回收利用。风致振动式风能发电装置的作用过程为：首先将气体流场转化为装置钝体的振动能，之后再通过振动能量收集方法将其转化为电能。基于压电能量回收的涡激振动装置发电是一种风致振动式微型风能发电技术。

1. 涡轮式风能发电装置

2008年，Hrrault等人提出一种微型涡轮式电磁风能发电装置。工作原理为通过高压气体产生推动力，推动桨叶快速转动，之后利用电磁感应原理将转动能量转化为电能。最终通过实验验证，在85kPa高压气流推动的条件下，装置可输出0.8MW的功率。装置的局限性在于在自然条件下高压气流产生较少，因此应用环境较少。

2012年，孙加存提出了一种可利用涡轮转轴挡板的风能发电装置，装置在风的作用下吹动涡轮发生旋转，进而涡轮转动时拨动压电片产生振动形变，装置的输出功率为1.16MW。

2013 年，Karami 等人制作了一种涡轮压电式风能发电装置，它在涡轮的底部和竖直的压电悬臂梁顶端安装有永磁体，涡轮转动时，由于磁体的交替吸引排斥，使压电梁振动，风能转换成了电能。该装置在风速 2m/s 的条件下可输出毫瓦级的能量。

针对涡轮式风能发电装置来说，其优点在于相比风致振动式风能发电装置输出功率较高，但同时缺点也较为明显，如加工装置的精度要求高、结构易损耗不利于稳定输出等。

2. 风致振动式风能发电装置

风致振动式风能发电装置通过利用风致振动的原理，将流场中的风能转化为钝体或其他装置的振动能，再通过振动能量回收技术将振动能转化为电能，最终达到回收风能的目的。

2007 年，Tan 提出一种根部固定的簧片式压电双晶片，可通过调整簧片的方向改变输出功率，在 6.7m/s 的风速下，对 220kΩ 的负载有 155μW 的输出功率。

2009 年，Li 等人受到树叶的启发研制出一种类似于树叶的压电式风能发电装置。装置在 8m/s 的风速下可以输出 296μW 的功率。同样受到树叶启发的还有 Oh 等人，他们提出了一种类似树形状的聚偏氟乙烯 PVDF 发电装置，使用易发生形变的 PVDF 压电薄膜充当树叶，用 PZT 压电陶瓷来充当树干，尽管每个部分的输出功率很小，但由于"树叶"很多，装置的输出功率非常可观。类似鳗鱼的压电发电装置如图 4-6 所示。

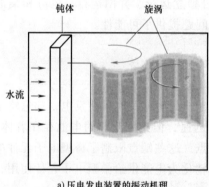

a) 压电发电装置的振动机理　　　　b) 类似鳗鱼的发电装置模型图

图 4-6　类似鳗鱼的压电发电装置

2013 年，文晟等人利用涡激振动的原理研制出一种压电薄膜谐振俘能器，该装置通过谐振腔使压电复合薄圆板与腔体的谐振频率一致，在 14m/s 的风速条件下，输出功率可达 13.6mW，此时最佳负载为 400kΩ。

2014 年，祝由通过改变风能发电装置的充电电路，改进了一种带谐振腔的风致振动压电能量发电装置，实验结果表明在风速为 14.2m/s 时对 680μF 电容器进行充电，最终设计的充电电路相比标准能量发电电路可以使电容器电压提高约 74%，电容器存储电能约增加 2 倍。

涡轮式风能发电装置通常结构比较复杂、体积较大、损耗较快，难以在微电子机械系统方向发展；风致振动式风能发电装置通常结构简单小巧，方便制作和实现，不需要转轴等结构，耐用性也随之提高。因此风致振动式的风能发电装置是目前国内外研究的热点，其中大部分装置使用了压电转化结构，将振动能量转化为电能。但对风致振动式风能发电装置来说，其发电功率较低，需要进一步改善其结构来提高输出功率。此外，由于风运动本身的复杂性，对于利用风致振动进行发电的研究目前绝大部分都处于起步阶段。

4.3　海洋能新能源材料

在地球上海洋占有 71%，而陆地则只有 29%，海洋蕴藏丰富的资源与能量，所以充分利用海洋的能量，是人类解决能源危机的一个很好的选择。

海洋能通常指蕴藏于海洋中的可再生能源，指海水本身含有的动能、势能和热能。从成因上来看，海洋能是在太阳能加热海水、太阳和月球对海水的引力、地球自转力等因素的影响下产生的，因而是一种取之不尽、用之不竭的可再生能源，而且开发海洋能不会产生废水、废气，也不会占用大片良田，更没有辐射污染。因此，海洋能被称为 21 世纪的绿色能源，被许多能源专家看好。

根据联合国教科文组织的估计数据，全世界理论上可再生的海洋能总量为 766 亿 kW，技术允许利用功率为 73 亿 kW。其中，潮汐能为 10 亿 kW，海洋波浪能为 10 亿 kW，海流能为 3 亿 kW，海洋热能为 20 亿 kW，海洋盐度差能为 30 亿 kW。

4.3.1　海洋能概述

1. 海洋能定义

海洋能是指海水自身所具有的动能、势能和热能。海洋能既不是指海水中所含有的化学物质所具有的能量，也不是指石油、天然气这样的海底能源。海洋通过各种物理过程接收能量并进行相应的储存或释放。海洋中能量的主要存在形式有潮汐能、潮流能、波浪能、海流能、海水盐差能和海水温差能。

2. 海洋能简述

海洋能通常是清洁、可再生的，其开发和利用对缓解能源危机和环境污染问题具有重要的意义。由于海洋环境恶劣，相比于其他可再生能源发电系统，如光伏发电、风力发电等，海洋能的发展相对滞后，但是随着技术进步和各国科技工作者的努力，海洋能发电技术有了重大突破。未来海洋能将成为人类社会能源结构的重要组成部分。

3. 海洋能的特征

相对于常规能源，海洋能的主要特征如下：①地球上蕴藏量巨大，具有可再生性；②相对密度低，能量分布不均匀；③能量变化有律可循；④环境污染小；⑤开发环境恶劣，单位装机造价高。

海洋能的蕴藏量非常大，总蕴藏量估计超过 78000GW，其中波浪能几乎达到了总蕴藏量的 7/8，潮汐能为 3000GW 左右，温差能约为 2000GW，海流能约为 1000GW，盐差能约为 1000GW。其中波浪能因其巨大的蕴藏量成为沿海各国开发和研究的重点。相比于潮汐发电技术，利用波浪能、盐差能、温差能等海洋能发电的技术还不成熟，目前仍处于研究试验阶段。同时，海洋能是可再生能源，其主要来源于天体间的万有引力和太阳辐射。在海洋能中，盐差能、温差能和海流能较为稳定；潮汐能与潮流能不稳定但有一定的变化规律，根据潮汐、潮流的变化规律，人们做出了有效的潮汐与潮流预报，预测未来各个时间的潮汐大小与潮流强弱；波浪能既不稳定又无规律。此外，海洋能也是洁净能源，在开发利用过程中其本身对环境影响很小。凭借这些优势，海洋能的有效利用引起越来越多专家的重视。当前，各国专家对怎样协调生态效益与经济效益还没有达成共识，因为许多大型工程都会在一定程度上对生态平衡造成影响。因此，如何协调生态效益与经济效益问题成为今后海洋能开发工作的重点。表 4-1 给出了各类海洋能的特性。

表 4-1　各类海洋能的特性

海洋能种类	形成原因	富集区域	能量大小	变化情况
潮汐能	太阳和月球的引潮力作用在地球表面的海水引起	45°～55°纬度北大陆沿岸	与港湾面积和潮差的二次方成正比	潮差和流速、流向以半日、半月为主周期变化
潮流能			与流量及流速的二次方成正比	
波浪能	海面上的空气流运动作用产生	北半球两大洋东侧	与波高的二次方以及波面面积成正比	随机周期性变化，周期范围 $100 \sim 101s$
海流能	海水温度、盐度分布不均引起的密度、压力梯度或海面上风的作用产生	北半球两大洋北侧	与流量及流速的二次方成正比	比较稳定
温差能	海洋表层和深层吸收的太阳辐射热量不同和大洋环流经向热量输送而产生	低纬度大洋	与具有足够温差海区的暖水量及温差成正比	相当稳定
盐差能	淡水向海水渗透形成的渗透压引起	大江河入海口附近	与渗透压和入海淡水量成正比	随入海量的季节和年际变化而变化

4. 海洋能的分类

1）潮汐能。潮汐能是指由于月球对地球的吸引，使得潮水平面或者海平面产生周期性的升降而产生的能量。其中，法国的朗斯潮汐电站是当前世界上最大的潮汐电站。

2）波浪能。波浪能是指海洋表面水流运动所产生的动能和势能，由于太阳能的不均匀分布导致地球上的空气流运动，进而在海面产生海流运动。其能量通常与波高的二次方、波动周期及波面面积成正比。波浪能是几种海洋能中最不稳定的，除用来发电外，它在淡化海水、制备氢气等方面也有重要的应用。

3）海流能。海流能主要以动能的形式反映海流运动时所产生的能量，其通常由潮汐运动引起的海水流动和海峡中相对稳定的海流运动产生。海流从上到下分为表层流、上层流、中层流、深层流和底层流。海流能的利用方式主要是发电，其原理和风力发电较为相似。中国沿海属于世界上海流能功率密度较大的地区之一，年平均功率理论值约为 $1.4 \times 10^7 kW$，沿海地区特别是舟山群岛，功率密度超过了 $20kW/m^2$。

4）温差能。海洋温差能是指由不同深度的海水之间存在的温度梯度所产生的能量，它是海洋能的一个重要组成部分。海水吸收太阳能后表层水温升高，形成深部海水与表层海水之间的温度差；太阳辐射热随纬度的水温变化而不同，低纬度的水温高，高纬度的水温相对较低，从而形成温度差。在法国物理学家阿松瓦尔和他的学生克劳德的探索和实践下，世界上第一座发电功率约为 10kW 的海水温差发电站已在古巴沿岸建造完成。

5）盐差能。海水盐差能是指不同盐度的水之间产生的化学势差能，主要以化学能的形式存在于海洋中，通常形成于河海的连接处。很多淡水资源丰富的盐湖和盐矿也蕴藏着盐差能。从美国、以色列到中国和瑞典，越来越多的国家进行了盐差能的研究。虽然盐差能当前还处于实验室研究阶段，但是其开发前景值得人们期待。

5. 海洋能的潜能

人类现阶段还不能把海洋能完全有效地利用起来，但海洋能理论可利用功率约为6400GW。海洋能的利用主要集中于能量较强的波浪能、海流能，盐差能和温差能的应用存在一定的限制。相比于常规能源，虽然海洋能的开发利用存在着许多问题，但其潜力巨大，在可再生资源中有着非常重要的地位。对于波浪能，在最丰富的海域、海岸线，平均功率为50kW/m，通常的也有 5~6kW/m。海水温差能、盐差能和海流能相对稳定，波动小且昼夜不断、受季节影响小。潮汐能、潮流能有较为恒定的周期性变化特征，可对其做准确预测来为人类服务，海洋能必将是未来能源结构的一个重要组成部分。

4.3.2 海洋能发电原理

1. 潮汐能发电技术原理

潮汐能发电的工作原理与常规水力发电的原理相同，它是利用潮水的涨落产生的水位差所具有的势能来发电，也就是把海水涨落潮的能量变为机械能，再把机械能转变为电能的过程。具体地说，就是在有条件的海湾或感潮河口建筑堤坝、闸门和厂房，将海湾（或河口）与外海隔开，围成水库，并在坝中或坝旁安装水轮发电机组，对水闸适当地进行启闭调节，使水库内水位的变化滞后于海面的变化，水库水位与外海潮位就会形成一定的潮差（即工作水头），从而可驱动水轮发电机组发电。从能量的角度来看，就是利用海水的势能和动能，通过水轮发电机组转化为电能的过程。潮汐能的能量与潮量及潮差成正比，或者说与潮差的二次方及水库的面积成正比。潮汐能的能量密度较低，相当于微水头发电的水平。潮汐发电原理示意图如图 4-7 所示。

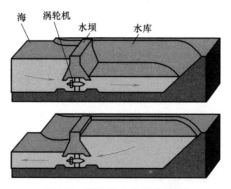

图 4-7 潮汐发电原理示意图

由于潮水的流向与河水的流向不同，它是不断变换方向的，因此潮汐电站按照运行方式及设备要求的不同，而出现了不同的形式，大体上可以分为以下 3 类。

1）单库单向式电站。只修建一座堤坝和一个水库，涨潮时开启闸门，使海水充满水库，平潮时关闭闸门，待落潮后水库水位与外海潮位形成一定的潮差时发电；或者利用涨潮时水流由外海流向水库时发电，落潮后再开闸泄水。这种发电方式的优点是设备结构简单，缺点是不能连续发电（仅在落潮或涨潮时发电）。

2）单库双向式电站。仅修建一个水库，但是由于采用了一定的水工布置形式，利用两套单向阀门控制两条引水管，在涨潮或落潮时，海水分别从不同的引水管道进入水轮机；或者采用双向水轮发电机组，因此电站既可在涨潮时发电，也能在落潮时发电，只是在水库内外水位基本相同的平潮时才不能发电。我国于1980年建成投产的浙江江厦潮汐试验电站就属于这种形式。

3）多库联程式电站。在有条件的海湾或河口，修建两个或多个水力相连的水岸，其中一个作为高水库，仅在高潮位时与外海相通；其余为低水库，仅在低潮位时与外海相通。水库之间始终保持一定的水头，水轮发电机组位于两个水库之间的隔坝内，可保证其能连续不断地发电。这种发电方式，其优点是能够连续不断地发电，缺点是投资大，工作水头低。我国初步议论中的长江口北支流潮汐电站就属于这种形式。

2. 波浪能发电原理

波浪的运动轨迹呈圆周或椭圆。经矢量分解，波浪能由波的动能和波的位能两大部分叠加而成。现代发电装置的发电机理无外乎两种基本转换环节，通过两次能量转化最终实现终端利用。目前，波力转换电效率最高可达70%。

1）首轮转换。首轮转换是一次能量转化的发源环节，以便将波浪能转换成装置机械能。其利用形式有活动型（款式有鸭式、筏式、蚌式、浮子式）、振荡水柱型（款式有鲸式、浮标式、岸坡式）、水流型（款式有收缩水槽、推板式、环礁式）、压力型（款式有柔性袋等）四种，均采取装置中浮置式波能转换器（受能体）或固定式波能转换器（固定体）与海浪水体相接触，引发波力直接输送。其中鸭式活动型采用油压传动绕轴摇摆，转换效率达90%。而使用最广的是振荡水柱型，采用空气做介质，利用吸气和排气进行空气压缩运动，使发电机旋转做功。水流型和压力型可将海水作为直接载体，经设置室或流道将海水以位能形式蓄能。活动型和振荡水柱型大多靠柔性材料制成空腔，经波浪振荡运动传动。

2）中间转换。中间转换是将首轮转换与最终转换连接沟通，促使海水机械能经特殊装置处理达到稳向、稳速和加速、能量传输，推动发电机组。

中间转换的种类有机械式、水动式、气动式三种，分别经机械部件、液压装置和空气单体加强能量输送。目前较先进的是气压式，它借用波水做活塞，构筑空腔产生限流高密气流，使涡轮高速旋转，功率可控性很强。

3）最终转换。最终转换多为机械能转化为电能，全面实现波浪发电。这种转换基本上采用常规发电技术，但用作波浪发电的发电机，必须适应变化幅度较大的工况。一般小功率的波浪发电采用整流输入蓄电池的方式，较大功率的波力发电与陆地电网并联调负。

3. 海流能发电原理

海流能是海水流动所具有的动能。海流是海水朝着一个方向经常不断地流动的现象。海流有表层流，表层流以下有上层流、中层流、深层流和底层流。海流流径长短不一，可达数百米，乃至上万千米。流量也不一，海流的一般流速是0.5~1海里/小时，流速高的可达3~4海里/小时。著名的黑潮宽度达80~100km，厚度达300~400m，流量可超过世界所有河流总量的20倍。海流发电与常规能源发电相比，具有以下特点。

1）能量密度低，但总蕴藏量大，可以再生。潮流的流速最大值在我国约为40m/s，相当于水力发电的水头仅 0.5m，故能量转换装置的尺度要大。

2）能量随时间、空间变化，但有规律可循，可以提前预报。潮流能是因地而异的，有的地方流速大，有的地方流速小，同一地点表、中、底层的流速也不相同。潮流流速流向的变化使潮流发电输出功率存在不稳定性、不连续性。但潮流的地理分布变化可以通过海洋调查研究掌握其规律，目前国内外海洋科学研究已能对潮流流速做出准确的预报。

3）开发环境严酷、投资大、单位装机造价高，但不污染环境、不用农田、无须迁移人口。由于在海洋环境中建造的潮流发电装置要抵御狂风、巨浪、暴潮的袭击，装置设备要经受海水的腐蚀、海生物附着的破坏，加之潮流能量密度低。所以要求潮流发电装置设备庞大、材料强度高、防腐性能好，由于设计施工技术复杂，故一次性投资大，单位装机造价高。潮流发电装置建在海底或系于海水中或泊于海面上，既不占农田又无须建坝，无须迁移人口，也不会影响交通航道。

4. 海水温差能发电

海水温差能发电是指利用海水表层与深层之间的温差能发电，海水表层和底层之间形成的20℃温度差可使低沸点的工作介质通过蒸发及冷凝的热力过程（如用氨作为工作介质），从而推动汽轮机发电。按循环方式温差发电可分为开式循环系统、闭式循环系统、混合循环系统和外压循环系统。按发电站的位置，温差发电可分为海岸式海水温差发电站、海洋式海水温差发电站、冰洋发电站。

由于该类能源随时可取，并且还具有海水淡化、水产养殖等综合效益，被国际社会公认为是最具有开发潜力的海水资源，已受到有关国家的高度重视，部分技术已达到了商业化的程度，美国和日本已建成了几座该类能源的发电厂，而我国和荷兰、瑞典、英国、法国、加拿大都已有开发该类发电厂的计划。

海洋温差发电根据所用工质及流程的不同，一般可分为开式循环系统、闭式循环系统和混合循环系统。海水温差发电原理图如图 4-8 所示。

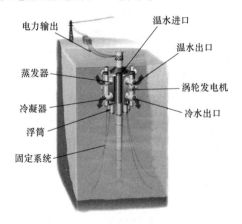

图 4-8　海水温差发电原理图

1）开式循环系统。开式循环系统以表层的温海水作为工作介质。真空泵将系统内抽到一定真空，温水泵把温海水抽入蒸发器，由于系统内已保持有一定的真空度，所以温海水就在蒸发器内沸腾蒸发变为蒸汽，蒸汽经管道喷出，推动蒸汽轮机运转，带动发电机发电。蒸汽通过汽轮机后，又被冷水泵抽上来的深海冷水冷却而凝结成淡化水。由于只有不到 0.5%

的温海水变为蒸汽，因此必须泵送大量的温海水，以便产生出足够的蒸汽来推动巨大的低压汽轮机，这就使得开式循环系统的净发电能力受到了限制。

2）闭式循环系统。闭式循环系统以一些低沸点的物质（如丙烷、异丁烷、氨等）作为工作介质。系统工作时，表层温海水通过热交换器把热量传递给低沸点的工作介质，例如氨水，氨水从温海水吸收足够的热量后开始沸腾，变为氨气，氨气经过管道推动汽轮发电机，深层冷海水在冷凝器中使氨气冷凝、液化，用氨泵把液态氨重新压进蒸发器，以供循环使用。闭式循环系统能使发电量达到工业规模，但其缺点是蒸发器和冷凝器采用表面式换热器，导致这一部分不仅体积庞大，而且耗资昂贵。此外，闭式循环系统不能产生淡水。

3）混合循环系统。混合循环系统也是以低沸点的物质作为工作介质。用温海水的低压蒸汽来加热低沸点工质，这样做的好处在于既能产生新鲜的淡水，又可减少蒸发器的体积，节省材料，便于维护，从而成为温差发电的新方向。

4.3.3　压电效应用于海洋能发电

压电效应分为正压电效应和逆压电效应。某些介质在力的作用下，产生形变，引起介质表面带电，这是正压电效应。反之，若施加激励电场，介质将产生机械变形，称为逆压电效应。压电发电机正是利用了正压电效应。因为压电陶瓷发电需要工作于高频率振动情况下，一般设计为悬臂梁结构。Muray 和 Rasteger 设计了基于波浪能的压电能量获取装置，该装置通过浮漂系统和悬臂梁结构将低频波浪振动转化成压电系统高频振动。谢涛等人对多悬臂梁压电振子频率进行了分析，表明多悬臂梁可以有效地拓宽谐振频带，更好地与外界振动相匹配，从而提高压电发电效率。

1. 振动能量收集现状

宾夕法尼亚州立大学研制的铙钹型换能器属于典型的夹心式压电俘能器，据测量，该装置在 70N 的交变力载荷作用下能够产生 52mW 功率的能量。

美国的 Lei Gu 开发了一种在低频环境中振动的压电俘能器，该俘能器采用了 ABS 塑料作为悬臂梁，梁的末端放一质量块，装置的另一端固定有两片压电陶瓷片，质量块在悬臂梁中间位置。质量块随着环境的振动而上、下振动，并与压电陶瓷片发生碰撞，引起压电陶瓷片产生形变，由于压电材料正压电效应的作用产生电能。

Sheng Wang 等人开发出一种简易的鼓型换能器，该装置主要由中间的钢铁圆环和上、下两面的压电陶瓷片构成，用来收集环境中振动产生的能量。据测量，该装置在共振状态下能够产生 11mW 的电能。

2. 柔性压电俘能研究现状

2001 年，Talor 最先提出了一种柔性压电俘能装置，原理是利用了柔性压电材料的压电效应，其工作过程是柔性压电材料随着水流的流动产生形变，进而发生振动，发生压电效应，产生电压。最后通过外接电路将电能收集储存，既可以为河道的微电子传感器供电，又可以直接用于其他装置的耗电。

Pobering 等发明了一种水下俘能装置。装置主要是利用流体的卡门涡街效应，在钝体后产生旋涡的脱落，带动柔性压电片聚偏氟乙烯 PVDF 摆动发电，据实验测量，装置的转换效率为 0.7%~2%，最后能够得到 11~32W/m^3 的电能输出。

对比柔性压电片在钝体不同位置处的发电能力，其机电转换效率非常低，仅有0.0035%的能量被转化为了电能。为了提高俘能效率，设想在之前装置的基础上增加类似鱼鳍物装置（图4-6）来增大柔性压电片的摆动幅度，鱼鳍装置能够使柔性压电片摆动幅值增大，在流体流速为2~5m/s的情况下，鱼鳍能够不断适应外界频率产生共振，俘能的效率大大提高。

压电发电机需要工作于高频率振动，而波浪能频率低，如何设计装置将低频的波浪能转化为压电系统所需的高频振动是一大难点，也制约着压电式波浪能发电的进一步发展。

4.4 用于风能和海洋能收集与转换的纳米发电机

压电式纳米发电机依赖于材料本身的压电效应，因此压电材料的选择是压电式纳米发电机性能的重要支撑，同时由于压电式纳米发电机工作时受环境影响较小，使用寿命较长，输出相对稳定等优点得到广大研究人员的关注。

压电式纳米发电机是一种利用压电效应实现机械能-电能转换的器件，可以将环境中各类形式的机械能转换成电能，具有结构简单、体积小和受外界环境影响小的优点，因此受到很多能源采集技术研究者的青睐。压电纳米发电机有着广泛的用途，通过对压电材料改性和转换效率的提升，实现了将收集的能量驱动小型商业电子器件和无线传输设备等实质性的应用效果，为能源自供电系统的构建提供新方法和新途径。目前，大部分带有高压电系数的压电材料都为硬脆材料，多用于振动形式表现出来的环境机械能（车辆发动机、桥梁和轨道交通等）。然而，微电子系统的实际工作环境中充斥着多种复杂形式的可转化机械能，需要能源采集器件在受到压力、弯曲、拉伸和压缩等应变激励时都能产生力电响应，这需要压电纳米发电机具有良好的柔性和延展性，能够对形式多样化的机械能实现高效拾取。

4.4.1 压电纳米发电机简介

扫码看视频

压电纳米发电机是依靠压电材料的正压电效应实现的，在绝缘的压电材料顶部和底部覆盖两个电极，利用压电极化电荷和所产生的随时间变化的电场来驱动电子在外电路中的流动。压电材料中的电偶极子是沿着上、下电极方向排列的，在垂直器件方向上施加机械形变，则压电材料产生压电极化电荷，产生的电场会吸引/排斥上、下电极中的电子，连接外部负载电路时，电子会从一端电极流向另一端电极；当撤销外部机械作用力后，由压电极化电荷产生的电场就会消失，电子则会通过外接负载向相反的方向流动。这个过程是将机械能转换成电能的过程，这也是压电纳米发电机的工作原理，如图4-9所示。

压电纳米发电机在压电应用系统中按照工作模式来划分主要包含 d_{31} 模式、d_{33} 模式和 d_{15} 模式。d_{31} 模式是压电材料受到的作用力与极化电场方向垂直，即1方向是产生耦合电场方向，3方向是施加力的方向；d_{33} 模式是压电材料受到的作用力与极化电场方向都是沿着3方向；d_{15} 模式是压电材料受到的剪切作用力时，能够在压电材料两个表面产生极化电荷。从理论上来看，d_{15} 工作模式下的压电纳米发电机产生的机电转换效率是最高的，然而在工作应用环境中很难得到 d_{15} 的剪切作用力，因此目前压电纳米发电机主要采用 d_{31} 和 d_{33} 两种工作模式。

在 d_{31} 模式下，压电纳米发电机的电极为平板式电极，器件结构多数为三明治结构，制

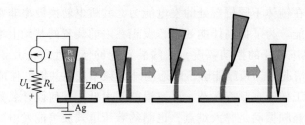

a) 工作过程

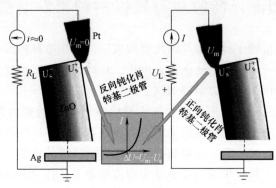

b) 工作原理

图 4-9 基于原子力显微镜和氧化锌纳米线阵列的纳米发电机工作过程和工作原理

备工艺简单,是在与应力应变相垂直的方向上产生电压、收集电荷,d_{31} 模式下的压电纳米发电机的开路电压和产生的输出电荷为

$$U_{31} = \sigma_1 g_{31} H \tag{4-13}$$

$$Q_{31} = -\sigma_1 A_{31} d_{31} \tag{4-14}$$

式中,H 为压电层的厚度;σ_1 为 1 方向的应力;g_{31} 为应变常数;A_{31} 为电极有效面积;d_{31} 为压电常数。

在 d_{33} 模式下,压电纳米发电机的电极为表面叉指电极,是在与应力/应变相平行的方向上实现电荷的积累与收集,通过调节表面叉指电极间距 L,产生的输出电压具有大幅度的提升,d_{33} 模式下的压电纳米发电机的开路电压和产生的输出电荷为

$$U_{33} = \sigma_3 g_{33} L \tag{4-15}$$

$$Q_{33} = -\sigma_3 A_{33} d_{33} \tag{4-16}$$

式中,L 为电极叉指间距;σ_3 为 3 方向的应力;g_{33} 为应变常数;A_{33} 为电极有效面积;d_{33} 为压电常数。

从公式可以看出,压电纳米发电机的输出电压与应力、压电常数和厚度/叉指间距成正比,输出电荷与应力、应变系数和有效面积成正比。从输出电压角度来看,在相同应力下,$g_{33} > g_{31}$,叉指间距 L 大于厚度 H,因此与 d_{31} 模式相比,d_{33} 模式具有更大的输出电压。从输出电荷的角度来看,$d_{33} > d_{31}$,然而 d_{31} 模式下的平行板电极的有效面积要大于 d_{33} 模式下,因此 d_{31} 模式在输出电荷密度上具有优势,同时,d_{33} 模式下的等效内阻是很大的,在收集能量的过程中产生损耗,会严重影响器件的输出功率。

1. 第一代纳米发电机

压电纳米发电机(Piezoelectric Nanogenerator,PNG)最早于 2006 年由王中林等提出,

该研究利用压电材料的正压电效应将机械能转化为电能，实现了微纳尺度级别上供电系统的制造。原子力显微镜 AFM 探针施加的力（机械能）作用于氧化锌纳米线上，将会使氧化锌纳米线发生弯曲，这种形变使得 ZnO 内部的 Zn^{2+} 和 O^{2-} 发生偏移从而不在中心重合，进而产生了压电电势，压电电势驱动电子通过探针流出（电能），从而实现了从机械能到电能这一过程的转换。第一代压电纳米发电机的发明为自发电式纳米器件奠定了坚实的基础。

2. 直流压电纳米发电机

压电纳米发电机的体型微小是一个优点，它作为纳米供电设备实际上也要求它本身具有体型小、便于携带的特点。所以第一代压电纳米发电机使用原子力显微镜 AFM 探针输入机械能的设计显得比较笨重。在 2007 年，Wang 等人发明了一种使用超声波驱动的直流纳米发电机，该纳米发电机的制作是将垂直排列的氧化锌纳米线放置在锯齿形金属电极下，中间隔着一个小小的间隙。通过超声波驱动使得电极上下弯曲，从而使纳米线不断振动，压电半导体的耦合过程使机械能转化为电能。相比第一代纳米发电机，这种纳米发电机适应性更强、可移动、成本更低，并且提供了能够从环境中获取能源的技术，同时也证明了压电纳米发电机将环境中各种不同形式能量转化为电信号的可能性。

3. 交流压电纳米发电机

2009 年，Yang 等人制备了一种交流式的纳米发电机。ZnO 纳米线被封装在柔性基底上，纳米线两端牢牢地连接在基底两端金属电极上，因此不涉及滑动接触。基底的机械弯曲，反复拉伸将会产生相应的压电电势，驱动电子流到外部负载上，直到产生平衡的压电电势。当基底的弯曲形变消失后，压电电势消失，积聚的电子又以相反的方向流过外部负载，形成反向的电流。基底形变不断地发生并且恢复，会不断地产生正向电流和反向电流。这种压电纳米发电机减少了纳米线和电极的直接摩擦，延长了该压电纳米发电机的使用寿命，并且在输出稳定性、机械稳定性、环境适应性方面有所提高。

4. 具备柔性的纳米发电机

第一代压电纳米发电机出现以后，压电纳米发电机的进展不断。由于近些年来柔性电子器件在可穿戴、可植入电子器件等方面得到了广泛应用，它们被开发应用于环境监测、医疗植入、工艺安全、个人电子产品等。这使得柔性成为纳米发电机的设计趋势之一，具备柔性的纳米发电机也能对环境中较为复杂的机械作用如弯曲、拉伸等产生良好的响应并产生电能。柔性电子器件以灵活性、便携式和智能化等优势，在健康医疗、航空航天、活动追踪和单兵系统研究中占据重要地位。依靠传统电池供电方式已经难以满足柔性电子器件日益多样化的需求，开发具有全柔性、低成本、可靠性和持久性的新型供能器件成为当前迫切需要解决的问题。近年来，得益于压电效应的能源采集技术发展和提高，借助于材料改性和结构设计的柔性压电纳米发电机已经取得了一定的研究进展。目前，压电纳米发电机实现柔性化的手段主要包含柔性衬底转移技术、纳米线生长技术、静电纺丝技术和压电复合材料制备技术等。

4.4.2　压电半导体基压电式纳米发电机

自从十多年前具有里程碑意义的 ZnO 纳米线纳米发电机问世以来，压电半导体在从周围环境中获取机械能并将其转化为电能，为电子和光电纳米器件提供动力方面受到了极大关注。其中应用较多的是一些纤锌矿晶体结构的半导体材料，如 ZnO、ZnS、CdS、GaN 等，由于其机电耦合系数较大，同时兼有半导体、光电性能和压电性质，是制备压电纳米器件的合适材料。如图 4-10 为溶胶-凝胶自旋涂法所制备出的掺 Cu 的 ZnO 基纳米发电机。

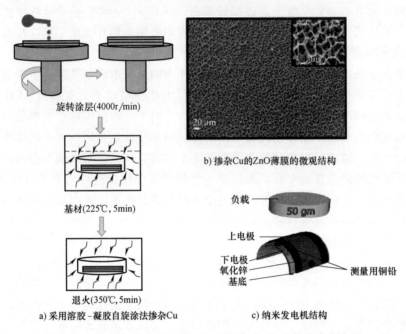

旋转涂层(4000r/min)

基材(225℃, 5min)

退火(350℃, 5min)

a) 采用溶胶–凝胶自旋涂法掺杂Cu

b) 掺杂Cu的ZnO薄膜的微观结构

负载
50 gm

上电极
下电极
氧化锌
基底
测量用铜铅

c) 纳米发电机结构

图 4-10　溶胶-凝胶自旋涂法制备出的掺 CuZnO 基纳米发电机

1. 一维氧化锌纳米线

ZnO 具有丰富的纳米结构形态，如量子点、纳米花、纳米管、纳米带、纳米环、纳米梳、纳米线等。制备一维 ZnO 纳米材料的方法很多，主要有化学气相沉积（CVD）法、水热法、溶胶凝胶法、电化学沉积法、化学浴沉积法、模板法、脉冲激光沉积（PLD）法和热喷雾分解（SP）法等。下面介绍几种最常用来制备一维 ZnO 纳米材料的方法。

（1）化学气相沉积法　化学气相沉积（Chemical Vapor Deposition，CVD）法制备一维 ZnO 纳米材料，是使用 Zn 粉或 ZnO 粉或者 Zn 的化合物作为 Zn 源，经过高温加热让 Zn 源升华，然后通过适当的气体把 Zn 源输运至衬底上，Zn 源经过化学反应在衬底上成核、生长、长大，最终形成一维纳米结构。CVD 主要使用的设备是可控气氛管式炉。利用化学气相沉积，可以制得直径为 40~300nm，长几十微米的纳米线。唐斌等在硅衬底上，以高纯 ZnO 粉为 Zn 源、氩气为载气，采用化学气相沉积法在 450℃ 生长出直径为 100nm、平均长度为 4μm 的 ZnO 纳米线。

（2）水热法　水热法通常是指温度为 80~400℃、压强为 1MPa~1GPa，利用水溶液中的化学反应生长纳米材料的方法，反应一般在高压反应釜中进行。水热法制备一维纳米 ZnO 材料，一般采用六水合硝酸锌和六亚甲基四胺按照物质的量之比为 1∶1 配成不同浓度的水溶液，将溶液和衬底装于高压釜中，在 95℃ 恒温箱内放置几个小时，衬底取出后清理干净、烘干，即可在衬底上得到 ZnO 纳米线。通过调节反应时间和溶液的 pH 值、浓度等可以制备出不同直径和长度的 ZnO 纳米线。这种方法由于操作简单而一直被人们所采用，在此基础上也进行了一定的完善与改进。为了得到不同形貌的 ZnO 纳米结构，可以在溶液中添加不同的表面活性剂，例如十二烷基苯磺酸钠（Sodium Dodecyl Benzene Sulfonate，SDBS）、聚乙烯吡咯烷酮（Polyvinyl Pyrolidone，PVP）、十六烷三甲基溴化铵（Hexadecyl Trimethyl Ammonium Bromide，CTAB）等。

（3）电化学沉积法　电化学沉积法主要是添加了电场的辅助，把导电的衬底作为工作电极，再加上辅助电极和参比电极，在工作电极施加上一定的电压，使 Zn 离子迁移到衬底上发生氧化还原反应而生长出一维 ZnO 纳米材料。电化学沉积法在常温下就可以进行而且不需要种子层，简化了制备过程。通过调节溶液浓度、反应温度及电流密度等参数，可以实现对一维 ZnO 纳米材料的晶粒尺寸、生长速度和表面形貌的控制。C. Yilmaz 等人以氧化铟锡（ITO）为衬底，在 130℃ 下采用电化学沉积法，通过控制 $Zn(NO_3)_2$ 的浓度，制备出了直径为 $100nm \sim 1\mu m$ 和长度为 $4 \sim 10\mu m$ 的 ZnO 纳米线。同时，该方法可以在溶液中添加不同的离子来实现对一维 ZnO 纳米材料的掺杂。

（4）化学浴沉积法　化学浴沉积（Chemical Bath Deposition，CBD）法与水热法的反应原理基本相同，是一种改进的水热法，两者的区别在于，化学浴沉积法不需要高压环境，合成温度更低。制备一维 ZnO 纳米材料一般以硝酸锌 $[Zn(NO_3)_2]$ 六亚甲基四胺（$C_6H_2N_4$）和表面活性剂的水溶液为反应体系。潘景伟等采用化学浴沉积法在有 ZnO 薄膜种子层的 Si 衬底上生长出垂直于衬底有序排列的 ZnO 纳米线阵列膜。化学浴沉积（CBD）法是一种简单便宜的方法，无需复杂昂贵的真空设备，而且易于控制 ZnO 的形貌，对于今后大规模产业化生产具有重要的意义。

（5）热喷雾分解法　热喷雾分解（Spray Pyrolysis，SP）法是将含 Zn^{2+} 的前驱体溶液先雾化，再由载气输送至加热的衬底表面上发生热分解反应，生成所需的一维 ZnO 纳米材料。2007 年 T. Dedova 等人首次用热喷雾分解法制备出 ZnO 纳米线，以 $ZnCl_2$ 溶液为前驱体溶液，在不同晶粒尺寸的 ITO 导电玻璃上制备出直径约为 150nm 和长度约为 $1\mu m$ 的 ZnO 纳米线，后来 T. Dedova 又进一步研究了 pH 值、沉积温度和不同溶剂对 ZnO 纳米线的形貌和电学性能的影响。热喷雾分解法结合了气相沉积法和液相沉积法的优点，可以生长出结晶质量较好的 ZnO 纳米线，但是工艺较为烦琐，所以目前相关的研究相对较少。

2. 一维氮化镓纳米材料

GaN 材料因其具有优异的光电性能及良好的化学及热力学稳定性，受到了广泛关注。一维氮化镓纳米线呈现出柱状形态，同时在二维方向上对电子、空穴及光子具有限制作用，使其在纳米光电器件的模块构建上得到了广泛应用。一维 GaN 纳米材料的长径比和比表面积高，有利于增强其光催化活性。与异质外延生长的 GaN 薄膜相比，薄膜中由于晶格失配会产生高的位错密度，而 GaN 纳米线则由于接触面积小而容易释放应力，这极大地降低了纳米线的内部缺陷密度，使其相应的光电子器件的效率更高且使用寿命更长。另外 GaN 纳米棒阵列还可用于制造柔性器件，K. Chung 等在石墨烯膜上生长了一层 GaN 纳米棒，并且成功制备成垂直结构的柔性 LED 器件。GaN 纳米线还具有优异的电子传输特性，可应用于太阳能电池并使其能量转换效率得到提高。除此之外，GaN 纳米线还可能实现在低成本衬底上制造复杂半导体光电子器件，同时 GaN 纳米线可以在多种基底上生长，因而可作为集成互补金属氧化物半导体（Complementary Metal Oxide Semiconductor，CMOS）的备选材料。

目前，已有多种方法用于制备一维 GaN 纳米线，主要包括金属有机气相沉积（Metal Organic Chemical Vapor Deposition，MOCVD）法、分子束外延（Molecular Beam Epitaxy，

MBE）法、化学气相沉积（CVD）法，以及模板法，同时基于一维 GaN 纳米线的光电子器件研究目前也如火如荼，主要是利用其一维 GaN 的异质结构来制备光电子器件，其应用领域广泛，包括微腔激光器、光电探测器、LED、太阳能电池、化学和气体传感器、导波管和非线性光学转换器等。

（1）MOCVD 法　MOCVD 法是在气相外延生长的基础上发展起来的一种新型外延生长技术。T. Kuykendall 等首次通过 MOCVD 法合成了高质量的单晶 GaN 纳米线。以三甲基镓（TMGa）和 NH_3 分别作为镓源和氮源，H_2 作为载气，在 Si、a 面蓝宝石和 c 面蓝宝石衬底上，以 Au、Fe 和 Ni 为催化剂，通过气液固生长机理（VLS 机理）生长出 GaN 纳米线。其结果观察到 GaN 纳米线直径为 15~200nm。TEM 结果显示，GaN 纳米线基本上沿 [210] 或 [110] 方向进行取向生长，在 [210] 晶向的纳米线中发现有三角形截面。通过 MOCVD 法研究了生长温度对于 GaN 纳米线结晶性及表面形态的影响，以硅烷作为 n 型掺杂剂，在蓝宝石衬底上采用低温（775℃）和高温（950℃）分别生长 GaN 纳米线。结果发现高温下生长的 GaN 纳米线具有更好的形态，其长度均一性好、表面平滑、具有三角形截面、直径为 100~300nm。其晶体结构为单晶纤锌矿，沿着取向生长。

随着研究的发展，柔性衬底的市场需求越来越大。石墨烯由于具有柔韧性和透明性好、价格便宜等优点，被用作柔性衬底开始便引起了人们极大的关注。采用 MOCVD 法在石墨烯衬底上生长 GaN 纳米线，同样需要 Ni 作为催化剂，通过 VLS 机理生长单晶 GaN 纳米线。其具体步骤是先将石墨烯转移到 SiO_2/Si 衬底上，然后在其上覆盖厚度为 0.5~2nm 的 Ni 薄层，经过加热退火形成 Ni 液滴，最后以 TMGa、NH_3 分别为镓源和氮源生长 GaN 纳米线。纳米线直径为 50nm，纳米线密度为 $5×10^9~7×10^9 cm^{-2}$。镍层的厚度会影响 GaN 纳米线形貌，其最优厚度为 2nm。此石墨烯上的 GaN 纳米线可应用于光催化器件，首先在大面积石墨烯薄膜上使用 Ni 催化剂生长 GaN 纳米线，之后将纳米线层转移到处理过的 PET 基材上。为了解决纳米线与衬底之间的失配问题，在石墨烯上预沉积 GaN 缓冲层，生长出均匀性好且覆盖整个石墨烯的 GaN 纳米棒，其面密度为 $10^7 cm^{-2}$，纳米线顶端呈六边形，并垂直排列于衬底上。这相对于直接在石墨烯上生长的 GaN 纳米线，其排列更加整齐。

（2）MBE 法　尽管目前基本上是通过 VLS 机理生长半导体纳米线，但是 MBE 法却能通过调整晶体表面热力学驱动力和晶面黏着系数等，直接无催化生长 GaN 纳米线。MBE 法生长 GaN 纳米线，是一种利用自组织现象致使纳米线进行自诱导生长的方式。自诱导生长方式使得纳米线摆脱张力的束缚，直接在衬底上外延生长，其纳米线中无缺陷延伸，光致发光强度高，结晶较好，但纳米线会产生倾斜、扭曲生长，这主要是由 Si-N 非晶界面层造成的。在洁净的 MBE 室中反应，纳米线杂质浓度极低，具有优越的显微结构和光学特性。在 830℃、超高压 N_2 条件下，因为 GaN（0001）面的黏着系数高于（1100）面，所以纳米线会自发形核和生长，研究组指出，当 GaN 纳米线顶端的黏着系数大于侧壁时，Ga 原子会更多地撞击纳米线顶端生长，生长的纳米线直径约为 500nm，表现出垂直密集生长的特性。但在这种条件下，Ga 液滴不稳定，不能作为纳米线生长的催化位点，这也解释了为什么在 MBE 室中没有观察到 Ga 液滴。

采用频射等离子体分子束外延（PAMBE）法在 Si（111）基底上无催化生长 GaN 纳米线。其纳米柱与衬底间的外延生长关系为 GaN [0001]/Si（111），但有部分倾斜。基底温度极大地影响纳米线的形核时间，温度越高其形核时间越长。GaN 纳米线能通过伪共晶生长，晶格失配小，位错密度低，结晶质量和荧光效率高。虽然 MBE 法能生长纳米线，但生长机制尤其是形核中存在许多不定因素。K. A. Bertness 研究组采用气源 MBE 法，在 Si（111）基底上无催化生长 GaN 纳米线。生长的 GaN 纳米线横截面为六边形，直径为 50～150nm，长约 2μm。GaN 纳米柱在基底上垂直生长，其室温发光强度高，晶体质量很高，缺陷少。

使用 MBE 法生长 GaN 纳米线并通过 CVD 在其上涂覆石墨烯，石墨烯成功转移到 GaN 表面上，对石墨烯的损害很小。与原始的 GaN 纳米线相比，石墨烯氮化镓复合材料（Gr/GaN NW）的光电流密度显示出 2 倍的增长，并且持续的水分解长达 70min。GaN 和石墨烯之间形成的异质结促进了 GaN 纳米线之间的电子转移，并与石墨烯活性位上的质子反应，抑制了载流子的复合。用石墨烯覆盖 GaN 表面也促进了 GaN 纳米线之间的电子转移，同时保护其表面不被电解质腐蚀。

（3）模板法 模板法一般先用刻蚀等方法制备模板，并将其放在原料上方加热，气源通过模板的通道相互反应生成纳米材料，最后除去模板获得 GaN 纳米材料。早期的模板法非常简单，得到的 GaN 纳米线直径也较均匀，不足之处是 GaN 是无定形态。采用阳极氧化铝（Anodic Aluminium Oxide，AAO）膜做模板在 1000℃ 下利用纳米 In 颗粒做催化剂，Ga_2O 的气体通过 AAO 蜂窝结构中的纳米通道反应 2h，合成了长为 40～50μm、直径为 20nm 的单晶 GaN 纳米线。该 GaN 纳米线高度有序，在可见光范围内有强荧光发射。P. D. Yang 先在蓝宝石晶圆上采用 MOCVD 法沉积 ZnO 纳米线（110）阵列，利用此 ZnO 阵列做模板沉积 GaN，然后在 600℃ 下利用 H_2 和 Ar_2 的混合气除去 ZnO 模板，最后得到了内径为 30～200nm、壁厚为 5～20nm 的空心 GaN 纳米管。相比之前的研究，P. D. Yang 合成的单晶且空心 GaN 纳米管将有利于纳米光电子器件与生化传感器的应用，且空心 GaN 纳米管中残留的 ZnO 成分极少，克服了模板污染的缺点，并且此法也适用于其他半导体材料。

利用 SiO_2 纳米棒阵列做模板在蓝宝石衬底上制备出了低位错密度的 GaN 纳米棒。首先采用 MOCVD 在衬底上沉积 200nm 厚的 SiO_2，接着蒸镀一层 10nm 的 Ni，经快速退火得到自组装 Ni 团簇，然后自组装 Ni 团簇作为蚀刻掩模，采用离子蚀刻法得到 SiO_2 阵列，最后采用 MOCVD 来生长 GaN 纳米棒。TEM 结果表明，二氧化硅纳米棒之间的空隙和 GaN 横向外延生长法能引入堆垛层错，有效地减少穿透位错密度，并且在此基础上所制造的 LED 器件，其输出功率和外部量子效率相比常规 LED 分别提高了 52% 和 56%。

（4）CVD 法 CVD 法具有仪器简单、操作简便、制备成本低等优点。CVD 法一般将衬底放置在石英管的下游，金属反应源放置在上游，并通入 NH_3 作为反应气体，待石英管反应炉升温，保温一段时间使 GaN 成核、生长，通过控制气压、气体流速、生长温度及生长时间等参数来调节纳米线的形貌。目前 CVD 法主要有使用催化剂和无催化直接生长法。催化剂有利于 GaN 纳米线的成核和生长，但会引入催化剂颗粒杂质，从而影响器件性能；而无催化直接反应生长，其纳米线形貌不易控制，且难以得到高质量和形貌一致的纳米线。目前广泛采用 Ni、Au、In 等金属颗粒作为催化剂来辅助生长，通过 VLS 生长机理来合成纳米线。以 In 纳米颗粒作为催化剂合成 GaN 纳米线，在合成 GaN 纳米线的后半部分，通过掺入 Mg 而形成具有 P-N 结的纳米线，在 2.6K 的条件下显示出了优异的整流特性。以氧化镓和二氧化锰作为反应源，以 Au 纳米颗粒作为催化剂，在 Si（100）衬底上合成了锯齿状的 GaN 纳米线。通过 SEM 观察，单晶六方纤锌矿结构 GaN 纳米线浓密、均匀地覆盖在 Si 衬底表面，而且并没有引入 Mn 杂质。

用金属镓和氨气在 850～900℃反应，合成了大尺寸的六方纤锌矿 GaN 纳米线和纳米管，其长度大约为 500μm，直径为 26～100nm，纳米线的尺寸主要受反应温度和通入氨气流速的影响。用 CVD 法通过自催化来生长 GaN 纳米线，研究了在不同反应压力下生长出纳米线的形貌差别。在大气压下通过气液固生长机理（V-L-S 机理）生长的纳米线杂乱无章地缠绕在一块，直径为 80nm，而在 200Torr（1Torr = 133.322Pa）下通过气固生长机理（V-S 机理）生长的纳米线为准阵列形貌，平均直径为 160nm。通过无催化剂 CVD 法制备 GaN 纳米线，如何控制纳米线的形貌及其生长机理如何将会是研究重点。

3. 一维硫化锌纳米材料

硫化锌（ZnS）是一种重要的、无毒的 Ⅱ-Ⅵ 族半导体化合物材料，由于在室温下具有较宽的直接禁带宽度（3.6eV）和相对较大的激子束缚能（40meV），在电子和光电领域有着巨大的应用潜能。同时，ZnS 还是一种良好的发光材料，所显示出的多种光电性能使其在平板显示、激光器、传感器、红外窗口材料、光催化等许多领域有着广泛的用途。一维纳米结构，如纳米线、纳米棒、纳米管等，因其结构的特殊性更是引起人们的广泛关注。一维纳米 ZnS 材料已经成为纳米领域的研究热点。其主要制备方法有水热法、溶剂热法、溶胶-凝胶法、微乳液法、热分解法和化学气相沉积法。

（1）水热法　水热法是指在密闭压力容器的高温高压环境中，以水作为反应介质，制备研究材料的一种方法。低温（25～200℃）水热合成反应更加受到人们的青睐，既可得到处于非平衡状态的介稳相物质，又可使反应温度较低，从而有利于产品的大规模工业生产。在水热条件下，水既是溶剂又是矿化剂，同时还是压力传递的媒介物。其相比于其他湿化学方法的优越之处是：①水热条件可使一些在常温常压下反应很慢的热力学反应加速；②产物具有良好的结晶形态，且不易团聚，有利于保持纳米材料的稳定性；③产物的形貌、晶相及纯度可以通过改变反应条件进行调控。但水热法也存在着局限性，只能用于氧化物或少数硫化物的制备，不能制备对水敏感的化合物。

以乙酸锌 Zn（CH₃COO）₂ 和硫基乙酸（C₂H₄O₂S）为原料，采用水热法合成了直径为 40～200nm、长达 5μm 的 ZnS 纳米棒，反应物的浓度、反应时间和反应温度均对产物的形貌、尺寸有着重要的影响。Yue 等以硫脲作为硫源，Zn（CH₃COO）₂ 作为锌源，在 1，2-乙二胺（EN）存在条件下，采用水热法，在 180℃下合成了 ZnS 纳米线，并且讨论了影响产物结构和形貌的因素及其生长机制。Yu 等将 0.4mol/L 的 Zn（CH₃COO）₂·2H₂O、0.8mol/L 的硫脲和镀有 Zn 纳米晶的 Cu 基底置于反应釜中，用 3mol/L NaOH 溶液调节溶液 pH 为 10，95℃下保温 1h，自然冷却至室温后，在铜基底上得到均匀的 ZnS 纳米棒阵列，研究表明，高活性的 Zn 纳米晶在产物形成过程中同时起到反应物和种晶的作用。Zhang 等将 ZnO 纳米棒超声分散在去离子水中，加入硫基乙酸 C₂H₄O₂S，搅拌 10min 后，加入 Na₂S，然后将混合溶液转移至反应釜中，在 160℃下反应 6h，再向产物中加入足量的 NaOH 溶液，放置 30min 后，离心、洗涤、干燥，得到 ZnS 纳米管和 ZnS 包覆 ZnO 的核-壳纳米结构。通过结合水热生长合成和化学浴沉积（CBD）的基于溶液的方法制备出 ZnS／ZnO 纳米线核-壳异质结构，发现 CBD 工艺在 ZnO 纳米线表面上提供了保形的 ZnS 涂层，其增强了光吸收。

（2）溶剂热法　溶剂热法是水热法的发展，所使用的溶剂为有机溶剂。在溶剂热法中，溶剂扮演着压力媒介、反应物以及控制晶体生长等多种角色。此外，因为高压釜是密闭的，还利于有毒体系中的合成反应。溶剂热合成技术采用非水溶剂代替水，不仅扩大了水热技术的应用范围，而且由于溶剂处于近临界状态下，能够实现通常条件下无法实现的反应，并且生成具有介稳态结构的材料。

采用三步反应法制得了 TiO_2 包覆的 ZnS 纳米线。将纯 ZnS 纳米线、TiO_2 纳米管及 $NaOH$ 的乙醇溶液在反应釜中混合，超声处理 1h，然后密封，在 170℃下反应 12h，最终制得产物。而以乙二胺四乙酸 DETA 作为模板，采用溶剂热法，通过调整水与 DETA 的体积比得到宽为 100~300nm、厚为 20~40nm、长达 10μm 的纯纤锌矿结构 ZnS 纳米带。同样以 $Zn (NO_3)_2$ 为锌源、硫脲为硫源，EN 和水（体积比 1:1）作为溶剂，200℃下进行溶剂热反应得到直径为 12~15nm、长约为 100~200nm 的纤锌矿 ZnS 纳米棒，并研究了溶剂的种类和比例、反应温度对产物形貌和尺寸的影响。采用水合肼为溶剂，$ZnCl_2$ 和硫脲为原料，180℃下反应 30h，制得直径为 10~25nm、长约为 5~8μm 的 ZnS 纳米线，并对其生成机理进行了讨论。

（3）溶胶-凝胶法　溶胶-凝胶法是一种在低温或温和条件下合成无机化合物或无机材料的重要方法。其化学过程为：首先将原料分散在溶剂中，经过水解反应生成活性单体，活性单体再聚合成为溶胶，进而生成具有一定空间结构的凝胶，然后经干燥和热处理制备出所需产物。溶胶-凝胶法制备纳米材料具有以下优点：原料可在短时间内获得分子水平上的均匀性；经过反应可以很容易均匀、定量地掺入一些微量元素；反应容易进行，温度较低。但该方法也存在成本高、反应周期长等问题。

将 $Zn (CH_3COO)_2$ 和硫脲按不同的物质的量之比混合溶于异丙醇和氨水中，在 80℃下搅拌 2h，老化 24h，形成溶胶后将其置于预处理的玻璃基底上，厚约 250nm，然后经过热处理得到产物，对产物进行表征和成分分析得到结论，只有在 S 过量的条件下才能够采用溶胶-凝胶法制得 ZnS。将一定量的甲氧基乙醇、$Zn (CH_3COO)_2 \cdot 2H_2O$、硫脲和乙醇胺混合后的溶液在持续搅拌下加热至 60℃，在室温陈化 48h 形成溶胶，N_2 回流条件下，3 个涂层分别在不同的温度下热处理不同的时间，得到无掺杂的 ZnS 纳米带；此外还分别将氯化锰和硝酸钐加入到混合溶液中，采用同样的方法制得掺杂 Mn^{2+} 和 Sm^{3+} 的 ZnS 纳米带。

（4）微乳液法　微乳液是由油（通常为碳氢化合物）、水、表面活性剂组成的透明、各向同性、低黏度的热力学稳定体系。微乳液法利用在微乳液的液滴中的化学反应生成固体以制得所需的纳米粒子。该法可通过控制微乳液液滴中水体积及各种反应物浓度来控制成核、生长，以获得各种粒径的单分散纳米粒子。

将 CTAB 溶于环己烷和正己醇的混合溶液，再分别将 $ZnSO_4$ 和 $Na_2S_2O_4$ 溶于等量上述溶液中，搅拌均匀后混合得透明微乳液，最后置于反应釜中水热处理，在 160℃下反应 12h，制得直径 30~50nm、长约几微米的 ZnS 纳米线；还通过控制反应温度等条件制备出纳米棒和竹叶状的纳米结构。Gan 等以石油醚为油相、NP-5 和 NP-9 的 2:1 混合液为表面活性剂相，分别将 $ZnCl_2$ 和 $MnCl_2$ 的混合水溶液及 Na_2S 溶液溶在以上溶液中形成反相微乳液，再将两者等量混合，经水热处理后得到粒径分布为 3~18nm 的 Mn 掺杂 ZnS 纳米粒子。

（5）热分解法　溶液热分解法即利用含硫配位体的金属配合物溶液分解来制备金属硫化物，其特征是沉淀产物源于同一母体（或母液）。

采用液相热分解法制备了掺杂 Cu^{2+} 的 ZnS 纳米棒，首先在室温下将油胺（OA）加入三颈烧瓶中，然后 100℃下真空除气 1h，冷却至室温后，将一定量的 $Zn (Mer)_2$（2-硫醇基苯并噻唑锌盐）和 Cu（Mer）$_2$（2-硫醇基苯并噻唑铜盐）边搅拌边加入溶液中，惰性环境下于270℃回流7h，冷却，离心得到灰白色产物。Maji 等以 Zn（ACDA）$_2$（2-氨基-1-环戊烯-1-二硫代甲酸）为前驱物，溶于乙二胺，110℃下加热 15min，冷却至室温后加入甲醇，最终得到 ZnS 纳米棒。Li 等在十六烷基胺（Hexadecylamine，HDA）和油酸 $C_{18}H_{34}O_2$（OA）体系中，于150℃下热分解 Zn（exan）$_2$（乙基黄原酸锌）得到半径和长径比相协调的六方相纤锌矿 ZnS 纳米棒。

（6）化学气相沉积法　化学气相沉积法是合成一维纳米结构及其阵列最常用的方法，已广泛应用于各种单质、碳化物、氮化物、氧化物等一维纳米结构的制备。在实验中，生长温度、生长时间和气体流速等对纳米管（线）的形貌有很大影响，可以较方便地调控一维纳米材料的形貌。

将纯 ZnS 粉末置于密封石英管附近的石英舟中，整个分解过程中，以一定的流速通 Ar气，将石英管插入预热的管式炉中，1225℃下热分解 45min，取出后快速冷却至室温，当流速为 $200cm^3/min$ 时，在距离原料 6cm 的管壁上发现由单晶纳米带构成的白色泡沫状产物；当流速为 $800cm^3/min$ 时，在距离原料 26cm 的铝真空耦合装置上得到双晶纳米带构成的白色羊毛岛状物。Chang 等将 ZnS 粉末置于石英舟中，在含 10% H_2 的 Ar 气流、900℃下蒸发100min，在丙酮超声处理过的空白硅基底上得到高结晶度、表面粗糙的 ZnS 纳米线。Huang等将高纯度的 Zn、S 和 C 置于铝舟中，在 13.33Pa、1000℃、Ar 气流速度 $0.33×10^{-9}m^3/s$ 下蒸发 1h，冷却后，用处理过的 Si 薄片收集到白色产物，经 SEM 表征可知产物为直径 20～50nm、长几十微米的纳米线。Zhai 等采用有机金属化学气相沉积法以金属有机物 Zn（S$_2$CNEt$_2$）$_2$ 二乙基二硫代氨基甲酸锌作为前驱物，CdSe 纳米晶作为晶种，在 N$_2$ 气流、420℃下蒸发，最终在 Si 基底上收集得到四足状的 ZnS 纳米结构，并且通过改变基底和前驱物之间的距离制备出不同粒径的四脚状纳米结构。

除了单一的 ZnS 纳米结构以外，研究者还通过气相法合成了一些复合纳米材料。采用热蒸发法以 ZnS、Ga$_2$O$_3$ 和 SiO$_2$ 粉末为原材料，在立式感应炉中于 1400℃下蒸发制得具有 Si壳的 Ga-ZnS 纳米线异质结结构。在通 N$_2$/NH$_3$ 环境中、B-N-O 蒸汽存在条件下加热 ZnS 孪晶须制得了 BN 包覆的 ZnS 纳米结构。更多的基于 ZnS 的纳米异质结构，如 SiO$_2$ 包覆的ZnS 纳米异质结构、ZnS 外壳包覆 Zn 和 Cd 的纳米结构等已被制备出。Kang 等采用 Au 辅助化学蒸汽传输法合成了 Mn/Fe 掺杂和共掺杂的 ZnS 一维纳米结构。

4.4.3　压电陶瓷基压电式纳米发电机

压电陶瓷是具有压电效应的陶瓷材料，通常由几种氧化物和碳酸盐通过一定的烧结过程制得。烧结得到的陶瓷体是多晶体，主要成分是铁电体，故又称铁电陶瓷。相对于压电半导体而言，压电陶瓷具有更高的压电常数，因此，采用压电陶瓷来制备纳米发电机往往具有更高的输出效率。长期以来，以 PbTiO$_3$-PbZrO$_3$（PZT）为基体的 PZT 基压电陶瓷，由于其优良的压电性能而被广泛使用，但是随着绿色可持续发展理念的深入，含铅材料对人体及环境的不利影响日益受到关注，开发出环境友好型的铁电材料成为发展的重要方向。

碱金属铌酸盐系陶瓷材料铌酸钾钠（KNN）、铌酸钾（KN）等，以其压电性能高、介电常数小、频率常数大和密度小等特点一直深受关注。以 Nb：SrTiO$_3$ 单晶为衬底，通过水热反应合成了无铅 KNN 纳米棒阵列。所有样品均有富 K 正交晶系结构，衍射峰向较高的方向移动，同时，随着反应时间的增加抑制了 KNN 纳米棒表面的氧空位，这些成分和晶体结构的变化使纳米棒的压电响应明显增强，压电常数由 19pm/V 增加到了 64pm/V。KN 是一种 ABO_3 型钙钛矿结构铁电材料，具有优良的压电和非线性光学性能，以及高的光学透光性，在可见光范围内具有较大的折射率，是一种很有前景的电子器件材料。尤其是当居里点较高的时候 KN 陶瓷能够在电场的诱导下产生较大应变，这也使得研究人员对 KN 陶瓷在无铅压电层叠制动器中的应用越来越感兴趣。常用的制备 KN 的方法有：水热合成法、溶胶凝胶法、聚合前驱法等，但合成的 KN 单晶尺寸并不理想。基于此，在低温（≤350℃）条件下，在 TiN/聚酰亚胺（PI）/PET 底衬上生长了尺寸良好的 KN 纳米晶，制备的压电式纳米发电机具有 2.5V 的开路输出电压和 70nA 的短路电流。在 TiN-Si 薄膜上生长 KN，不仅可以用作压电式纳米发电机，还可用于制备可变电阻式随机存取存储器（ReRAM），并具有良好的阻性开关特性。近些年来，采用水热法合成了单晶 KNN 纳米棒，将 KNN 纳米棒连接到已经通过微机电系统（Micro Electro Mechanical System，MEMS）工艺处理过的柔性衬底与 Au/Ti 电极上。用聚二甲基硅氧烷（Polydimethylsiloxane，PDMS）封装和预极化后，当外部作用力作用于纳米发电机时，整个装置会向内部弯曲。由于 PDMS 的存在，KNN 纳米棒会随着柔性衬底一起弯曲而不与电极发生分离。衬底的弯曲会导致 KNN 纳米棒横向拉伸，从而产生一个轴向的压电电势。该纳米发电机能产生一个约 30mV 的电压，电压的产生可以归因于在 KNN 纳米棒和 Au/Ti 电极之间的压电效应和肖特基势垒导致电子在外部电路的运转。鉴于其出色的机电转化性能，经过 KNN 纳米棒有效级联后的大规模装置应该可以产生一个较为理想的电信号输出，如图 4-11 所示。

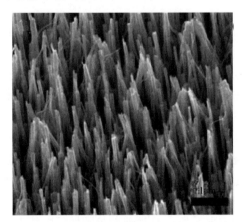
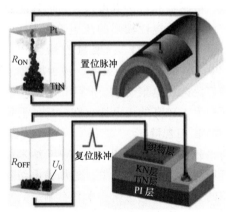

a) KNN 纳米棒阵列　　　　　　　　b) 压电式纳米发电机模型

图 4-11　KNN 压电式纳米发电机

钙钛矿型 $BaTiO_3$（BTO）也是一种常用无铅、压电性能优良的材料。制备的 Fe 掺杂的 BTO 纳米柱阵列采用 PDMS 纳米压印软板，将 BTO 纳米粒子均匀压印在溶胶凝胶包覆的聚对苯二甲酸乙二醇酯（$(C_{10}H_8O_4)_n$）（PET）上，实现了压电输出性能的可伸缩和增强，通过进一步的紫外光照射处理（UV 处理）有助于进一步提高 BTO 层的结晶度。结果表明，在 3MPa 的作用力下，柱间距为 400nm（有效面积：$1cm^2$）的压电式纳米发电机输出电压和电流密度分别超过 10V 和 1.2pA·cm 比无压印和后续处理的压电式纳米发电机输出电压高 2

个数量级，输出电流密度高 6 倍。

通过静电纺丝技术制备的 $BaTiO_3$ 纳米纤维具有超大比表面积、无铅环保性、高压电系数和高介电常数等优点，能够广泛地应用在能量收集器、电容器和传感器等器件中。利用静电纺丝技术制备了三种不同排列方式的 $BaTiO_3$ 纳米纤维，探明了不同制备工艺和排列方式的 $BaTiO_3$ 纳米纤维的能量转换能力。利用静电纺丝制备 $BaTiO_3$ 纳米纤维，在高温环境下煅烧实现具有钙钛矿结构的 $BaTiO_3$ 纳米纤维，并将其封装在 PDMS 内部。沿着排列整齐的纳米纤维方向切割，获得水平排列或者纵向排列的 $BaTiO_3$ 纳米纤维，同时，第三种分散的 $BaTiO_3$ 纳米纤维可以通过超声分散过程来实现。之后，在三种包含有聚二甲基硅氧烷（Polydimethylsiloxane，PDMS）母体的 $BaTiO_3$ 纳米纤维上、下层覆盖带有氧化铟锡（ITO）导电层的 PET 薄膜，通过导电银浆将电极引线引出。在极化温度 120℃、极化电场 5kV/mm 的条件下极化 12h，测量比较三种不同排列方式的 $BaTiO_3$ 纳米纤维的电输出性能，相比较，基于纵向排列 $BaTiO_3$ 纳米纤维的柔性压电纳米发电机产生的电能最大，在 0.002MPa 机械应力下的输出功率为 0.1841μW，整流存储在电容中，能够点亮一盏商业 LED 灯。

4.4.4 压电聚合物基压电式纳米发电机

除了半导体和陶瓷等无机材料，一些高聚物也具有压电性能。陶瓷材料相比于聚合物具有更大的压电系数，但也具有更高的弹性模量，因此比聚合物更硬，这使得陶瓷材料对小的振动不敏感，也更容易发生应力破坏。与无机纳米材料相比，压电聚合物具有极大的柔性，并且由于其质量轻、力学性能好，以及具有良好的加工性和生物相容性等特点，成为制造可穿戴设备、传感器和自供电植入装置的理想材料。

目前已知的压电性较强的压电聚合物主要有聚偏氟乙烯 PVDF 及其共聚物、聚氟乙烯（Polyvinyl Fluoride，PVF）、聚氯乙烯（PVC）、聚碳酸酯（PC）及尼龙等材料。其中，PVDF 及其共聚物具有结构灵活、易于加工、耐溶剂、耐酸碱、耐机械强度等优点，成为目前应用最广泛的压电聚合物。PVDF 具有 5 种晶型，其中，电活性 β 相赋予了最高的偶极矩，从而产生了较高的压电性，在一定的温度下，通过拉伸、复合拉伸和极化等方法可以提高聚合物的 β 相含量。

目前，制备有序排列的可控 PVDF 纳米纤维采用的方法主要为平行电极法、模板法、磁纺法、近场静电纺丝等。其中，近场静电纺丝是最为有效地实现一维和二维 PVDF 纤维精确可控沉积的方法，静电纺丝技术具有制造装置简单、纺丝种类繁多、成本低廉、操作工艺可控等优点，已成为有效制备压电纳米纤维材料的主要手段，是目前制备柔性压电纳米发电机的重要途径之一。随着静电纺丝技术的发展，制备带有压电效应的纳米纤维种类越来越多，其中 PVDF 纳米纤维膜的制备是压电材料科学技术领域的热点方向之一。通过静电纺丝技术制备 PVDF 纤维膜主要包含不定向纤维膜和定向纤维膜两种，它们都可以在静电纺丝过程中形成带有 β 晶型的 PVDF 纳米纤维，其机理主要为：①PVDF 静电纺丝是在强电场环境下进行的，可以等效于压电薄膜极化过程；②PVDF 溶液在静电场下喷射纺丝会产生拉伸力作用，在某种程度上等效于 PVDF 薄膜的机械拉伸；③PVDF 静电纺丝过程实际是高分子流体静电雾化的过程，会加速 PVDF 纤维膜的固化成型，有利于 β 晶型 PVDF 纳米纤维的形成。

为了更好地提升 PVDF 纳米纤维压电薄膜的能量转换效率，YinKuenFuh 等人提出了一种连续的、空间可控的三维 PVDF 纺丝纤维叠加的压电薄膜制备方式，在接地导电板上放置一张印刷纸张，作为 PVDF 纳米纤维接收器，当 PVDF 雾化溶液沉积在纸张上时，静电纺丝的残留溶剂会渗透到印刷纸张内的纤维网格，能够提高在纸张内部的沉积纤维与底板之间的电荷转移能力，使后续的 PVDF 纤维以自对准的方式沉积在顶部，形成三维 PVDF 纳米纤维薄膜，当手指在按压的过程中，能够产生 1.2V 和 60nA 的电能。以氧化石墨烯（Graphene Oxide，GO）薄片化学包覆 PVDF 纳米纤维形成核壳结构（PVDF/GO 纳米纤维），通过机械拉伸、高压定向和化学的协同作用，得到了 β 相含量高达 88.5% 的纳米纤维。超高的 β 相含量及其单轴取向对压电性能的提高有重要贡献，压电常数 d_{33} 为 93.75pm/V（GO 质量分数为 1% 时）。除了一维的纳米纤维，通过适当设计收集装置，静电纺丝法可以实现多种形式的纤维排列，如随机排列的纤维膜、定向纳米纤维膜，以及纳米纤维纱线等。通过静电纺丝法利用一个凹槽装置，制备了定向的 PVDF 纳米纤维，由于周围平台的存在，对纤维有一定的拉伸作用，聚合物纳米纤维受到拉伸和高电场作用，导致自然极化，使非极性相转变为极性 β 相，提高定向纳米纤维膜的压电性能。此外，还研究了 PVDF 定向纳米纤维的输出特征与薄膜厚度的关系，验证了定向纳米纤维的堆积效应，即随着薄膜厚度的增加，含有定向纳米纤维阵列的器件的输出性能急剧增加（与随机分布的纳米纤维相比），当厚度达到 100pm 时输出电压能够达到 2V。全有机材料组成的三维压电式纳米发电机首先采用静电纺丝法制备 3 层结构的 PVDF 纳米纤维垫，而后采用气相聚合法使上下表面层的 PVDF 纳米纤维包裹上聚 3，4-乙烯二氧噻吩（PEDOT），由于 PEDOT 具有合成简单、导电性好、柔韧性好、生物相容性好等优点，外层包覆有 PEDOT 的纳米纤维被用作电极，而内部的 PVDF 纳米纤维用作压电活性组分。这种与兼容电极集成的多层网络化三维结构表现出了更高的输出电压和电流（在外加应力为 8.3kPa 时，开路电压达到 48V，短路电流达到 6pA），与单片器件相比，其压电能量转换效率提高了 66%。

4.4.5　压电纳米复合基压电式纳米发电机

2012 年，Park 等首次提出了纳米复合发电机（Nanocomposite Generator，NCG）的压电式能量收集装置，将添加有石墨化碳（单壁碳纳米管、多壁碳纳米管、还原石墨烯氧化物）的压电纳米 $BaTiO_3$ 纳米微球分散在 PDMS 弹性体中，用作压电纳米复合。材料的简单自旋涂层，而后叠加形成压电式纳米发电机，该方法制备简单、成本低，开创了纳米复合发电机的先河。而后很多学者开发出了无铅、高产量、大面积的 NCG 装置，为了避免压电纳米粒子聚集在聚合物基体中，通常会添加一些一维结构材料，如碳纳米管、Cu 纳米棒和 Ag 纳米线等，这些非压电添加剂具有多种用途，但其对生物体的毒性一直是实现柔性能源生物友好化的一个障碍。为了克服这一问题，Baek 等选择无毒的 $BaTiO_3$ 作为替代，并采用水热合成法制备了 $BaTiO_3$ 纳米微粒和 $BaTiO_3$ 纳米线，并找到了最佳的质量配比，使 NCG 器件的输出性能达到最大。除此之外，将聚合物与无机体系、二维材料混合制成的复合材料已被证明是改善压电性能的有效方法。Shin 等报道了一种基于半球聚集 $BaTiO_3$ 纳米微粒和聚偏氟乙烯共六氟丙烯（PVDF-HFP）的复合薄膜的高性能柔性压电式纳米发电机，利用自旋涂层溶液的蒸发实现了半球状 BTO-P（VDF-HFP）的团簇，极大地提高了压电发电能力。在垂直于表面的作用力下，柔性压电式纳米发电机表现出高达 75V 和 15pA 的高电输出。

基于单根 $BaTiO_3$ 纳米线-聚合物复合纤维的超柔性压电纳米发电机，制备的过程主要分成：①通过局部化学反应方式生成（001）取向的钛酸钡纳米线；②利用静电纺丝的方法实现 $BaTiO_3$-聚合物复合纤维，并将高纵横比的 $BaTiO_3$ 纳米线封装在聚氯乙烯矩阵中，形成复合纤维，由于静电纺丝的剪切应力的作用，$BaTiO_3$ 纳米线能够沿着纤维方向均匀排列；③把 $BaTiO_3$-聚合物复合纤维转移到带有油墨印刷叉指电极的 PET 衬底上。将基于单根 $BaTiO_3$ 纳米线聚合物纤维的柔性压电纳米发电机放置在人体手指上，手指弯曲的过程中，能够产生 0.9V 和 10.5nA 的电信号。基于 $BaTiO_3$ 纳米线/聚氯乙烯（PVC）聚合物复合压电纤维既能够保持 $BaTiO_3$ 纳米线的高压电特性，同时具有 PVC 聚合物的柔韧性，能够与棉线、金属铜线实现编织结构。其中，金属铜线作为柔性压电纳米发电机的电极，通过编织结构实现叉指电极，可以增强发电机的驱动指向和转换效率。将编织成型的柔性压电纳米发电机绑在人体胳膊关节处，当胳膊运动时，可以产生 1.9V 的输出电压和 24nA 的输出电流，输出的电能可以点亮一盏 LED 灯。

柔性压电纳米发电机大部分都是借助柔性衬底来实现的，带有柔性衬底的发电机会导致器件形变具有局限性，同时发电机与衬底结合是不牢固的，会给发电机带来可靠性、兼容性、稳定性等问题。为了解决基于柔性衬底的压电纳米发电机带来的弊端，提升柔性压电纳米发电机对复杂机械能的能量采集效率，提出了压电复合材料的制备技术，即将压电材料按一定方式填充到柔性基底材料中［聚二甲基硅氧烷（PDMS）、硅橡、胶、PVDF 等］，得到集压电相和非压电相两者优于一身的柔性压电复合材料。基于压电复合材料的柔性压电纳米发电机具有制备工艺简单、柔韧性好、成本低廉等优势，可实现大规模生产。

将 $BaTiO_3$、PZT 和铌酸钾钠-铌酸锂（KNLN）等压电纳米颗粒与比表面积大的导电物［多壁碳纳米管（MWCNT）、石墨烯、金属纳米纤维等］相结合混入到超柔性母体中，制备了具有良好压电性能的柔性复合压电薄膜。压电粒子/聚合物基体/导电粒子复合的纳米压电发电机如图 4-12 所示。将水热法合成的 $BaTiO_3$ 纳米颗粒与 MWCNT 通过机械搅拌均匀混合，再将混合物均匀地分散在 PDMS 母体材料中，在磁控溅射的 100nm 金电极表面上以 1500r/min 转速旋涂 30s，形成 250μm 复合薄膜，并将其放入干燥箱中在 85℃ 加热 5min 进行固化，之后，在 150℃、100kV/cm 的极化条件下极化 20h，形成带有高压电性能的复合压电薄膜。对制备完成的复合压电薄膜施加机械作用力，使其发生形变，复合压电薄膜内部的 $BaTiO_3$ 会受到挤压力而产生压电电势，通过薄膜上、下电极与外接负载连接，输出电信号。由于 PDMS 具有良好的伸缩性能，可以对复合薄膜施加弯曲、拉伸作用力而不会破坏薄膜结构。同时，利用旋涂工艺可以实现 $BaTiO_3$/MWCNT/PDMS 复合压电薄膜的大面积制造，制备了截面积为 13cm×13cm 的复合压电薄膜。为了简化制备工艺、提升柔性复合压电纳米发电机的能量转换效率，将无铅钙钛矿结构锡酸锌（$ZnSnO_3$）纳米管与 MWCNT 均匀混入 PDMS 母体材料中，与上、下铝箔电极形成三明治结构，再利用 PDMS 封装保护柔性复合压电薄膜内部不受外界干扰和破坏。该柔性复合压电薄膜制备完成后不需要进行极化处理过程，这是由于 $ZnSnO_3$ 是一种特殊的压电材料，当受到外界机械力时能够产生自我极化行为。通过人体手指按压基于 $ZnSnO_3$/MWCNT/PDMS 柔性复合压电薄膜能够产生 40V 的开路输出电压和 0.4μA 的短路输出电流，具有 $10.8μW/cm^3$ 的输出功率密度，可以为便携电子设备供电。

同时，随着高分子科学技术的飞速发展，人们正在不断挖掘新兴的柔性压电材料。其中，带有高压电系数的纤维素材料是一种具有可再生、生物相容性和可降解性等优点的天然

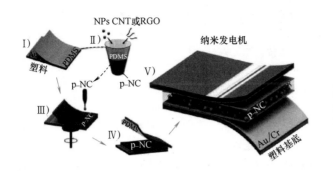

图 4-12 压电粒子/聚合物基体/导电粒子复合的纳米压电发电机

高分子材料，将其填充到柔性基底材料中可以展现优秀的力学性能和灵活性，能够应用于柔性压电能量采集系统和多功能自供电传感中。纤维素纳米纤维（Cellulose Nanofiber，CNF）是从纤维素中派生而来的，具有高的比表面积和纵横比，容易形成柔性气凝胶，通过冷冻干燥过程形成的网状多孔结构。多孔 CNF/PDMS 气凝胶压电薄膜（1cm×2cm×480μm）在 10Hz 的周期性载荷下的输出功率密度为 6.3mW/cm^3，可以直接点亮 19 盏蓝色 LED 灯，并能给 22μF 电容器充电达到 3.7V。此外，该复合压电薄膜具有良好的生物相容性，可以作为植入设备获取生物系统内部能量。

随着当代社会的飞速发展，具有便携化、多功能化、柔性化和共享网络的电子器件给人们的生活带来了很多的便利和优势。电子器件具有日益明显的智能化发展趋势，对其电源和电池的设计与制造提出了新的要求和挑战。得益于 MEMS 工艺和半导体技术的革新和发展，电子器件和微型传感器的功耗降低至 mW 级。然而，不能完全摆脱传统刚性电池的供电方式仍旧是限制智能化电子设备发展的主要问题之一，研究和探索新能源技术和自供电探测技术来突破传统电池的尺寸大、使用寿命短、安全性差等问题的限制具有十分重要的意义。在众多环境能源中，机械能由于分布广泛、表现形式多样和容易转换等优点，可以利用多种能源转换装置（如电磁感应发电机、摩擦纳米发电机、压电纳米发电机等）将环境中的机械能收集起来转换为电能，是目前最理想的替代能源之一。其中，基于压电效应驱动的机械能收集器由于其稳定的输出性能和受环境因素影响小的特点，成为微能源采集和利用领域未来一段时间内努力的研究方向。

当前大部分带有高压电系数的压电纳米发电机都为硬脆装置，多用于收集由振动形式表现出来的环境机械能。然而，这些传统换能设备的额外器件重量和结构刚性使其与其他电子设备集成困难，在很大程度上束缚了整个电子系统的灵活性。同时，由于在微电子系统的实际工作环境中充斥着多种复杂形式的可转化机械能，需要压电能源转换器件在受到多种机械应力变形（如压缩、弯曲、扭曲和拉伸等）中产生电能。因此，探索一种具有良好的柔性和延展性的压电纳米发电机，从复杂的机械行为中获取电能来驱动小型商业电子器件、可植入式医疗设备、传感系统、可穿戴电子器件和便携式设备等，为能源自供电系统的构建提供了新方法和新途径。

思 考 题

1. 什么是正压电效应？什么是逆压电效应？

2. 压电材料的主要参数有哪些？主要参数的定义是什么？压电陶瓷材料主要有哪几类？

3. 风是怎样形成的？风力发电的原理是什么？

4. 风力发电的发展趋势是什么？有什么特色和优势？

5. 什么是海洋能？海洋能的存在形式是什么？

6. 海洋能有什么特征？海洋能可分为哪几种？分别是怎样定义的？

7. 潮汐发电的原理是什么？波浪能发电原理是什么？海流能发电有什么特点？

8. 纳米发电机的工作原理是什么？

9. 概述制备一维氧化锌纳米线的主要方法和优点。

10. 概述一维 ZnS 纳米材料的制备方法有哪些？相比于其他湿化学法，水热反应有什么优点？

11. 纳米发电机的分类有哪些，各有什么优缺点？

12. 静电纺丝过程中形成 β 晶型的 PVDF 纳米纤维的机理是什么？

13. 请举例说明压电材料在日常生活中的应用及其应用原理。

14. 请举例说明压电材料在纳米发电机中的具体应用原理及其构造。

15. 试分析压电材料在新能源材料中的应用前景。

参 考 文 献

[1] 谢娟，林元华，周莹，等. 能量转换材料与器件 [M]. 北京：科学出版社，2013.

[2] 梁彤祥，王莉. 清洁能源材料与技术 [M]. 哈尔滨：哈尔滨工业大学出版社，2010.

[3] 陈光，崔崇，徐锋，等. 新材料概论 [M]. 北京：国防工业出版社，2013.

[4] 王晓暄. 新能源概述：风能与太阳能 [M]. 西安：西安电子科技大学出版社，2015.

[5] 刘洪恩. 新能源概论 [M]. 北京：化学工业出版社，2013.

[6] 张志英，鲁嘉华. 新能源与节能技术 [M]. 北京：清华大学出版社，2013.

[7] 王新东，王萌. 新能源材料与器件 [M]. 北京：化学工业出版社，2019.

[8] 吴聪. $BaTiO_3$/HA 复合仿生压电陶瓷掺杂改性及其性能研究 [D]. 西安：西安理工大学，2016.

[9] 郭家豪. 基于压电能量回收的涡激振动发电装置研究 [D]. 南京：南京理工大学，2018.

[10] KARAMI M A, FARMER J R, INMAN D J. Parametrically excited nonlinearpiezoelectric compact wind turbine [J]. Renewable Energy, 2013, 50 (3): 977-987.

[11] 崔宜梁. 基于卡门涡街效应的柔性压电发电装置系统设计 [D]. 青岛：青岛大学，2018.

[12] 曲远方. 现代陶瓷材料及技术 [M]. 上海：华东理工大学出版社，2008.

[13] 曲远方. 功能陶瓷材料 [M]. 北京：化学工业出版社，2003.

[14] 吴玉胜，李明春. 功能陶瓷材料及制备工艺 [M]. 北京：化学工业出版社，2013.

[15] TANG L, YANG Y, SOH C K. Improving functionality of vibration energy harvesters using magnets [J]. Journal of Intelligent Material Systems & Structures, 2012, 23 (23): 1433-1449.

[16] WEINSTEIN L A, CACAN M R, SO P M, et al. Vortex sheddig induced energy harvesting from piezoelectric matrials in heating, ventilation and air conditioning flows [J]. Smart Materials & Structures, 2012, 21, 045003.

[17] FUH Y K, WANG B S. Near field sequentially electrospun three-dimensional piezoelectric fibers arrays for self-powered sensors of human gesture recognition [J]. Nano Energy, 2016, 30: 677-683.

[18] YAN J, JEONG Y G. High performance flexible piezoelectric N anogenerators based on $BaTiO_3$ Nanofibers in Different alignment Modes [J]. ACS Applied Materials & Interfaces, 2016, 8 (24): 15700-15709.

[19] ZHANG M, GAO T, WANG J, et al. A hybrid fibers based wearable fabric piezoelectric nanogenerator for energy harvesting application [J]. Nano Energy, 2015, 13: 298-305.

[20] PARK K I, LEE N, LIU Y, et al. Flexible Nanocomposite Generator Made of $BaTiO_3$ Nanoparticles and

Graphitic Carbons [J]. Advanced Materials, 2012, 24 (22): 2999-3004.

[21] PARK K I, JEONG C K, RYU J, et al. Flexible and Large-Area Nanocomposite Generators Based on Lead Zirconate Titanate Particles and Carbon Nanotubes [J]. Advanced Energy Materials, 2013, 3 (12): 1539-1544.

[22] CHANG K J, PARK K I, RYU J, et al. Nanogenerators: Large-Area and Flexible Lead-Free Nanocomposite Generator Using Alkaline Niobate Particles and Metal Nanorod Filler [J]. Advanced Functional Materials, 2014, 24 (18): 2620-2629.

[23] ALAM M M, GHOSH S K, SULTANA A, et al. Lead-free $ZnSnO_3$/M WCNTs-based self-poledflexible hybrid nanogenerator for piezoelectric power generation [J]. Nanotechnology, 2015, 26 (16): 165403.

[24] ZHENG Q, ZHANG H, MI H, et al. High-performance flexible piezoelectric nanogenerators consisting of porous cellulose nanofibril (CNF) /poly (dimethylsiloxane) (PDMS) aerogel films [J]. Nano Energy, 2016, 26: 504-512.

[25] BAE H, RHO H, MIN J-W, et al. Improvement of efficiency in graphene/gallium nitride nanowire on Silicon photoelectrode for overall water splitting [J]. Applied Surface Science, 2017, 422 (15): 354-358.

[26] BU I Y Y. Optoelectronics of solution processed core shell zinc oxidenanowire/ zinc sulphide heterostructure for dye sensitized solar cell applications [J]. Microelectronic Engineering, 2014, 12: 48-52.

[27] 朱杰. 柔性压电纳米发电机的设计构建与应用研究 [D]. 太原: 中北大学, 2018.

[28] 夏梦杰, $K_{0.5}Na_{0.5}NbO_3$ 无铅压电材料的制备及其复合膜纳米发电机研究 [D]. 太原: 太原理工大学, 2019.

[29] WANG Z L, SONG J H. Piezoelectric nanogenerators based on zinc oxide nanowire arrays [J]. Science, 2006, 312 (5771): 242-246.

[30] PARK K I, LEE M, LIU Y, et al. Flexible nanocomposite generator made of $BaTiO_3$ nanoparticles and graphitic carbons [J]. Advanced Materials, 2012, 24 (22): 2999-3004.

第 5 章
储能材料

太阳能具有很强的间歇性和不稳定性，随之产生的太阳能存储至今仍是产业难题。国内外的专家，一直希望找到一种方法，像蓄水池一样把暂时不用的热量储存起来。相变储能太阳能热水器就可以实现上述储热功能，它是将相变储能材料内置于太阳能集热器一组真空管内，在阳光照射集热器时，集热器产生的热量储存在相变储能材料中，如图 5-1 所示。

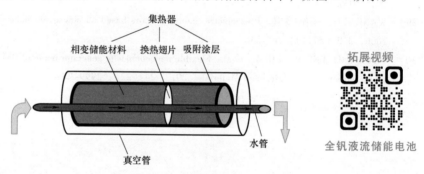

图 5-1　相变储能太阳能热水器

本章主要介绍储能的基本原理、储能材料的分类和筛选原则，以及几种典型的储能材料，包括无机水合盐储能材料、高分子储能材料和金属及合金储能材料。

储能又称蓄能，是指使能量转化为在自然条件下比较稳定的存在形态的过程。它包括自然的和人为的两类：自然的储能，如植物通过光合作用，把太阳辐射能转化为化学能储存起来；人为的储能，如旋紧机械钟表的发条，把机械能转化为势能储存起来。按照储存状态下能量的形态，可分为机械储能、化学储能、电磁储能（或蓄电）、风能储存、水能储存等。和热有关的能量储存，不管是把传递的热量储存起来，还是以物体内部能量的方式储存能量，都称为蓄热。在能源的开发、转换、运输和利用过程中，能量的供应和需求之间，往往存在着数量上、形态上和时间上的差异。为了弥补这些差异、有效地利用能源，常采取储存和释放能量的人为过程或技术手段，称为储能技术。储能技术有如下广泛的用途：①防止能量品质的自动恶化；②改善能源转换过程的性能；③方便经济地使用能量；④降低污染、保护环境。储能技术是合理、高效、清洁地利用能源的重要手段，已广泛用于工农业生产、交通运输、航空航天，乃至日常生活。储能技术中应用最广的是电能储存、太阳能储存和余热的储存。表 5-1 列举了能源类型、使用形式和储能的关系。在实际应用中涉及的储能问题主要是机械能、电能和热能的储存。

表 5-1　能源类型、使用形式和储能的关系

能源类型	转换方式	能源的使用形式	转换方式	储能
传统化石能源		电力		电池
核能		热能		飞轮
	直接产生 →	冷能	← 储存和回收 →	可逆燃料电池
		动能		压缩空气
可再生能源（如生物质能、风能、太阳能和水能）		交通		热能
		压缩气体		扬水

储能系统本身并不节约能源，它的引入主要在于能够提高能源利用体系的效率，促进新能源如太阳能和风能的发展。能量的形态类别及其储存和输送方法见表 5-2。

表 5-2　能量的形态类别及其储存和输送方法

能量的形态类别	储存方法		输送方法
	能量形式	实现手段	
机械能	动能	飞轮	高压管道
	位能	扬水	
	弹性能	弹簧	
	压力能	压缩空气	
热能	显热	显热储热	热介质输送管道热管
	潜热（熔化、蒸发）	潜热储热（蒸汽储热器）	
化学能	电化学能	电池	化学热管、管道、罐车、汽车等
	化学能、物理化学能（溶液、稀释、混合、吸收等）	化学储热、氢能、生物质、合成燃料、化石燃料的储存	
电能	电能	电容器	输电线微波输电
	磁能	超导线圈	
	电磁波		
辐射能	太阳光、激光束	—	光纤维
原子能	—	铀、钚等	—

储热材料的种类很多，分为无机类、有机类、混合类等，对于它们在实际中的应用有下列的一些要求：合适的相变温度；较大的相变潜热；合适的导热性能；在相变过程中不应发生熔析现象；必须在恒定的温度下熔化及固化，即必须是可逆相变，性能稳定；无毒性；与容器材料相容；不易燃；较快的结晶速度和晶体生长速度；低蒸气压；体积膨胀率较小；密度较大；原材料易购、价格便宜。其中既有热性能要求，也有化学性能要求、物理性能要求，以及经济性能要求。基于上述选择储能材料的原则，可结合具体储能过程和方式选择合

适的材料，也可自行配制适合的储能材料。

气体水合物、水和冰、结晶水合盐、部分高分子材料等都是相变储能材料，其相变储能机理略有区别。

相变材料在工业及一些新能源技术中得到了积极的应用，如在工业加热过程的余热利用。其中储热换热器在工业换热中是比较关键的材料；在特种仪器、仪表中的应用，如航空、卫星、航海等特殊设备；作为家庭、公共场所等取暖和建筑材料用。如利用太阳能让相变材料吸收屋顶太阳热收集器所得的能量，使得相变材料液化并通过盘管送到地板上储存起来，供无太阳时释放，达到取暖的目的。

5.1 储能的基本原理

5.1.1 能量转换原理

1. 能量的基本转换过程

能量有各种形式，人们可以将能量相互转换，变成符合要求和使用方便的形式。在生产领域和日常生活中，利用能量的例子很多。通过这些实例能进一步理解与能量转换相关的知识。

在诸多能量中利用价值最高的是电能，下面针对电能的转换技术加以叙述。

为了能最终获取电能，需要研究力学、热力学、化学及核能等不同形式的能量转换为电能的原理。如图 5-2 所示，各种形式的能量与电能间的转换对目前使用的发电技术起了非常重要的作用。

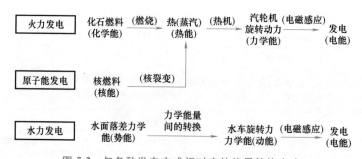

图 5-2 与各种发电方式相对应的能量转换方式

2. 热力学基本定律

热力学是研究热能的一门科学。它用温度、压力、热量等物理量来描述。下面重点介绍在蒸汽机等热机中广为熟知的"热转变为功"的现象。

系统和物体的位置与所处的电磁环境及力学状态无关，做功的能力，即系统与内部储存的热能叫内部能量（简称为内能）U，热力学中使用的温度称为绝对温度 T（K），它与日常生活中所说的摄氏温度 t（℃）之间的关系如下：

$$T = 273.15 + t \tag{5-1}$$

温度可用温度计测量，两个系统温度相等的状态可以表示为热平衡状态。如此推理，

"如果系统 A 和系统 B 处于热平衡状态，系统 B 和 C 处于热平衡状态，那么，系统 A 和 C 也处于热平衡状态"。这一热力学的第一定律成立是很容易理解的。下面介绍在热力学中起主导作用的几条重要定律。

热力学第一定律作为绝对定律，就是至今人们公认的"能量守恒定律在热力学中的表现"，不仅包括人们熟悉的"势能和动能之和不变"这一力学能量守恒定律，还包括其他形式的能量如热能、化学能、电磁能、原子能等，物体运动或系统做功时也要满足"虽然能量的形式发生了变化，但总能量保持不变"这一能量守恒定律。

另外，热力学第一定律还可以表示为："热和功都是能量的一种表现形式，相互间可以转换"。这一定律否定了第一永动机原理，意味着"不消耗能量连续产生动力的机械是不存在的"。

热力学第一定律用公式表示如下：设由外部加到某一系统的热量为 dQ，内能的增加量为 dU，此时所做的机械功为 dW，若用能量守恒定律表示，则下面的公式成立

$$dQ = dU + dW \qquad (5-2)$$

这是热力学第一定律的数学表现形式。设热的交换为 dQ，功的交换为 $dW = pdV$，内能的增减为 dU，利用式（5-2），分别用正、负号表示能量系统转换的方向。

"虽然能量的形式发生了变化，但总的能量保持不变"这一定律已在日常生活中得到充分的验证。日本能源及其利用的情况如图 5-3 所示。由图可知，能量相互转换，仅是形式发生了变化，作为总的能量是不会改变的。

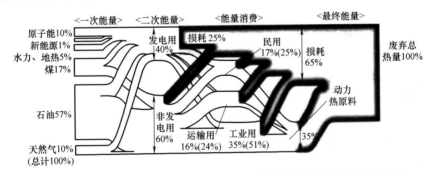

图 5-3　日本能源及其利用情况（括号内比例为非损耗能量用途所占比例）

3. 热力学第二定律

热力学第二定律，它与能量守恒第一定律同样重要。与第一定律"能量是不变的"相对应，第二定律是关于能量变化方向的阐述，给出某种质的限制。

也就是说，第二定律表明："功可完全转换成热，而热却不能完全转换成功"。这点在日常生活中处处可见。"热量不可能 100% 地转换成机械功"这是汤姆森（Thomson）原理的表现，意味着第二永动机是不可能实现的［奥斯瓦尔德（Ostwald）原理］。

除上述热力学第二定律说明的内容之外，以前就有很多这方面的论述。例如，热量只能从高温到低温流动［克劳休斯（Clausius）原理］；摩擦生热的现象是不可逆的［弗朗克（Planck）原理］等。

（1）卡诺循环　某一系统从一个状态出发，途中经过各种状态变化后又恢复到原来的状态，这个过程叫循环。热力学中理想的循环是卡诺循环（Carnot Cycle）。该循环如图 5-4

中 p-V 曲线所示，是由两个等温变化和两个绝热变化组成的。卡诺循环可以完全逆向进行，是可逆循环的代表例子。

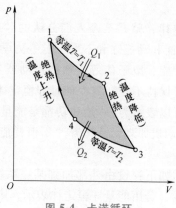

图 5-4 卡诺循环

顺向卡诺循环时，从高温热源接受 Q_1 的热量，在低温热源释放 Q_2 的热量，只有 $W = Q_1 - Q_2$ 的功在外部进行，所以，这种场合的循环效率 η 可表示为

$$\eta = \frac{W}{Q_1} = \frac{Q_1 - Q_2}{Q_1} \tag{5-3}$$

若用已经叙述过的绝对温度 T 表示，则 η 也可以表示为

$$\eta = \frac{W}{Q_1} = \frac{Q_1 - Q_2}{Q_1} = 1 - \frac{Q_2}{Q_1} = 1 - \frac{T_2}{T_1} \tag{5-4}$$

由上式可知，卡诺循环的效率取决于高温热源和低温热源的绝对温度之比。基于这一点，式（5-4）可以改写成

$$\frac{Q_1}{T_1} - \frac{Q_2}{T_2} = 0 \tag{5-5}$$

由此可知，在可逆循环中，这个克劳休斯公式是成立的。

另一方面，现实的循环是不可逆循环，其热效率一定比卡诺循环效率低，即

$$\frac{Q_1}{T_1} - \frac{Q_2}{T_2} < 0 \tag{5-6}$$

式（5-6）称为不可逆循环中的克劳休斯不等式。

（2）熵 将上述结果扩展，考虑用一条闭合曲线表示的可逆循环，此时克劳休斯的积分为零，即

$$\int \frac{\mathrm{d}Q}{T} = 0 \tag{5-7}$$

若循环中包含不可逆过程，则有

$$\int \frac{\mathrm{d}Q}{T} < 0 \tag{5-8}$$

熵的增大让我们考虑一下理想气体绝热膨胀的情况。如图 5-5 所示，假设在容器内充入一半的理想气体 V_1，在容器间隔板上开个孔。此时气体就会扩散，充满整个容器。

这种现象称为自由膨胀。自由膨胀是气体不做功，也没有热量进出，内部能量不变，因

图 5-5　理想气体绝热膨胀

此温度也保持不变。

定义状态矢量 S 为

$$\int \frac{\mathrm{d}Q}{T} = S \tag{5-9}$$

将其命名为熵，则熵为

$$\mathrm{d}S = \frac{\mathrm{d}Q}{T} \tag{5-10}$$

设开始状态和最后状态的熵分别为 S_1、S_2，存在如下关系

$$S_2 - S_1 = \int_1^2 \frac{\mathrm{d}Q}{T} = nR\lg \frac{V_2}{V_1} \tag{5-11}$$

式中 $V_2 > V_1$，所以

$$S_2 - S_1 = nR\lg \frac{V_2}{V_1} < 0 \tag{5-12}$$

此时可知，自由膨胀时气体的熵增大。

同样，热量扩散，即温度不同的两个物体接触产生热传导时，熵也会增大。也就是说，由于热从高温到低温流动，使系统的熵增大。这样，如果一个孤立的系统产生不可逆变化时，系统的熵一定会增大。

严格地说，自然界中的变化都是不可逆的，所以说"宇宙这个孤立系统的熵也在增大"。可以这样说："宇宙最终会达到平衡状态，宇宙各部分的温度会趋于均一化，此时万物也就到了死亡的边缘"。这就是由热力学第二定律导出的结论。

克劳休斯不等式表明"若在孤立系统中发生不可逆变化，则熵就会增大"，即

$$\mathrm{d}S > 0 \tag{5-13}$$

我们把它称为熵的增大定律，式（5-13）也是控制系统变化的热力学第二定律的数学表现形式。熵是只取决于系统状态的函数和状态量。所以，从 A 状态到 B 状态的熵的变化与路径无关。

5.1.2　热机的原理

在卡诺循环中，在第一个循环内从高温热源吸收 Q 的热量，从低温热源排出 Q 的热量，对外界所做的功仅为

$$W = Q_1 - Q_2 \tag{5-14}$$

像这样把热能转换为功的装置称为热机。

热机有两种，即由工作流体的自身燃烧转换成热能的内燃机，以及用热交换器等间接加热工作流体提高内部能量的外燃机。

在内燃机中有汽车上使用的汽油发动机〔奥托循环（Otto Cycle）〕、柴油发动机〔狄赛尔循环（Diesel Cycle）〕、喷气式发动机〔布鲁敦循环（Brayton Cycle）〕，外燃机有发电用的蒸汽机〔兰肯循环（Rankine Cycle）〕等。

在现实社会中像这样的热机很多，无法计算，且大量使用，其效率和转换过程的改进给社会的发展带来了很大的影响。在大量的热机中，前节所述的卡诺循环是最基本、最理想的，可用于研究热效率的基本分析计算。

兰肯循环（蒸汽循环）代表的是火力发电站中蒸汽轮机发电的机理。它的特点是：以水作为工作流体，包含工作流体的蒸发和冷却这一相变过程。其基本结构如图5-6所示。图5-7为基于蒸汽气压曲线的 $p\text{-}V$ 曲线图和 $T\text{-}S$ 曲线图。

图5-6中所示的各点序号与图5-7中循环的序号是对应的，由图可知，循环是由下列过程构成的：由供水泵进行的绝热压缩（1→2），在锅炉里等压加热（2→3），由于汽轮机的绝热膨胀而产生的转换为机械能的过程（4→5），以及在冷凝器里的等压冷却（5→1）过程。

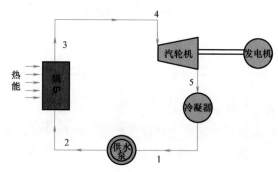

图 5-6　兰肯循环的基本结构

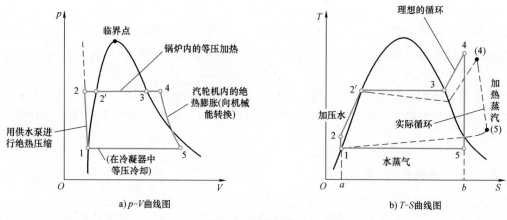

a)$p\text{-}V$曲线图　　　　　　　　b)$T\text{-}S$曲线图

图 5-7　兰肯循环

兰肯循环的理论效率为 η_R，可在 $T\text{-}S$ 曲线图中用下面的公式求出，即设锅炉内的供热量为 Q_{in}，冷凝器的散热量为 Q_{out}，那么在 $T\text{-}S$ 曲线图中就能求出理论散热率 η_R，即

$$\eta_R = \frac{Q_{in} - Q_{out}}{Q_{in}} = \frac{（面积_{122'3451}）}{（面积_{a122'345ba}）} \tag{5-15}$$

为了使实际循环的效率尽可能地接近卡诺循环的效率，采取再循环和再加热循环并用的方式。再循环是指将汽轮机的高压蒸汽用于供水的预加热的循环。再加热循环是指将从汽轮机排出的蒸汽再一次加热后使其返回汽轮机的循环。更进一步将燃气轮机和汽轮机组合成一体的复合循环（Combined Cycle），可提高效率。

图 5-8 为利用再生、再加热热循环的汽轮机发电系统的结构图。在实际使用的汽轮发电机中，假设汽轮机入口处的蒸汽大约为 15MPa，600℃，冷凝器的压力为 10kPa，实施再生、再加热循环后，效率可达约 49%。在最新的研发过程中，由于新材料的开发，计划要实现 1500℃ 高温的燃气轮机复合循环，这样热效率就能达到 50% 以上。

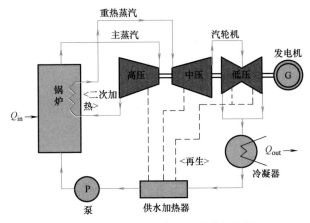

图 5-8 实际汽轮机发电系统的结构图

5.1.3 机械能储存技术

利用电力时，由于时间性和季节性的关系，需求和发电量之间有一个不平衡，为了消除这一不平衡曾采用扬水发电方法，即利用轻负荷时的电力将低位水池的水扬到高位水池里，以后根据需要再利用落差进行水力发电。著名的执安湖东岸的鲁丁古顿扬水发电站就采用这种方法，它拥有世界上最大的储能设备。扬水发电厂的效率 η_t 为水轮机、发电机、泵、电动机各效率的积。

$$\eta = \frac{H - h}{H + h} \eta_t \times 100\% \tag{5-16}$$

此值一般为 50% 左右。另一方面，可求出储存的能量 E，即

$$E = \rho g V H \tag{5-17}$$

式中，ρ 为水的密度；V 为储水的容量；g 为重力加速度；H 为落差高度。

此种储能方法的根本难点是建设场地的地形上的问题。有人认为制造这样的设备破坏自然环境。因此，也有人考虑在地下储存扬水发电用水。本系统可考虑将低位水池在同地下水不发生关系的条件下，设在岩石层内，并人工建造一个高位水池。通过增加两个水池之间的落差（设置在地面，落差最多不过 300m，采用地下方式，可达到几千米）可使储水池的容积减少。为此，要求进一步改进高扬程涡轮泵技术。图 5-9 为扬水发电的原理。

下面一种是比较特殊的方法。它通过将压缩空气送到埋设在地下的容器里来达到储能的

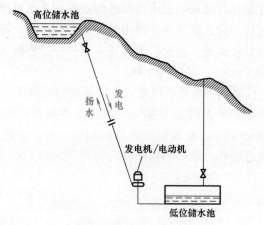

图 5-9　扬水发电的原理

目的。对电力工业来说，这是一种简便的储能方法。同前一种扬水式储能方法相比，有以下优点：

1）从地质上看，选择建设地的余地更大。

2）可进一步增大储能密度。

3）装置小，比较经济。

但另一方面，它的最大缺点是压缩空气要发热。如何处理这种热，对能源经济有很大的影响。另外，在地下储存压缩空气时，温升的空气会导致岩石的龟裂和岩盐的蠕变。图 5-10 是这种设备的系统图。从图中可知，在将压缩空气输入到汽轮机内使其膨胀时，需要燃烧一些燃料使空气重新加热。因此，对这部分热的处理方法是关键所在。原联邦德国芬多尔瓦建造了世界上第一套工业性压缩空气储能设备。压缩空气的压力为几百千克/平方厘米，储气罐共两个，总容积约为 $30m^3$。用电多的时候，可以燃烧天然气，使压缩空气加热，膨胀，然后输入到高压和低压汽轮机内，约经 2h 运行，可发电 29 万 kW。对此种设备来说，发电 $1kW \cdot h$，压缩空气需用电 $0.8kW \cdot h$，另外，加热空气需消耗 5.6kcal（1cal = 4.1868J）左右的热量。

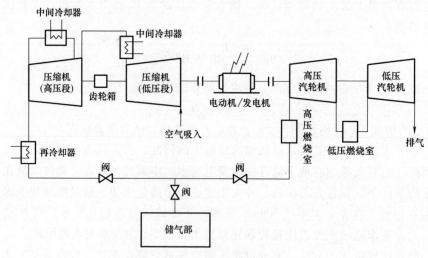

图 5-10　压缩空气储存设备系统图

此外，作为力学能的储存方法，还有储存动能的飞轮，这是利用旋转的能量。设储存的能量为 E，旋转的角速度为 ω，旋转体的惯性力矩为 I，则 E 可以由下列公式求得

$$E = \frac{1}{2}I\omega_2 \qquad (5\text{-}18)$$

因此，设为 ω_i 为初期转数，ω_f 为最终转数，则可输出的能量为

$$E' = \frac{1}{2}I(\omega_i^2 - \omega_f^2) \qquad (5\text{-}19)$$

为了储存剩余动力、电力和风力，人们正在加紧研究飞轮动力的储存。例如，用于汽车（图 5-11）及发电厂高峰电力的储存等。

此外，这种方法还非常适用于处理机器制动动力等废动力，今后在工厂动力储存方面将大有前途。这种储能方法的特点是比能大，但近来在汽车上主要考虑用于废动力的回收，也就是说，在应用目的上发生了若干变化。不管用于哪些方面，采用这种储能方法，储能时能量损失主要是由风损和轴承部分的摩擦造成的。为此，有人设想将飞轮放在真空容器中，但真空密封技术，特别是用于储存电力时由于容量增大所产生的种种问题等还有待于解决。

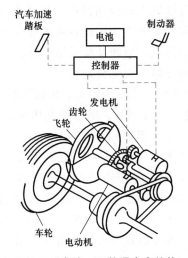

图 5-11　电池、飞轮混合车结构

5.1.4　热能储存技术

1. 热能储存的基本理论

（1）热能储存概述　热能是最普遍的能量形式，所谓热能储存就是把一个时期内暂时不需要的多余的热量通过某种方式收集并储存起来，等到需要时再提取使用。从储存的时间来看，有以下三种情况。

1）随时储存。以小时或更短的时间为周期，其目的是随时调整热能供需之间的不平衡，如热电站中的蒸汽蓄热器，依靠蒸汽凝结或水的蒸发来随时储热和放热，使热能供需之间随时维持平衡。

2）短期储存。以天或周为储热的周期，其目的是为了维持一天（或一周）的热能供需

平衡。例如，对太阳能采暖，太阳能集热器只能在白天吸收太阳的辐射热，因此集热器在白天收集到的热量除了满足白天采暖的需要外，还应将部分热能储存起来，供夜晚或阴雨天采暖使用。

3）长期储存。以季节或年为储存周期，其目的是调节季节（或年）的热量供需关系。例如，把夏季的太阳能或工业余热长期储存下来，供冬季使用；或者冬季将天然冰储存起来，供来年夏季使用。

（2）热能储存的方法。热能储存的方法一般可以分为显热储存、潜热储存和化学储存三大类。

1）显热储存基本原理。随着材料温度的升高而吸热或随着材料温度的降低而放热的现象称为显热。质量为 m 的物质，温度变化为（$T_2 - T_1$）时的显热计算公式为

$$Q = C(T_2 - T_1)m \tag{5-20}$$

式中，C 为单位体积物体的比热容。

不同材料有不同的比热容，如水的比热容为 $4.2 \text{J}/(\text{kg} \cdot \text{℃})$。由式（5-20）可知，物质的储热量与其质量、比热容的乘积成正比，与物质所经历的温度变化成正比。因此，要确定物质所吸收（或放出）的热量，只要知道其质量、比热容及温度变化即可。

显热储存时，根据不同的温度范围和应用情况，选择不同的储存介质。水是最常用的，因为水有较好的传热速率和在常用的液体中比热容最大等优点，虽然比热容不如固体大，但是作为液体，它可以方便地传输热能。当涉及高温储存时，如在空气预热炉中储能，就需要用比热容高的固体介质，这样可使储存单元更紧凑。

2）潜热储存基本原理。物质从固态转为液态，由液态转为气态或由固态直接转为气态（升华）时，将吸收相变热；进行逆过程时，则将释放相变热。通常把物质由固态熔解成液态时所吸收的热量称为熔解热（熔化潜热）；而把物质由液态凝结成固态时所放出的热量称为凝固潜热。物质由固态直接升华成气态时所吸收的热量称为升华潜热。

相变储存就是利用物质发生相变时需要吸收（或放出）大量热量的性质来实现储热。物质的相变通常存在以下几种相变形式：固-气、液-气、固-液，而第四种固-固则是属于从一种结晶形式转变为另一形式的相转变。相变过程一般是一个等温或近似等温过程。相变过程中伴有能量的吸收或释放，这部分能量称为相变潜热。相变潜热一般较大，不同物质其相变潜热差别较大，无机水合盐和有机酸的相变潜热为 $100 \sim 300 \text{kJ}/\text{kg}$，无机盐 LiF 的相变潜热可高达 $1044 \text{kJ}/\text{kg}$，金属的相变潜热为 $400 \sim 510 \text{kJ}/\text{kg}$。利用这个特点，我们可以将物质升温过程吸收的相变潜热，加上吸收的显热一起储存起来加以利用。我们知道，在物理学中，从固体到气体的转变称为升华，从液体到气体的转变称为蒸发，而从气体变为液体称为凝结，从固体变为液体称为融化或熔化，液体变为固体便称为固化。

在液相中的分子比在固相中的分子有大得多的自由运动，相应也就具有较高的能量。在气相中的分子也有较高的自由度，分子之间是完全自由的，相互吸引力几乎为零，因此相应具有非常高的能量。以上列出的前三种相变形式，其相变潜热依次递减，而称为升华的相变潜热值则是熔化和蒸发热的和。

固-气和液-气这两种相变，虽然有很高的潜热，但是由于在这两种形式的相变过程，气体所占据的体积太大，因此，实际上很少利用。固-液相变潜热虽然比汽化潜热小很多，但与显热相比就大得多。而更重要的特点还在于，在固-液相变过程，材料的体积变化很小，

因此，固-液相变是最可行的相变储能方式。固-固相变时，材料从一种晶体状态转移至另一状态，与此同时也释放相变热。不过，这种相变潜热与固-液相变潜热比，一般情况下就比较小。可是，由于固-固相变过程，体积变化很小，过冷也小，不需要容器，因此，它也是很吸引人和可行的相变储能方式。

因此，可以看出，固-液相变是目前具有最大实用价值的相变储能方式。对于相变储能来说，这种固-液相变的熔化过程包括了共熔和转熔相变与溶解。相变材料在熔化温度范围的熔化热是可以利用的。在实际的系统中，由于没有达到热动力学平衡，熔化和固化温度并不是恒定的。固化温度与传热率、反应动能及存在的杂质有关。相变储热（冷）能技术的基本原理是，由于物质在物态转变（相变）过程中，等温释放的相变潜热通过盛装相变材料的元件，将能量储存起来，待需要时再把热（冷）能通过一定的方式释放出来供用户使用。

① 相变潜热。目前有实际应用价值的只是固-液相变储热。熔化过程可以通过自由能差来表达，即

$$\Delta G = \Delta H - T_m \Delta S \tag{5-21}$$

式中，H 为焓；T_m 为相变温度（K）；S 为熵。

如果是平衡的，则 $\Delta G = 0$，即

$$\Delta H = T_m \Delta S \tag{5-22}$$

从式（5-22）可以看出，给定相变温度 T_m，熵的变化越大，相变材料的相变潜热（ΔH 为相变焓差）也就越大。

我们可以这样来定义相变焓，1mol 纯物质在恒定温度 T 及该温度的平衡压力 p 下发生相变时对应的焓变，即该纯物质在温度 T 条件下的相变焓，单位为 J/mol 或 kJ/mol。由于发生相变的过程恒压且非体积功为零，所以相变焓也称为相变热，可以用量热的方法来测定。

对于纯物质，在处于热动力学平衡时，具有如下的性质，即

$$TdS = dH - Vdp \tag{5-23}$$

式中，V 和 p 分别是体积和压力。如果在熔化期间，压力保持恒定，那么，对纯（单成分）相变材料而言，就有

$$TdS = dH \tag{5-24}$$

化合物在熔化过程中熵的变化，可以近似地用组成化合物元素的熵变之和得到。低分子量的物质有高的相变潜热，较轻原子，像锂和氟的化合物就有非常高的潜热。因此，在选择相变材料时，对氟的共晶混合物我们是感兴趣的。

按需要的储热温度选择单成分相变材料常常是困难的，为了达到降低熔点的目的，可考虑制备多成分相变材料，制备的多成分相变材料具有较低的蒸气压。多成分相变材料一般是考虑共晶盐，对共晶盐的潜热一般靠实验测定。只有极少数情况下通过 F 列公式计算，但是，其实测值和计算值的差别在 30% 左右，即

$$\Delta H_{eu} = x_A \left[\Delta H_A - (C_A^l - C_A^s)(T_A - T_{eu}) \right] + x_B \left[\Delta H_B - (C_B^l - C_B^s)(T_B - T_{eu}) \right] + \Delta H^{mix} (T = T_{eu}) \tag{5-25}$$

式中，x_A、x_B 分别为 A、B 的摩尔分数；C_A^l、C_A^s 分别为 A 在液相和固相中的热容量（关于 B 的符号也是相同意思）；T_A、T_B 分别为 A、B 的熔点；T_{eu} 为共融温度；ΔH^{mix} 为混合热。但是，计算中必要的热力学量可以说几乎全都是未知数。

因此，为了知道作为蓄热装置设计数据的共晶盐的潜热，必须依靠实测。在寻求蓄热材料时，可根据其他的粗略假设进行必要的推算。最佳推算法是假定溶解的熵变具有加成性，且可用下式表示

$$\Delta S_{eu} = x_A \Delta S_A + x_B \Delta S_B \tag{5-26}$$

$$\frac{\Delta H_{eu}}{T_{eu}} = x_A \frac{\Delta H_A}{T_A} + x_B \frac{\Delta H_B}{T_B} \tag{5-27}$$

在熔点附近熔盐的比定压热容可根据下列经验公式计算

$$C_p = (34.8 \pm 3.2) \text{J/(K·atm)} \tag{5-28}$$

注：1atm = 101.325kPa

② 成核与过冷。结晶是固体物质以晶体状态从蒸气、溶液或熔融物中析出的过程。在晶体成核理论，晶体生长等领域已经拥有较完备的理论。由于结晶过程常会出现过冷、析出及导热性能差等现象，而与之相对的熔化过程则无类似不良现象。同时由于液体的对流，液态 PCMs 的有效导热系数也较大。因此，固-液相变过程的分析、研究多集中在凝固过程。结晶过程也是水合盐完成放热的一个重要过程。因此，在此重点阐述与研究相关的结晶理论基础知识。

结晶分以下几步完成：①诱发阶段；②晶体生长阶段；③晶体再生阶段。在诱发阶段，晶核形成并逐渐生长至稳定临界尺寸以上。在晶体生长阶段，晶核周围的相变材料（PCMs）通过扩散在晶核表面吸附，且按晶体优先生长取向迁移、生长成具有一定几何形状的晶体。随着晶体生长渐趋完成，结晶速度逐渐放慢。在晶体再生阶段，虽然 PCMs 已完全凝固，晶体内仍有相对运动，晶体形状、大小仍会改变。热迁移速率较低而晶体生长速率较高，晶体生长缓慢，高成核率、低晶体生长速率使结晶体成为弥散的小颗粒；与之相反，低成核率和高晶体生长速率使结晶体成为稀疏的大颗粒。不同的晶体生长类型的相变介质的传热能力不同。

结晶过程中，必须形成晶核并且不断生长，过程才能继续。但很多相变材料存在过冷，也就是说，当温度降到凝固点后，结晶过程不进行。

均匀成核指的是在没有外部的固态表面的帮助下，晶核的形成分散在整个液体表面 0。考虑到在熔液中球形晶核的半径为 r，每单位体积的熔液和晶核的自由能差 ΔG_V 是提供晶核形成的驱动力，这驱动势能必须克服要求维持晶核与周围液体之间界面的表面能。这界面能是 $4\pi r^2 \gamma$，这里 γ 是单位面积的界面能。因此，总的两相之间的自由能差是

$$\Delta G_{total} = -\frac{4}{3}\pi r^3 \Delta G_V + 4\pi r^2 \gamma \tag{5-29}$$

对一个特殊的核半径 r^*，其总的自由能最大。临界半径 r^* 可通过求 ΔG_V 对 r 的微分，并令其为 0 来求得，即

$$-\frac{4}{3}\pi (r^*)^3 \Delta G_V + 4\pi r^2 \gamma = 0 \tag{5-30}$$

这样

$$r^* = \frac{2\gamma}{\Delta G_V} \tag{5-31}$$

我们知道，每单位体积的自由能差 ΔG_V 正比于过冷度 ΔT。将 $\Delta G_V = \alpha \Delta T$ 代入

式（5-31），便可得到

$$r^* = \frac{2\gamma}{\alpha\Delta T} \tag{5-32}$$

从式（5-32）可以看出，临界半径反比于过冷度 ΔT。所有的核半径小于临界半径在热力学上都是不稳定的。在这里，由于 γ 的值理论上为未知，所以只能通过实验来取得这个数据。

非均匀成核是指在外部物体，例如，在其他物质的晶粒、杂质颗粒，或者是在容器和换热器的凸点等的表面形成晶核。非均匀成核要求的过冷度非常小。

有些相变材料，像无机水合盐就显示有较强的过冷度，因此在提热时，常常不能在材料的熔点将潜热提出。因此，可以通过添加成核剂来使相变材料的过冷度减少至零。可惜的是，现在对结晶现象的知识还是很不足够，往往只有通过实验和观察来决定哪种成核剂对哪种相变材料是合适的。

③ 相变过程的热和质的传输。晶体生长是空间不连续与非均匀化的过程，结晶作用仅在固-液相界面上发生。晶体从浓厚环境相中生长，结晶潜热必须及时地输运。

图 5-12 中，Q_1 为单位时间内由熔体传递给界面的热量；Q_{1s} 为单位时间内在界面上因晶体生长所放出的结晶潜热；Q_s 为单位时间内由界面传递结晶体的热量。根据能量（热）守恒定律，生长界面处热量输运方程为

$$Q_1 + Q_{1s} = Q_s \tag{5-33}$$

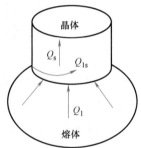

图 5-12　晶体生长界面出热流

搅拌溶液对晶体生长速率的影响可用下式表示

$$\frac{1}{\Gamma} = \frac{1}{\Gamma_0 + Cv} + \frac{1}{\Gamma_s} \tag{5-34}$$

式中，C 为常数；v 为液体速度；Γ_0 为扩散生长率；Γ_s 为界面生长率。其中右边第一项代表物质向晶体生长表面的输运，第二项代表与晶格的结位。无搅拌时，$Cv = 0$，当 v 随着搅拌增加时，结晶速率 Γ 增加。$\Gamma_s \gg \Gamma_0$，$\Gamma = \Gamma_0 + Cv$ 时，搅拌就十分有效；$\Gamma_0 \gg \Gamma_s$，$\Gamma = \Gamma_s$ 时，搅拌的作用不大。对几个系统的实验结果表明，结晶速率及均匀性都随搅拌速率的增加而增加。

多数 PCM 储能系统（如封装式）不宜搅拌，然而直接接触式储能系统则需要搅拌，搅动溶液能增强物质向晶体生长表面的输运能力，提升结晶速度。同时，搅拌器叶片与晶粒碰撞产生的碎片成为新的晶核（接触核化），这提高了成核率，从而也提高了结晶速率。

我们知道，储热和提热的速率受到结晶（固化）速率的限制。在容器或换热器中，相

变材料在液体和固体的界面发生固化，而储热和提热也就从这个界面区域进行。这样，我们可以说，储热和提热速率是传热传质现象的函数。

质量传输率由各个方面决定，包括阳离子、阴离子和水等在界面发生的扩散。在某些情况下，结晶区限制了质量传输并且变成过程的控制因素。这样，结晶过程动能的量的处理是极其复杂的。当传热成为过程的限制因素的时候，就必须设计一个合适的换热器进行调整。

热量从界面可以通过对流或传导传进或传出。在熔化期间，换热器表面与液体相接触（图 5-13），因此对流是可能的。在结晶过程，较冷的传热表面被晶粒覆盖，而传热只能是依靠传导。对流比传导更有效，因此，在熔化过程供能比在固化期间提热要容易得多。

传质率的减少与扩散组分数、熔液黏度和组分距离有关。在非调和熔解中，如发生相分离，组分间的距离将增加得非常大。

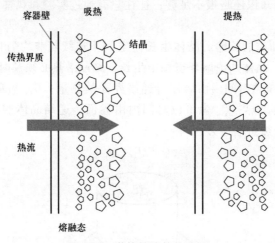

图 5-13　潜热储能的热流图

热能储存系统的储存原理如图 5-14 所示，一个简单的储存过程分为充能、储存、放能三个步骤。在实际的储存系统中，三个步骤不一定是分开的，可能同时发生充能和储存。

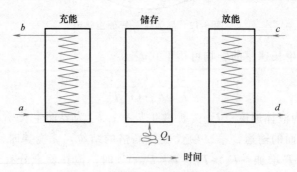

图 5-14　热能储存系统的储存原理

3）化学储存基本原理。化学储存是利用某些物质在可逆反应中的吸热和放热过程来达到热能的储存和提取。这是一种高能量密度的储存方法，但在应用上还存在不少技术上的困难，目前尚难实际应用。

（3）热能储存的评价依据　可以从技术、环境、经济、节能、集成、储存耐久性等方面来评价能量储存系统的性能。

1）技术依据。在设计热能储存系统工程之前，设计者应该考虑热能储存的技术信息，即储存的类型，所需储存的数量、储存效率、系统的可靠性、花费和可以采用的储存系统的类型等。例如，若需要在某个地区建立储能系统，但由于区域的限制，能量储存实施困难，并且要在能量储存的装置上花大量资金，尽管能量工程师认为这些投资是有益的，但从技术和经济的角度来分析是不适宜的。

2）环境依据。用于热能储存系统的材料不能使用有毒材料，系统在运行过程中不能对人的健康和环境或生态的平衡造成危害。

3）经济依据。判断热能储存系统是否经济可行，需要从初始投资和运行成本两个方面与发电装置进行比较，比较时必须是相同负荷和相同的运行时间。一般来说，热能储存系统的初始投资要高于发电装置，但运行成本要低。据文献报道，由于控制方法的改进，加拿大的热能储存系统用于加热费用是 20~60 加元/(kW·h)；而用于空调时，由于可以采用比较小的制冷机代替传统的制冷机，所以其费用是 15~50 加元/(kW·h)，初始投资费用比传统制冷方式的要低。

4）节能依据。一个好的热能储存系统，首先要降低工程的成本，其次要能减少电的消耗，达到节能的目的。许多建筑物中，空调或热泵系统主要是在中午和下午集中消耗电能，若将储冷（热）系统与它们配套使用，则可利用"削峰填谷"来缓解电网负荷，提高能源利用率，减少一次能源的使用，达到节能和环保的目的。若进一步与冷空气分布系统配套使用，则可大大提高储冷（热）系统的效率。美国电力研究院的研究表明，具有储冷系统和冷空气分布系统的集中空调运行费用要比一般空调系统低 20%~60%。

5）集成依据。当需要在现有热能设备中集成热能储存系统时，必须对该设备的实际操作参数做出估计，然后分析可能采用的热能储存系统。

6）储存耐久性。不同场合要求热量在系统中存放的时间也不同，所以按储存时间的长短，热能储存系统可以分为短期、中期和长期三类。短期储存是为了减小系统规模或者充分利用一天的能量分配，最佳动力只能持续几个小时至一天；中期储存的储热时间为 3~5 天（或一周），主要目的是满足阴雨天的热负荷需要；长期储存是以季节或年为储存周期，即储存时间是几个月或一年，其目的是调整季节或年的热量供需之间的不平衡。短期储存投资小，效率最高，可超过 90%；长期储存效率最低，一般不超过 70%。

2. 热能的储存技术

热能储存技术在过去的 40~50 年中已得到迅速发展，近年来供冷、空调等方面的研究受到了重视，如在北美和欧洲，使用陶瓷砖、碎石、水等的热能储存系统用于房间加热，以及采用冰、水或精盐作为储存介质的储冷系统的应用已经非常广泛了。热能储存研究内容主要涉及开发新的热能储存系统（新储存材料的研究、热量储有选择的范围等）及对已有的热能储存系统的改进、性能优化等，另外也研究了紧凑式热能储存系统的设计和在太阳能装置中热能储存系统的应用。

（1）显热储存 显热储存是所有热能储存方式中原理最简单、技术最成熟、材料来源最丰富、成本最低廉的一种，因而也是实际应用最早、推广使用最普遍的一种。例如，水箱储热和岩石堆积床储热等，已经在太阳能采暖和空调系统中得到了一定的应用。但显热储热质量大、体积大。因为一般的显热储热介质的储能密度都比较低，所以为了能储存相当数量的热量，需要的储热介质的质量和体积都比较大。另外，显热储热时输入和输出热量的温度变化范围较大，而且热流也不稳定。因此，常需要采用调节和控制装置，从而增加了系统运行的复杂程度，也增加了系统的成本。

1）显热储存介质。显热储存是通过改变储存介质温度而将热能储存起来的一种方式。根据所用材料的不同可分为液体显热储存和固体显热储存两类。显热储热介质的性能参数见表5-3。为了使储存器具有较高的容积储热（冷）密度，则要求储存介质有高的比热容和密度，另外还要容易大量获取并且价格便宜。目前，常用的储热介质是水、土壤、岩石和溶盐等。

表5-3 显热储热介质的性能参数

储热介质	比热容/[kJ/(kg·℃)]	密度/(kg/m³)	平均热容量/[kg/(m³·℃)]	标准沸点/℃
乙醇	2.39	790	1888	78
丙醇	2.52	800	2016	97
丁醇	2.39	809	1933	118
异丁醇	2.98	808	2407	100
辛烷	2.39	704	1682	126
水	4.2	1000	4200	100

水作为储热介质具有如下优点：普遍存在，来源丰富，价格低廉；其物理、化学及热力学性质已基本了解，且使用技术最成熟；可以兼作储热介质和载热介质，在储热系统内可以免除热交换器；传热及流体特性好，常用的液体中，水的容积比热容最大、热膨胀系数及黏滞性都较小，适合于自然对流和强制循环；液汽平衡时，温度-压力关系适合于平板型集热器。

水作为储热介质具有如下缺点：作为一种电解腐蚀性物质，所产生的氧气易于造成锈蚀，因此对容器和管道易产生腐蚀；凝固（即结冰）时体积会膨胀，易对容器和管道造成破坏；高温下，水蒸气气压随着绝对温度的升高呈指数增大，所以用水储热时，温度和压力都不能超过其临界点（347℃，2.2×10^7 Pa）。

水、岩石和土壤在20℃的储热性能参数见表5-4。水的比热容和密度大约是岩石比热容的4.8倍，而岩石的密度是水的2.5~3.5倍，因此，水的储热密度要比岩石的大。

表5-4 水、岩石和土壤在20℃的储热性能参数

储热材料	密度/(kg/m³)	比热容/[kJ/(kg·℃)]	平均热容量/[kg/(m³·℃)]
水	1000	4.2	4200
岩石	2200	0.88	1936
土壤	1600~1800	1.68(平均)	2688~3024

当需要储存温度较高的热能时，以水作为储热介质就不合适了，因为高压容器的费用很高。根据温度的高低，可选用岩石或无机氧化物等材料作为储热介质。岩石的优点是不像水那样有漏损和腐蚀等问题。通常，由于岩石的比热容小，故岩石储热床的容积密度比较小。当太阳能空气加热系统采用岩石床储热时，需要体积相当大的岩石床，这是岩石储热床的缺点。为此，出现了一种液体固体组合式的储热方案。例如，储热设备可由大量灌满了水的玻

璃瓶罐堆积而成。这种储热设备兼备了水和岩石的储热优点。储热时，热空气通过"充水玻璃床"，使玻璃瓶和水的温度都升高。由于水的比热容很大，故这种组合式储热设备的容积储热密度比岩石床的大。其传热和储热特性很适用于太阳能空气加热供暖系统。

若在地面下挖一些深沟，沟与沟之间为天然地层，沟中填满砾石，其底部及顶端埋设管道，可利用空气进行热量的存取。这种以天然岩石和地层组成的显热储存方式，可实现大容量（几千万 kW·h）、高温（250~500℃）及长期储存。

无机氧化物作为中高温显热式储热介质，具有许多独特的优点，如高温时蒸气压很低、不和其他物质发生反应、比较便宜等。

有时价格低是特别重要的，但无机氧化物的比热容及热导率都比较低。这样，储热和换热设备的体积将很大。若将储热介质制成颗粒状，以增加流体和储热介质的换热面积，将有利于设计较紧凑的换热器。

可作为高温显热式储热介质的有花岗岩、氧化镁（MgO）、氧化铝（Al_2O_3）及氧化铁等，一些固态储热介质的性能参数见表 5-5。这些材料的平均热容量虽不及液体，但单位金额储存的热量并不少，特别是花岗岩。氧化铝和氧化镁皆有较高的热容量，而从导热和费用上来看，氧化镁更好一些。

表 5-5　一些固态储热介质的性能参数

储热介质	密度 ρ/(kg/m³)	比热容 C/[kJ/(kg·℃)]	平均热容量/[kg/(m³·℃)]	热导率 λ/[W/(m·K)]
金属				
钢（低合金）	7850	0.46	3611	50
铸铁	7200	0.54	3888	42
铜	8960	0.39	3494	395
铝	2700	0.92	2484	200
非金属				
耐火泥		1.0	2350	1.0~1.5
氧化铝（80%）	2100~2600	1.0	3000	2.5
氧化镁（90%）	3000	1.0	3000	4.5~6
氧化铁	3000	—	3700	5
岩石	1900~2600	0.8~0.9	1600~2300	1.5~5.0

2）储热水箱。在加热、空调和其他应用场合中，储热水箱得到了广泛应用。储热水箱的容量取决于负荷的大小及储热水箱工作时间的长短。若温度升高 30℃，则 1000kg 水可储存的热能为 1000kg×4.186kJ/(kg·℃)×30℃ = 125.58kJ。

储热水箱根据储放热特性可分为完全压出式、完全混合式和温度分层式；按储热水箱的个数分为单箱式和多箱式；按压力状态分为敞开式和密闭式。

住宅用的小型水箱一般为完全压出式储热水箱，如图 5-15 所示。水作为储存介质，体积为 V，水箱内的水温为 T。由于热水的密度小，在水箱的上部，而冷水在水箱的下部，冷热两个水域的分界十分清晰，几乎没有混合。储热水箱储热（冷）时，水流从下部（上部）流入口进入，热（冷）水便从上部（下部）流出，当流出的体积为 V 时，水温还全部保持

着 T，体积一旦超过 V，则流出水温与流入的水温相同。三种储热水箱内温度分布如图 5-16 所示。由于水箱内死区小，热量可以全部加以利用，所以完全压出式储热水箱的效率较高。

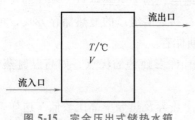

图 5-15　完全压出式储热水箱

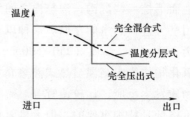

图 5-16　三种储热水箱内温度分布

由于充热和放热运行时热水和冷水易发生混合或热量通过水箱壁从热水向冷水传递。因此，为了减少混合损失，应降低进口流速，或设置使水流在整个水箱横截面均匀分布的装置，或者可以在热水和冷水层之间设置浮动的隔热板，以阻止水的传热。

如太阳能热水箱、蒸汽储热器等，水箱内水温完全均匀一致。图 5-17 所示的以水箱为储热器的太阳能热水系统中，$T_{c,o}$、$T_{c,i}$ 分别为集热器出口及储热水箱的入口温度，T_s 为水箱中的温度。水在集热器内被太阳能加热后泵入水箱，水箱是储热器，当需要使用储存热量时，水泵将箱内热水泵入负荷，放出热量后返回水箱。

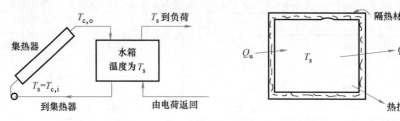

图 5-17　以水箱为储热器的太阳能热水系统

若水在水箱内充分混合，即箱内水温完全均匀一致，当水箱为开口体系时，水的热焓增量应等于集热器传给水箱的热量减去水箱传给热负荷的热量和热损失，则热平衡方程为

$$(mc_p)_s \frac{dT}{d\tau} = Q_U - Q_L - UA(T_s - T_a) \tag{5-35}$$

若经过 $\Delta\tau$ 时间后储热水箱中水温上升为 T'_s，式（5-35）则可表示为

$$T'_s - T_s = \frac{\Delta\tau}{(mc_p)_s}[Q_U - Q_L - UA(T_s - T_a)] \tag{5-36}$$

式中，Q_U 为集热器传给水箱的热量；Q_L 为热负荷；U 为热损失系数；A 为水箱表面积；$UA(T_s - T_a)$ 为水箱对周围环境的热损；m 为集热器流入水箱的水流量。

知道水箱的初始温度后，便可由式（5-36）计算出第一个时间间隔结束时的水温，然后以此温度为第二个时间间隔开始时刻的水温，再应用式（5-36）可求出第二个时间间隔结束的水温。如此反复计算，便可得到水箱温度变化的情况。

对于小型水箱，可假设水温均匀是合理的，但对于大型水箱，由于密度随温度变化，在垂直方向水温是不均匀的，上层水温比下层水温偏高，水箱中的温度是分层的。例如，太阳能热水系统的储热水箱的顶部水温最高，底部的水温最低。若进入集热器的水的温度低，则集热器的效率将因热损减少而提高。而对负荷来说，总是要求流体有较高的温度。为此，水箱中的温度分层对改善系统的性能是有利的。有关储热水箱中温度分层的研究，主要是弄清各种因素对温度分层的影响，这对水箱的设计及运行控制有很重要的实际意义。实验研究表明，良好的温度分层，可使整个水箱的性能提高20%。

储热水箱中温度分层的实际情况相当复杂，与进水的流速、水箱的几何尺寸、进出水管的大小及在水箱上的位置、水箱中挡板的形状和大小等许多因素有关。图5-16中给出的温度分布，是介于理想模拟和假定水箱温度均匀两者之间的水箱温度分布。

按照水箱数的多少，储热水箱可以分为单箱式和多箱式两类。单箱式经常作为专用的储热水箱，其特性在理论上和实际应用中都比较容易掌握，只要注意进、出口的安装高度，就可以取得较高的效率（接近于完全压出式）。几个水箱也可并联使用，如果它们的结构和大小全都相间，则其特性便与单箱式一样。如冬季和夏季分别采用储热和储冷水箱，则往往采用双箱式，二者的大小比例需根据储热（冷）量而定。

按照压力的状态分类，储热水箱可以分为敞开式和密闭式两类。敞开式储热水箱如图5-18所示，它与大气相通，承受压力较小。但易受酸性腐蚀，且因氧气易溶于水，所以对容器的耐腐蚀件要求较高。密闭式储热水箱如图5-19所示，为避免储热水箱胀坏，在其上方设置了膨胀水箱。

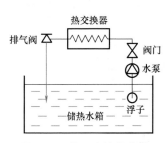

图 5-18 敞开式储热水箱

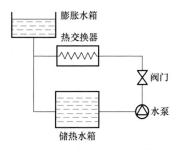

图 5-19 密闭式储热水箱

密闭式储热水箱的优点是配管系统简单，所需水泵的扬程较小。缺点是储热水箱承受的压力较大，故对其承压要求较高，容器的设备费用较高。在实际应用中，建筑物的供热水系统和屋顶储热水箱（自然循环式热水器）多用敞开式的。当集热温度在100℃以上时，储热水箱必须是密闭的；此外，放置在地面上的强制循环式热水器的储热水箱也都是密闭式的。

在使用储热水箱时，出口水温的变化状况对于热负荷来说是非常重要的。从理论上讲，可以通过求得槽内的温度分布情况以获得进、出口温度之间的函数关系。但水箱内的水是三维不稳定流动的，所以只能用三维的连续性方程、动量守恒和能量守恒方程来求解，步骤十分复杂。在实际设计过程中，并不需要直接了解水箱内的温度和流速分布，而只需知道入口温度和入口热量的变化情况并能求出口温度的变化结果即可。由此可设计一定条件下具有最高效率的储热水箱，另外还可进行供冷、供暖和供热水系统的模拟计算。

3）地下含水层储热系统。地下含水层储热系统既可储热也可储冷，储热温度可达150~200℃，能量回收率可达70%。地下含水层储热系统近20年受到了广泛关注，它被认为是具有潜力的大规模跨季度储热方案之一，可应用于区域供热和区域供冷。

地下含水层储热系统是通过井孔将温度低于含水层原有温度的冷水或高于含水层原有温度的热水灌入地下含水层，利用含水层作为储热介质来储存冷量或热量，待需要使用时用水泵抽取使用。图 5-20 所示为双井储热系统工作原理。储热时冷水井的水被抽出，经换热器内供热系统的水加热后，灌入热水井储存。提热时，热水井的水被抽出，经换热器加热供热系统的水，冷却后灌入冷水井。如果用于供冷系统，则按与供热系统相反的方向运行。

另外还有一种单井储热系统，它是在冬季把净化过的水经过冷却塔冷却后，用回灌送水泵灌入深井中，到夏季时再用泵把冷水抽出，供空调降温系统使用。当然，也可以在夏季灌入热水，储存到冬季再提出使用，这种做法俗称"夏灌冬用"。

地下含水层储热系统还可以和热泵一起使用，如图 5-21 所示。在夏季，水从冷水井中抽出经换热器后回至热水井中，在换热器中被冷却的水可进一步使用热泵降低温度，用于建筑物的供冷。同样在冬季，水从热水井中抽出经换热器后回至冷水井中，在换热器中被加热的水可进一步使用热泵提高温度，用于建筑物的供暖。

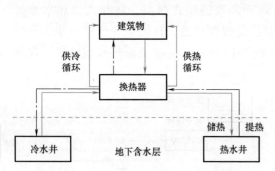

图 5-20 双井储热系统工作原理示意图

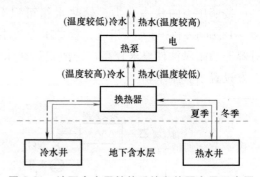

图 5-21 地下含水层储热系统和热泵合用示意图

（2）相变储能

1）相变储能特点。与显热储能相比，相变储能的优点如下。

① 容积储热密度大。因为一般物质在相变时所吸收（或放出）的潜热为几百至几千 kJ/kg。例如，冰的熔解热为 335kJ/kg，而水的比热容为 4.2kJ/(kg·℃)，岩石的比热容为 0.84kJ/(kg·℃)。所以储存相同的热量，潜热储存设备所需的容积要比显热储存设备小得多，即设备投资费用降低。许多场合需要限制储热设备的空间尺寸及质量（如在原有的建筑物中安装储热设备等），就可优先考虑采用相变储存设备。

扫码看视频

② 温度波动幅度小。物质的相变过程是在一定的温度下进行的，变化范围极小，这个特性可使相变储存器能够保持基本恒定的热力效率和供热能力。因此，当选取的相变材料的温度与热用户的要求基本一致时，可以不需要温度调节或控制系统。这样，不仅设计简化而且能降低成本。

由于以上优点，相变储能越来越受到重视。美国、日本、法国、德国等都在进行深入的研究和开发，有些相变储热装置已投入运行。

2）相变材料的选取。相变材料是一种能够把过程余热、废热及太阳能吸收并储存起来，在需要时再把它释放出来的物质。在相变储能过程中，理想的相变材料在热力学、化学方面应具有下列性质：①具有合适的熔点温度，例如，作为建筑物供储热系统的相变材料，其熔点温度最好为 20~35℃，而储冷系统相变材料的熔点应为 5~15℃；②有较大的熔解潜热，可以使用较少的材料储存所需热量；密度大，储存一定热能时所需要的相变材料体积小；③在固态和液态中部具有较大比热容，这样除了利用潜热以外，还可利用液体和（或）固体的显热；④在固态与液态（换热器）时具有较高的热导率；⑤无偏析、不分层、热稳定性好；热膨胀小，熔化时体积变化小；⑥凝固时无过冷现象，熔化时无过饱和现象；⑦没有或有低的腐蚀性（这是为了采用价格低的容器材料），危险性小（不产生有毒气体，与工作介质或传热介质不起危险的反应）。这种相变材料一般有以下四种情况。

a. 固体物质的晶体结构发生变化。例如，六方晶格的锆，在871℃的温度下，晶格变成体心立方，此时相当于吸收了53kJ/kg的热量，为了利用这种潜热，人们研究了表5-6所示的储热材料。

表 5-6　利用晶体结构变化时潜热的储热材料举例

储热物质	分子式	比热容/[kJ(kg/K)]	转移点/℃	潜热/(kJ/kg)
氯化钙	$CaCl_2 \cdot 6H_2O$	2.3(33℃)	30.2	175
磷酸氢二钠	$Na_2HPO_4 \cdot 12H_2O$	1.94(50℃)	34.6	279
硝酸钙	$Ca(NO_3)_2 \cdot 4H_2O$	—	42.5	142
硫酸钠	$Na_2SO_4 \cdot 10H_2O$	—	32.4	239
硫代硫酸钠	$NaS_2O_3 \cdot 5H_2O$	1.45(21℃)	48.5	94

b. 固、液相间的相变，即熔解、凝固。这是指冰的融化，水的结冰。利用这种潜热的有表5-7所列的物质，具体的应用实例有冰库等。

表 5-7　利用溶解热的储热物质

储热物质	迁移点/℃	潜热/(kJ/kg)	储热物质	迁移点/℃	潜热/(kJ/kg)
$BeCl_2$	547	1296	B_2O_3	449	318
NaF	992	702	Al_2Cl_6	190	263
NaCl	803	514	$FeCl_3$	306	259
LiOH	462	431	NaOH	318	167
$LiNO_3$	264	368	H_3PO_4	26	146
KCl	776	343	KNO_3	337	117

c. 液、气相的相变，即气化、冷凝。相当于所述蒸汽储热器等场合的水的蒸发和蒸汽的冷凝。

d. 固相直接变成气相，即升华。萘和碘等若干物质具有这种现象。这时的升华热量大体等于熔解热和汽化热的和。据试验，固体碘在室温下，以0.31mmHg（1mmHg=133.322Pa）的压力升华时吸收的热量为245kJ/kg。

在技术方面，相变材料应高效、紧凑、可靠、适用。另外，为了便于商业应用，相变材料还应容易生产，价格低廉。

实际上很难找到能够满足所有这些条件的相变材料，在应用时主要考虑的是相变温度合适、相变潜热高和价格便宜，注意过冷、相分离和腐蚀问题。

3）相变储能的预测。欲知相变材料的熔解热，一可从文献上查找；二可通过实验测定。后一方法的工作量很大，若能找出相变材料的熔解热、熔点与其他物理性质间的关系，由已知或易知的物性参数来估算或预测熔解热、熔点，无疑对相变材料的选择有重要意义。

固态物质中原子按照 3 个振动自由度的晶格结构排列，根据理论预测，原子的比热 $C_V = 3R = 6\mathrm{kcal/(kg \cdot K)}$（$1\mathrm{cal} = 4.1868\mathrm{J}$）。Kopp 定则假定：任何化合物的比热容等于所有组成原子的比热容之和，这已为大多数物质证实。当然，对于高熔点的物质只有在比较高的温度时才能很好地符合这一规则。

按照 Trouton 定则，由液体的蒸发熵 S_e 和沸点 T_e 可以算出它的蒸发潜热 Q_e，即

$$Q_e = S_e T_e = 22T_e \tag{5-37}$$

摩尔蒸发熵为 $22\mathrm{kcal/(kmol \cdot K)}$ 这一事实也被许多化合物所证明。但这一规则仅适用于低沸点材料和蒸发时不产生化学分解的物质。Hilderbrand 改进了 Trouton 定则。修正的摩尔蒸发熵对于大多数普通液体约为 $27\mathrm{cal}$，对于包括水在内的极性液体约为 $32\mathrm{cal}$。

熔解熵比蒸发熵要小。一些金属的熔解熵为 $2.2\mathrm{kcal/(kmol \cdot K)}$。其他研究人员测定了几种金属及其相互之间的混合物的熔解热，并且把由元素相加计算出的熔解熵和实验测定值进行了比较，发现测定值通常比计算值高 $20\% \sim 30\%$，这可能是由熔化时的分解造成的。只要熔化的合金是完全无序的，合金的熔解熵就等于组成元素的熔解熵之和；而对于有序的合金，实际的熵肯定比计算值高，并且有序程度越低，这一差值就越小。他建议因有序引起的熵的差值用下式计算：$\mathrm{Diff} = -R(n_A \ln n_A + n_B \ln n_B)$，其中 n_A、n_B 是元素 A、B 的摩尔分数，常数 $R = 1.986\mathrm{cal/K}$。他推荐了一个近似值来计算合金的熵：对于无序的合金，取元素的熔解熵为 $2.2\mathrm{cal/mol \cdot K}$，而对于有序合金则取 $3.5\mathrm{cal/mol \cdot K}$。

至此，对于合金可以计算出熔解熵。Kubaschewski 试图把这一规律再推广到无机物熔解热的计算，结果表明：只要对元素的熔解熵做适当的修正，这一规则仍适用。

现在可以得出结论：化合物的熔解热可以通过熔解熵和熔点来进行计算，而其熔解熵为组成元素熔解熵之和。当然，为了提高精度，应对其进行适当修正，至于熔点，一般作为物质最基本的物化性质给出，通常是已知量。

通过理论预测公式计算混合物的相变温度及相变潜热，理论预测公式可以适用于烷烃类复合相变材料相变温度及潜热的计算。将癸酸、月桂酸、棕榈酸、硬脂酸、肉豆蔻酸五种脂肪酸与石蜡按不同配比两两混合制成 45 种二元脂肪酸-石蜡混合物试样，用差示扫描量热仪（DSC）分别对融化过程及凝固过程中试样的相变温度及潜热进行测试，分析其过冷度及稳定性。马贵香设计并搭建了一套相变蓄放热系统，利用 Fluent 软件并结合实验测试方法对它们在蓄热单元内的蓄/放热性能进行了实验和数值模拟研究。结果表明：共晶混合物在相变过程中存在显著的自然对流现象；蓄热过程中，共晶混合物和复合相变储能材料分别是以对流和导热换热方式传递热量的，而放热过程中，这两种材料都是以导热形式为主进行热量传递的；膨胀石墨（EG）能显著提高复合相变储能材料的传热速率；共晶混合物和复合相变储能材料实验与模拟的升/降温曲线变化趋势非常吻合，说明数值方法对实际蓄/放热过程中材料的相变传热规律和相变过程机理的研究具有一定的指导作用。

5.1.5 化学能储存技术

化学能是诸多能源中最易储存的能源形态。这一点只要看一下化石燃料本身就可想而

知。从广义上讲，储存这种化石燃料本身就是化学能的储存。这里，让我们稍微涉及一下这方面的问题。

石油有原油和各种石油产品，都是液体，同时又具有挥发性。因此，在储存时需要防止漏失和蒸发所造成的数量减少和质量下降。一般都用油罐来储存。油罐中，也有像用于地下或海水那样的特殊油罐。但大多数是地上钢制油罐，分常压型和加压型两种。其中，常压型的圆锥顶油罐（又名伞顶油罐），结构简单，建设费用低。但由于油面同罐顶之间的空间中经常充满着油蒸气，因而需要向外部释放这一部分蒸气以适应外部气温的变化和灌油、放油所造成的压力变化。这就造成很大的储油损失。因此，挥发性的油品不适合采用圆锥顶油罐储油的方式。另一种浮动顶油罐是为减少油蒸气损失而设计的，同前者相比，建设费贵一些，但在灌油和放油时，罐顶与液面升降同步浮动，而且为了保持这种浮动，采用了特殊的密封结构。因此，这种方法适合于储存那些灌油、放油频繁且有挥发性的油品，如原油、汽油、粗泡油等。还有一种带有固定罐顶的浮动顶油罐。考虑到积雪等会造成浮动顶油罐的事故，在罐顶安了一个固定在侧板的罐顶，使其具有双重罐顶结构。

至于压力罐，以球形罐居多。多用于储存液化石油气（Liquefied Petroleum Gas，LPG）。LPG 的储存法有液态低温储存和在大气温度范围内加压后进行高压储存两种。前一种用于大规模储存，后一种用于几十吨到几千吨的中、小规模储存。储存低沸点（-162℃）的液化天然气（LPG），采用地上方式时，使用金属制的双层油罐。其中圆筒形油罐用于大规模储油，球形油罐设计压力大的场合。这些油罐的内层都采用在极低温度下有足够强度的金属材料，其外壁覆有绝热材料。因此，罐的外层主要是为了保护绝热材料而设计的，一般采用软钢来制造。另一种方式，即冻结式地下油罐。这是一种用冻结土来代替地上式双层油罐内层的方法。

储煤一般采用露天堆放方式，这就需要采取防自燃措施。因此，要有堆煤高度限制、排水性、通风性，以及储煤管理等具体规定。这种化石燃料主要是通过和空气中的氧反应将其所具有的能量变成热量释放出来而加以利用的。化石燃料也可以通过电化学方式将能量转换后进行储存和利用。

5.1.6 电能储存技术

由于峰谷用电的不均衡，电能的储存有很大的意义。大规模的电能储存多采用抽水蓄能发电的方式。它是利用电力系统低谷时的剩余电力，把水从下池（库）中由抽水机组抽到上池（库）中，以位能的形式储存起来。当电力系统负荷超出总的可发电容量时，将存水用于发电，供电力系统调峰之用。

日常生活和生产中最常见的电能储存形式是蓄电池。它是先将电能转换成化学能，在使用时再将化学能转换成电能。此外，电能还能以电场的形式储存于静电场和感应电场中。

1. 蓄电池

电池一般分为原电池和蓄电池。原电池只能使用一次，不能再充电，故又称一次电池；蓄电池则能多次充电，循环使用，所以又称二次电池。因此，只有蓄电池能通过化学能的形式储存电能。蓄电池利用化学原理，充电储存电能时，在其内发生一个可逆吸热反应，将电能转换为化学能；放电时，蓄电池中的反应物在一个放热的化学反应中化合并直接产生电能。

蓄电池由正极、负极、电解液、隔膜和容器五个部分组成。通常将蓄电池分为铅酸蓄电池和碱性蓄电池两大类。铅酸蓄电池历史最久，产量最大，价格便宜，用途最广。按用途又可将铅酸蓄电池分为起动用、牵引车辆用、固定型及其他用途四种系列。碱性蓄电池包括镍-铁、镍-镉、氧化银-镉等品种。常用蓄电池的特性见表 5-8，表 5-9 给出了它们的使用特点和用途。

表 5-8　常用蓄电池的特性

类型	平均电压/V	开路电压/V	每月电荷损耗(%)	充电-放电次数	比功率/($W \cdot h/kg$)	功率密度/($kW \cdot h/m^3$)
镍-铁	1.2	1.34	30	2000	24	54.9
铅-酸	2.0	2.14	25	300	33	79.3
镍-镉	1.2	1.34	2	2000	26	54.9
氧化银-镉	1.1	1.34	3	2000	53	146.4
密封氧化银-锌	1.46	1.86	3	100	44~100	79~189
一次氧化银-锌	1.86	1.86	—	—	121	220

表 5-9　常用蓄电池的使用特点和用途

类型	使用特点	用途
铅-酸蓄电池	价格便宜,可大电流工作,使用寿命1~2年	汽车、拖拉机起动,照明电源,搬运车、叉车、井下矿用车的动力电源,矿灯照明电源
镍-镉蓄电池	价格较贵,中等电流工作,使用寿命1~5年	井下矿用电动机,飞机直流部分及仪表、仪器、通信卫星等电源
镍-铁蓄电池	价格便宜,中等电流工作,使用寿命1~2年	井下矿用电动机、矿灯电源
锌-银蓄电池	价格昂贵,可大电流工作,使用寿命短	导弹、鱼雷、飞机起动、闪光灯等动力电源

一些正在研究的新蓄电池有：有机电解液蓄电池，如钠-溴蓄电池、锂-二氧化硫蓄电池和锂-溴蓄电池，它们的特点是成本低；金属-空气蓄电池，主要是锌-空气蓄电池，它是以锌为负极，以空气为氧化剂制成的气体电极为正极，其特点是比能量大；使用熔盐或固体电解液的高温蓄电池，如钠-硫蓄电池，可以在 300~350℃之间运行。黄仕华等人设计了一种由电极和电解液组成的铝空气电池，并对影响电池性能的电解液 pH 值、电解液物质的量浓度及电池的层数进行了分析，结果表明：铝空气电池在电解液为碱性的条件下，物质的量浓度为 4mol/L 时，开路电压及短路电流最大（图 5-22）。李书萍设计了一种易于制备的嵌钴碳纳米纤维（Co-CNF）（CNF 为碳纳米纤维）集流体，用于构筑高载量、高性能的硫正极并探讨了高硫负载时钴金属催化剂对硫氧化还原动力学的影响。研究表明，Co-CNF 促进了电子和锂离子的传导，从而加快硫正极的氧化还原反应，减少多硫化物的流失并缓解穿梭效应。此外，钴金属有利于硫化锂在碳纳米纤维表面上的均匀形核。当硫在 Co-CNF 上负载为 $4.6mg/cm^2$ 时，在 0.1C 和 1C 倍率下分别发挥出 970mA·h/g（4.5mA·h/cm）和 670mA·h/g 的可逆比容量。即使硫负载高达 $9.6mg/cm^2$，仍然有 730mA·h/g（7mA·h/cm）的可逆比容量。Co-CNF/Li_2S_6 正极在 300 次循环中每圈的衰减率仅为 0.06%。这项工作证明了钴金

属催化剂能用于简单和有效地构建高性能锂硫电池正极。

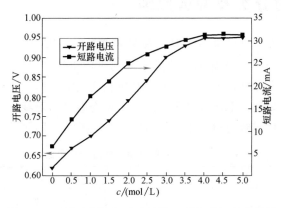

图 5-22　开路电压及短路电流随 c（NaCl）的变化图

　　为了减少现有内燃机汽车对环境的污染，无污染的电动汽车日益受到人们的青睐，而廉价、高效、能大规模储存电能的蓄电池正是电动汽车的核心。在这种需求的刺激下，蓄电池一定会有新的突破。

　　2. 静电场和感应电场

　　电能可用静电场的形式储存在电容器中。电容器在直流电路中广泛用作储能元件；在交流电路中则用于提高电力系统或负荷的功率因数，调整电压。储存在直流电容器中的电能 E 为

$$E = \frac{1}{2}CU^2 \tag{5-38}$$

式中，C 为电容器的额定电容；U 为电容器的额定电压。

　　储能电容器是一种直流高压电容器，主要用以生产瞬间大功率脉冲或高电压脉冲波，在高电压技术、高能核物理、激光技术、地震勘探等方面都有广泛的应用。电容器介质材料多为电容器纸、聚酯薄膜、矿物油、蓖麻油。电容器的使用寿命与其储能密度、工作状态（振荡放电、非振荡放电、反向率、重复频度）及电感的大小有关。储能密度越高、反向率和重复频度越高、电感越小，其寿命就越短。储能电容器用途广泛、规格品种多，最高工作电压超过 500kV，最大电容量超过 1000pF，充放电次数超过 10000 次。郭庆等人给出了低压脉冲系统中储能电容器使用原则和高分三号卫星中应用实例，通过对卫星供电系统建模仿真，得出了系统最优的电容使用参数。文中的设计方法对其他电子系统设计具有一定的借鉴意义。

　　电能还可以储存在由电流通过如电磁铁这类大型感应器而建立的磁场中。储存在磁场中的能量为

$$E = \frac{1}{2}LI^2 \tag{5-39}$$

式中，L 为绕组的电感；I 为绕组的电流。

　　利用感应电场储存电能并不常用，因为它需要一个电流流经绕组来保持感应磁场。然而随着高温超导技术的进步，超导磁铁为这种储能方式带来新的活力。

5.2 储能材料的分类及筛选原则

相变材料按其相变方式可以分为四类：固-液相变材料、固-固相变材料、固-气相变材料和液-气相变材料，见表5-10。美国 Dow 化学公司对可用于建筑墙体中的相变材料做了研究，按照材料类型主要是分为无机相变储能材料和有机相变储能材料。无机相变储能材料主要包括结晶水合盐类、熔融盐类、金属或合金类。由于相变温度的限制，在墙体材料中使用最多的是结晶水合盐。有机相变储能材料主要有石蜡、多元醇类、脂肪酸类。

表 5-10　相变材料按照相变方式的分类比较

相变材料分类	优点	缺点	解决办法
固-液相变材料	高储存密度	出现过冷和相分离现象,易泄漏	添加成核剂,增稠剂(甲基纤维素);微胶囊封装
固-固相变材料	相变可逆性好,不存在过冷和相分离现象	相变潜热较低,导热系数低,价格较高	将两种多元醇按不同比例混合,降低相变温度
固-气相变材料	相变潜热大	有气体存在,体积变化大	控制体积变化
液-气相变材料			

由于固-固相变材料、固-液相变材料具有更大的应用价值，因此以下将主要介绍这两种相变材料。

5.2.1　固-液相变储能材料

固-液相变储能材料的研究起步较早，是现行研究中相对成熟的一类相变材料。其原理是：固-液相变储能材料在温度高于材料的相变温度时，吸收热量，物相由固态变为液态；当温度下降到低于相变温度时，物相由液态变成固态，放出热量。该过程是可逆过程，因此材料可重复多次使用，且它具有成本低、相变潜热大、相变温度范围较宽等优点。目前国内外研制的固-液相变储能材料主要包括无机类和有机类两种。

1. 无机类相变材料

无机相变材料包括结晶水合盐、熔融盐、金属合金和其他无机物。其中应用最广泛的是结晶水合盐，其可供选择的熔点范围较宽，从几摄氏度到一百多摄氏度，是中温相变材料中最重要的一类。应用较多的主要是碱及碱土金属的卤化物、硫酸盐、硝酸盐、磷酸盐、碳酸盐及醋酸盐等。

结晶水合盐是通过融化与凝固过程中放出和吸收结晶水来储热和放热的，用通式 $AB \cdot xH_2O$ 表示结晶水合盐，其相变机理可表示为

$$AB \cdot xH_2O \rightleftharpoons AB + xH_2O - Q \tag{5-40}$$

$$AB \cdot xH_2O \rightleftharpoons AB \cdot yH_2O + (x-y)H_2O - Q \tag{5-41}$$

式中，x、y 是结晶水的个数；Q 是水合盐的反应热。

结晶水合盐储能材料的优点是使用范围广、价格便宜、导热系数较大、溶解热大、体积储热密度大，一般呈中性。但其存在两方面的不足：一是过冷现象，即物质冷凝到"冷凝

点"时并不结晶，而需到"冷凝点"以下的一定温度时才开始结晶，同时使温度迅速上升到冷凝点，导致物质不能及时发生相变，从而影响热量的及时释放和利用；二是出现相分离现象，即当温度上升时，它释放出来的结晶水的数量不足以溶解所有的非晶态固体脱水盐（或底水合物盐），由于密度的差异，这些未溶脱水盐沉降到容器的底部，在逆相变过程中，即温度下降时，沉降到底部的脱水盐因无法和结晶水结合而不能重新结晶，使得相变过程不可逆，形成相分层，导致溶解的不均匀性，从而造成该储能材料的储能能力逐渐下降。王会春等人研究了六水氯化镁的相变温度、相变焓、比热容、热导率、密度等热物性研究进展，揭示了六水氯化镁作为相变材料存在过冷特性、相分离、腐蚀性的固有缺点，分析了加入合适成核剂和增稠剂改进其性能的方法。乔英钧等人选取 $Na_2S_2O_3 \cdot 5H_2O$-$CH_3COONa \cdot 3H_2O$ 二元体系中的低共熔组分作为相变储能材料进行研究。选取 $Na_2CO_3 \cdot 10H_2O$ 作为成核剂，羧甲基纤维素（Carboxymethyl Cellulose，CMC）为增稠剂对 $Na_2S_2O_3 \cdot 5H_2O$-$CH_3COONa \cdot 3H_2O$ 进行改性，并采用均匀设计方法优化了改性剂配比，利用步冷曲线对改性前后相变材料的热性能做了研究。结果表明：添加质量分数为 1.558% 的 $Na_2CO_3 \cdot 10H_2O$ 和质量分数为 2.136% 的 CMC 为最优方案，此时体系过冷度为 4.9℃。将优化改性后的材料融化-凝固循环 50 次后，相变温度稳定在 40℃ 左右，熔化潜热变为 184.5J/g（图 5-23），表明该体系低共熔物可以作为相变储能材料应用在多个领域。

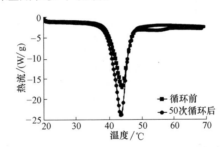

图 5-23　循环 50 次前后材料的 DSC 曲线

2. 有机类相变材料

有机类相变储能材料常用的有石蜡、烷烃、脂肪酸或盐类、酸类等。一般说来，同系有机物的相变温度和相变焓会随着其碳链的增长而增大，这样可以得到具有一系列相变温度的储能材料，但随着碳链的增长，相变温度的增加值会逐渐减少，其熔点最终将趋于一定值。为了得到相变温度适当、性能优越的相变材料，常常需要将几种有机相变材料复合以形成二元或多元相变材料。有时也将有机相变材料与无机相变材料复合，以弥补两者的不足，得到性能更好的相变材料，以使其得到更好的应用。

有机类相变材料具有的优点是：固体状态时成型性较好，一般不容易出现过冷和相分离现象；材料的腐蚀性较小，性能比较稳定，毒性小、成本低等。同时该材料也存在缺点：导热系数小，密度较小，单位体积的储能能力较小，相变过程中体积变化大，并且有机物一般熔点较低，不适于高温场合中应用，且易挥发、易燃烧甚至爆炸或被空气中的氧气缓慢氧化而老化等。

将石蜡（PW）与棕榈酸（PA）熔融超声共混，制备出了一系列 PA/PW 复合材料。PW和 PA 只是简单的物理混合，未生成新物质。复合相变材料的导热系数大致随温度的升高而降低，而在 30℃ 左右时由于固-固相变的作用，导热系数测量值出现了一定程度的升高。复

合材料的 T_{s-s}（固-固相变温度）都比 PW 的略高。以板式相变储能单元为研究对象，石蜡作为相变材料，探究了不同单元结构内板式相变储能单元的蓄热过程，测点热电偶会加快石蜡熔化过程：液相材料内的自然对流加速了石蜡的熔化进程，使相变储能单元上部区域熔化速率高于下部区域；受浮升力及换热面积的共同影响，宽高比为 3∶1 的相变储能单元熔化速率最快，宽高比为 2∶3 的储能单元熔化速率最慢（图 5-24）；石蜡熔化总时长随厚度的增加呈抛物线形式增长。经济性分析表明，宽高比为 3∶1、厚度为 30mm 的相变储能单元为最优结构。

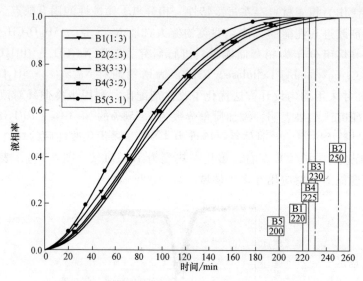

图 5-24　不同宽高比的相变单元液相随时间变化

5.2.2　固-固相变储能材料

固-固相变储能材料是由于相变发生前、后固体的晶体结构的改变而吸收或者释放热量的，因此，在相变过程中无液相产生，相变前后体积变化小，无毒、无腐蚀，对容器的材料和制作技术要求不高，过冷度小、使用寿命长，是一类很有应用前景的储能材料。目前研究的固-固相变储能材料主要是无机盐类、多元醇类和交联高密度聚乙烯。

1. 无机盐类

该类相变储能材料主要利用固体状态下不同种晶型的转变进行吸热和放热，通常它们的相变温度较高，适合于高温范围内的储能和控温，目前实际应用的主要是层状钙钛矿、Li_2SO_4、KHF_2 等物质。李其峰以层状钙钛矿型固-固相变储能材料四氯合辛酸十四烷基铵为原料，利用硅胶和多孔玻璃特有的孔道小尺寸效应、孔道壁表面与界面效应和多孔材料内部的宏观量子隧道效应，对相变材料的热力学性能进行调控。实验结构表明所制备的复合材料具有良好的储热和循环性能。

2. 多元醇类

此类材料是目前国内研究较多的一类固-固相变储能材料，其作为一种新型理想的太阳能材料而日益受到重视。多元醇类相变储能材料主要有季戊四醇（PE）、新戊二醇（NPG）、

2-氨基-2-甲基-1，3-丙二醇（AMP）、三羟甲基乙烷、三羟甲基氨基甲烷等，种类不多，但通过两两结合可以配制出二元体系或多元体系来满足不同相变体系的需要。该相变材料的相变温度较高（40~200℃），适合于中、高温的储能应用。其相变焓较大，且相变热与该多元醇每一分子所含的羟基数目有关，即多元醇每一分子所含的羟基数目越多，相变焓越大。这种相变焓来自于氢键全部断裂而放出的氢键能。

多元醇类相变材料的优点是：可操作性强、性能稳定、使用寿命长，反复使用也不会出现分解和分层现象，过冷现象不严重。但也存在不足：多元醇价格高；升华因素，即将其加热到固-固相变温度以上，由晶态固体变成塑性晶体时，塑晶有很大的蒸气压，易挥发损失，使用时仍需要容器封装，体现不出固-固相变储能材料的优越性；多元醇传热能力差，在储热时需要较高的传热温差作为驱动力，同时也增加了储热、取热所需的时间；长期运行后性能会发生变化，稳定性不能保证；应用时有潜在的可燃性。

使用固-固相变材料三羟甲基乙烷（PG）制备相变潜热型功能热流体，可直接将固体PG研磨为微粒分散在导热油中，制备过程简单，且使用过程中不会出现固-液相变微胶囊破碎失效的问题。PG相变微颗粒的加入可显著提高流体蓄热能力。利用聚乙二醇（PEG）为相变材料，以羟丙基甲基纤维素为分子骨架，采用4，4-二苯基甲烷二异氰酸酯作为交联剂，用化学接枝法成功合成了一种新型复合相变材料。该复合相变材料的相变过程表现为固-固相变的性质，其相变温度为309~323.2K，相变焓值为89.8~106.8J/g。可见，通过化学接枝法得到的复合相变材料具有较好的相变行为，且克服了聚乙二醇在相变过程中的泄漏问题。

3. 交联高密度聚乙烯

高密度聚乙烯的熔点虽然一般都在125℃以上，但通常在100℃以上使用时会软化。经过辐射交联或化学交联之后，其软化点可提高到150℃以上，而晶体的转变却发生在120~135℃。而且，这种材料的使用寿命长、性能稳定、无过冷和层析现象，材料的力学性能较好，便于加工成各种形状，是真正意义上的固-固相变材料，具有较大的实际应用价值。但是交联会使高密度聚乙烯的相变潜热有较大降低，普通高密度聚乙烯的相变潜热为210~220J/g，而交联聚乙烯只有180J/g。在氨气气氛下，采用等离子体轰击使高密度聚乙烯表面产生交联的方法，可以基本上避免因交联而导致相变潜热的降低，但因技术原因，这种方法目前还没有大规模使用。利用双螺杆挤出机将高密度聚乙烯和高、低熔点的石蜡共混挤出，制得表观形貌均匀稳定的固-固相变材料。复合相变材料的模量和应力随着石蜡含量的增加而降低，而且高熔点石蜡的力学性能优于低熔点石蜡。将线型低密度聚乙烯与石蜡按一定比例进行混合，制得复合相变材料，石蜡含量若超过50%，加热时石蜡熔化从复合材料中分离出来，因此控制石蜡含量为30%~50%，为提高热传导性，在复合相变材料中加入10%~15%的膨胀石墨，而且石墨的加入，能够减少石蜡从复合相变材料中泄漏的可能性，这主要是由于石墨的加入增加了材料的黏度，降低了石蜡的流动性，从而保持复合相变材料形状的稳定，符合固-固相变材料的特点。

5.2.3　复合相变储能材料

1. 复合相变储能材料基本理论

复合相变材料不仅包含由两种或者两种以上的相变材料复合而成的储能材料，也包含定

177

型相变材料。第一种类别的相变材料有其自身的优点，但是仍然存在易于发生泄漏的问题，不仅需要封装，而且有可能会产生安全问题。第二种类别的定型相变材料是由高分子材料和相变材料组成的。一般选用石蜡有机酸等作为相变材料，高密度聚乙烯型的高分子材料与之复合。与普通单一相变材料相比，它不需要封装器具就能防止材料泄漏，增加了使用的安全性，降低了封装成本和封装难度，也减小了容器的传热阻力，有利于相变材料与环境的换热效率的提高。这种相变材料的优点是：相变材料本身易于定型，不容易发生泄漏，也不需要封装，自身的支撑物可以发挥其作用，而且制备工艺简单，生产费用较低。

目前，相变储能材料的复合方法主要集中在以下三个方面。

（1）胶囊型相变材料　为了解决相变材料在发生固-液相变后液相的流动泄漏问题，特别是对于无机水合盐类相变材料还存在的腐蚀性问题，人们设想将相变材料封闭在球形的胶囊中，制成胶囊型复合相变材料来改善其应用性能。如用界面聚合法、原位聚合法等微胶囊技术将石蜡类、结晶水合盐类等固-液相变材料制备为微胶囊型相变材料；Stark 研究了将PCM 封装在聚合物容器中的方法，通过熔融交换技术将石蜡和高密度聚乙烯成功地渗入聚合物膜中，形成含 40%PCM 的化合物。或者在有机类储能材料中加入高分子树脂类（载体基质），使它们熔融在一起或采用物理共混法和化学反应法将工作物质灌注于载体内制备而得，并对相变储热材料的热物理性能进行了详尽的研究。采用真空浸渗法成功地将硬脂酸填充到碳纳米管（CNTs）空管内，得到 CNTs/硬脂酸纳米相变胶囊材料。在 CNTs 的纳米受限空间作用下，硬脂酸分子在 CNTs 内呈有序的环状分布，与 CNT 的管壁距离保存在 0.37nm。与纯硬脂酸相比，CNTs/硬脂酸的熔点降低，自扩散系数增加，导热系数比空 CNTs 下降32%~41%，为纯硬脂酸的 117~159 倍（图 5-25）。

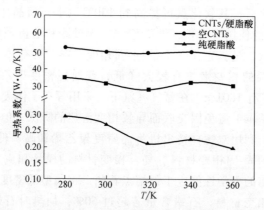

图 5-25　空 CNTs、纯硬脂酸和 CNTs/硬脂酸导热系数随温度变化的关系曲线图

（2）定形相变储能材料　定形相变储能材料由相变材料和支撑材料组成，在发生相变时定形相变材料能够保持一定的形状，且不会有相变材料泄漏。肖敏等研究了石蜡/热塑弹性体 SBS，石蜡/高密度聚乙烯定型相变材料，石蜡含量可达 75%（质量分数）左右。I. Krupa 研究了以聚丙烯为支撑材料，石蜡为相变物质制备的定形相变材料（Shape-Stabilized PCM）。定形相变材料研制中多以高密度聚乙烯、（Styrenic Block Copolymers，SBS）、石墨、高压聚乙烯、低压聚乙烯、聚丙烯及橡胶为支撑材料，石蜡为相变材料，石蜡所占比例最高达到 90%（质量分数）。采用棕榈酸（Palmitic Acid，PA）作为相变材料，膨胀石墨（Expanded Graphite，EG）作为添加基质，通过"熔融共混-凝固定形"工艺制备了 PA/EG

定形复合相变材料以提高相变材料的综合性能。预测并制备了 21 种不同配比的定形复合相变材料。定形复合相变材料［70%（质量分数）PA］的焓值为 193.01J/g，纯 PA 的焓值为 275.35J/g，对应于熔点分别为 61.08℃ 和 59.53℃。添加 EG 可有效提高相变材料的热导率（图 5-26）。当样品密度为 900 kg/m³，EG 含量为 30%（质量分数）时，定形复合相变材料的热导率为 14.09W/（m·K），相比于纯 PA［0.162 W/（m·K）］提高约 87 倍；对制备的样品进行 50 次循环稳定性实验，EG 含量为 24%（质量分数）和 30%（质量分数）的样品形态均未出现明显变化，表现出良好的充、放热循环稳定性。

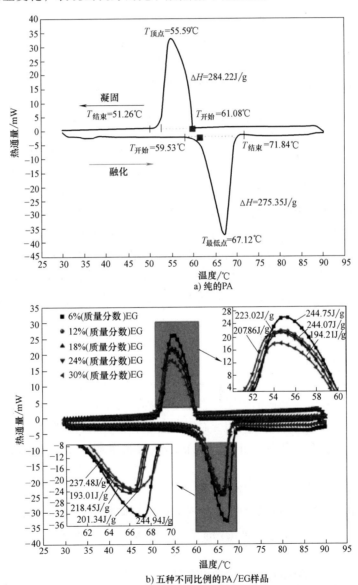

图 5-26　纯 PA 与五种不同配比的 PA/EG 定形相变材料样品的 DSC 曲线

（3）纳米复合相变储能材料　有机-无机纳米复合储能材料是将有机相变储能材料与无机物进行纳米尺度上的复合，利用无机物具有高导热系数来提高有机相变储能材料的导热性能，利用纳米材料具有巨大的比表面积和其具有的界面效应，使有机相变储能材料在发生相变时不会从无机物的三维纳米网络中析出。纳米复合相变储能材料制备方法有：溶胶凝胶法、聚合物网眼限域复合法和插层原位复合法等。采用"液相插层法"将硬脂酸嵌入膨润土的纳米层间，制备出硬脂酸/膨润土复合相变储热材料，经 500 次连续循环储热/放热，该材料的结构与性能稳定性较好（图 5-27）。李果等人以酚醛树脂为碳质黏结剂前驱体，采用浆料成型法制备碳纤维（CF）和纳米石墨片（GNP）的复合网络体，并通过真空浸渍石蜡，制得 CF-GNP/石蜡复合材料。结果表明 CF-GNP/石蜡复合材料的导热效率比纯相变材料大幅增加。

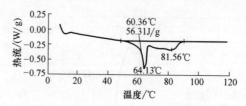

图 5-27　500 次连续循环储热/放热后的 DSC 曲线

在复合相变储能材料的设计阶段，体系的选取及合适组分的确定都可以直接根据相图加以确定。由于一些纯化合物具有较高的相变焓，是很好的相变储能材料，但其中大部分纯化合物的熔点高于实际应用要求的相变温度，并不能直接应用。如果能把这些物质进行混合，通过调节物质的比例来调节混合物相变温度，使其相变温度范围落在具体应用领域的舒适度范围内，并且具有较高的相变焓，就获得了高品质的相变储能材料，所以只有将它们进行复合，才能制备出符合要求的相变储能材料，即通过互相混合以降低相变材料的相变温度。

将两种纯化合物混合成理想溶液模型，两组分体系混合能达到最低的熔点，称为低共熔点。将纯化合物混合而成的溶液冷却，则获得的低共熔点温度为混合后相变材料的计算相变温度。

通过施罗德（Schroder）公式计算可得到两种单体不同混合比例对应的不变温度。低共熔温度时呈三相平衡，即

$$A(s) \longleftrightarrow AB_2 \longleftrightarrow 溶液\ L$$

通过有机相变材料混合制成的二元复合相变材料，属于新的混合有机相变材料，其相变特性与原材料相比会发生很大改变，相变温度区间一般相对较大。借鉴无机相变材料减小过冷度的方法，在二元复合相变材料中添加成核剂，加速相态转化，可以减小材料相变温度区间。

2. 简单的复合相变材料的相变储能模型

在热存储模型中，温度的变化及热存储时间是由存储材料的几何外形、存储介质、热流和相变材料的性能决定的。如果上面的两个参数能够确定，则材料的热性能和热效率就会被明确计算出来。

首先，我们假设一个模型有如下的前提条件：

1）相变材料是没有内部温度梯度的。

2）所有的能量都被相变材料吸收并且保持着相变材料内部的无温度梯度状态。

3）热流保持恒定的功率，而相变材料对热流的吸收在任何温度都是常数。

4）在相变过程中，热存储材料的温度是常数。

5）从热存储材料损失到周围环境中的能量可以忽略不计。

在储能过程中，材料的储热效率依赖于热量从热流传导到相变材料的效率，即

$$-mc_p \frac{dT}{dt} = hA_s(T - T_f) \tag{5-42}$$

该公式的初始条件为

$$t = 0 \rightarrow T = T_i \tag{5-43}$$

将初始条件代入式（5-42），可以得到热量的存储时间，即

$$t = \frac{mc_p}{hA_s} \ln \frac{T_i - T_f}{T - T_f} \tag{5-44}$$

于是，对于整个体系的平均热容可被定义为

$$c_{p,av} = \frac{m_{PCM}(c_{pl}|T_i - T_m| + c_{ps}|T_i - T_m| + L) + m_C c_{pc}|T_i - T_f|}{m_t |T_i - T_f|} \tag{5-45}$$

式中，L 是熔化/凝固潜热；c_{pl} 为液态、PCM（相交材料）比热容；c_{ps} 为固态 PCM 比热容。

将热量存储公式扩大应用范围到整个储热材料，即

$$t = \frac{m_t c_{p,av}}{hA_s} \ln \frac{T_i - T_f}{T - T_f} \tag{5-46}$$

于是，我们就可以得到一个关于整个储热材料的热存储时间公式了。

但是我们需要注意到，上述公式的建立都是在理想化的平均热容的基础上，可事实并不是这样的。因此，我们需要添加一个修正系数，这个系数定义为两个数值的比：理想化的平均热容和平均显热热容。在完全的吸热/放热过程中，需要的热量是最大的。如果所有的显热可以看作液、固两相的显热之和，那么，这个修正系数可以用 Q_m/Q_d 来表示，于是，我们得到下面的公式：

$$t' = \frac{Q_m}{Q_d}\left(\frac{m_t c_p}{hA_s} \ln \frac{T_i - T_f}{T - T_f}\right) \tag{5-47}$$

5.2.4　储能材料的筛选原则

图 5-28 列出了储能装置的性能和相变储能材料特性之间的关系，根据这种关系，我们可以给出相变储能材料的筛选原则。一些重要的筛选原则如下：

1）高储能密度。相变材料应具有较高的单位体积、单位质量的潜热和较大的比热容。

2）相变温度。熔点应满足应用要求。

3）相变过程。相变过程应完全可逆且只与温度有关。

4）导热性。大的导热系数有利于储热和提热。

5）稳定性。反复相变后，储热性能衰减小。

6）密度。相变材料两相的密度应尽量大，这样能降低容器成本。

7）压力。相变材料工作温度下对应蒸气压力应低。

8）化学性能。应具有稳定的化学性能，无腐蚀、无害无毒、不可燃。

9）体积变化。相变时，体积变化小。

10）过冷度。相变材料应具有小过冷度和高晶体生长率。

但是，在实际研制过程中，要找到满足这些理想条件的相变材料非常困难。因此人们往往先考虑有合适的相变温度和较大的相变热，而后再考虑各种影响研究和应用的综合性因素。

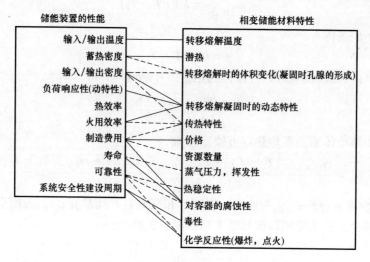

图 5-28　储能装置的性能和相变储能材料特性之间的关系（实线表示强关系，虚线表示弱关系）

5.3　几种典型的储能材料

5.3.1　无机水合盐储能材料

含有结晶水的晶体称为水合晶体，如水合盐相变储能材料。水合晶体中结晶水的排列和取向比在水溶液中更紧密，更有规律，与离子之间以化学键结合，是晶体结构的组成部分。因此水合晶体具有固定比例的结晶水和较高的热效应。

水合盐晶体结构中的水分为配位水和结构水两种。配位在阳离子周围的水称为配位水，而填充在结构空隙中的水分子称为结构水。有些晶体结构仅有配位水，没有结构水。图 5-29 中的 $NiSO_4 \cdot 7H_2O$ 晶体结构中，有八面体的水合离子 $Ni(H_2O)^{6+}$，这 6 个水分子为配位水，而第 7 个水分子并不与 Ni^{2+} 直接结合而是填充在结构空隙中，称为结构水。

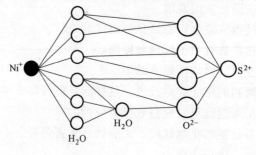

图 5-29　$NiSO_4 \cdot 7H_2O$ 晶体中的价键结构

扫码看视频

1. 无机水合盐的过冷机理

当液态物质冷却到"凝固点"时并不结晶，而需冷却到"凝固点"以下一定温度时才开始结晶，这种现象称为过冷。大多数无机水合盐都存在过冷现象，有时为几摄氏度，有时达几十摄氏度，这给实际应用往往带来不良的，甚至是致命的影响。产生过冷现象的原因可以由晶体从熔体成核的热力学条件来解释。从相律可知，晶体的凝固通常在常压下进行，纯晶体凝固过程中，液、固两相处于共存，自由度等于零，故凝固温度不变。按热力学第二定律，在等温等压条件下，过程自发进行的方向是体系自由能降低的方向。自由能 G 用下式表示为

$$G = H - TS \tag{5-48}$$

式中，H 是焓；T 是绝对温度；S 是熵，则可推导得

$$dG = Vdp - SdT \tag{5-49}$$

等压时，$dp = 0$，故式（5-49）简化为

$$\frac{dG}{dT} = -S \tag{5-50}$$

由于熵 S 恒为正，所以自由能随温度升高而减小。

纯晶体的液、固两相的自由能随温度变化规律如图 5-30 所示。由于晶体熔化破坏了晶态原子排列的长程有序，使原子空间几何配置的混乱程度增加，因而增加了组态熵；同时原子振动振幅增大，振动熵也略有增加，这就导致液态熵 S_1 大于固态熵 S_s，即液相的自由能随温度变化曲线的斜率较大。这样两条斜率不同的曲线必然相交于一点，该点表示液、固两相的自由能相等，故两相处于平衡共存，此温度即为理论凝固温度，也就是晶体的熔点 T_m。事实上，在此两相共存温度，既不能完全结晶，也不能完全熔化，要发生结晶，则体系温度必须降至低于 T_m 温度，而发生熔化则必须高于 T_m。

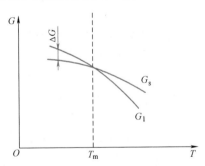

图 5-30 纯晶体液、固两相的自由能随温度变化的示意图

在一定温度下，从一相转变为另一相的自由能变化为

$$\Delta G = \Delta H - T\Delta S \tag{5-51}$$

令液相到固相转变的单位体积自由能变化为 ΔG_V，则

$$\Delta G_V = G_s - G_1 \tag{5-52}$$

式中，G_s、G_1 分别为固相和液相单位体积自由能。由 $G = H - TS$ 可得

$$\Delta G_V = (H_s - H_1) - T(S_s - S_1) \tag{5-53}$$

由于恒压，则

$$\Delta H_p = H_s - H_1 = L_m \tag{5-54}$$

$$\Delta S_{\mathrm{m}} = S_{1} - S_{\mathrm{s}} = \frac{L_{\mathrm{m}}}{T_{\mathrm{m}}} \tag{5-55}$$

式中，L_{m} 是熔化热，表示固相转变为液相时体系向环境吸收的热量，定义为正值；ΔS_{m} 为固体的熔化熵，主要反映固体转变为液体时的组态熵的增加，可由熔化热与熔点的比值求得。

将式（5-49）和式（5-53）代入式（5-54）整理得

$$\Delta G_{\mathrm{V}} = -\frac{L_{\mathrm{m}}\Delta T}{T_{\mathrm{m}}} \tag{5-56}$$

式中，$\Delta T = T_{\mathrm{m}} - T$，是熔点 T_{m} 与实际凝固温度 T 之差，ΔT 为过冷度。要使 $\Delta G_{\mathrm{V}} < 0$，必须使 $\Delta T > 0$，即 $T < T_{\mathrm{m}}$。

由以上晶体凝固的热力学条件分析可知，固相转变为液相时，实际凝固温度应低于熔点 T_{m}，即需要有过冷度，并以过冷度作为结晶驱动力。

2. 减少过冷度的措施

（1）杂质　杂质对相变材料的熔解和凝固行为影响较大，有时候，杂质本身是很好的成核剂，使相变材料的过冷度大大降低，这就是有时使用工业纯原料比使用优质纯、分析纯、化学纯原料效果更好的原因。但一般情况是工业纯原料中含杂质太多，效果并没有其他纯度原料的好。

（2）加成核剂　依据非均匀成核机理，在无机水合盐相变储热材料中加入成核剂是降低无机水合盐过冷度有效的也是最经济的措施。公认的成核材料有三类：同构的、同型的和取向附生的。同构和同型成核剂与其附着层盐的晶体结构和晶格参数接近，但要指出的是同构成核剂与其附着层的化学结构过于相似可能会形成融合的晶体；取向附生成核剂同附着层的晶体结构不同，但其成核表面在晶格面上给所附晶体提供了优先沉积的位置。寻找给定 PCMs 的成核剂有两种成功的方法："科学法"和"爱迪生法"。

1）"科学法"是从晶体数据表中挑选同构或同型的材料作为待定的成核剂，然后测试其成核效力。一些研究者提出成核剂结构的晶格参数与其附着层的相应参数之差应小于 15%，但 15% 这一要求很大程度上是研究者"凭经验"，而不是严格的统计研究结果得出的。晶体结构合适的化合物一般很少，而且即使有良好的匹配也不一定能保证其成核的活性。

有研究者认为成核剂对非均匀成核的促进作用取决于接触角 θ，接触角 θ 越小，成核剂对非均匀成核的作用越大。由式

$$\gamma_{\mathrm{cv}}\cos\theta = \gamma_{\mathrm{xv}} - \gamma_{\mathrm{cx}}$$

即

$$\cos\theta = \frac{\gamma_{\mathrm{xv}} - \gamma_{\mathrm{cx}}}{\gamma_{\mathrm{cv}}} \tag{5-57}$$

式中，γ 为比表面能；γ_{cv} 为晶核与液相的比表面能；γ_{xv} 为形核剂与液相的比表面能；γ_{cx} 为形核剂与晶核的比表面能。

可知，为了使 θ 减小，应使 γ_{cv} 尽可能降低，故要求成核剂与成核晶体具有相近的结合键类型而且与晶核相接的彼此晶面具有相似的原子配置和小的点阵错配度（δ），即

$$\delta = \frac{|a - a_{1}|}{a} \tag{5-58}$$

式中，a 为晶核的相接晶面上的原子间距；a_1 为成核剂相接面上的原子间距。有些无机水合盐相变储热材料的成核剂与上述理论推断符合的较好。但是，也有一些研究结果表明，晶核与成核剂基底之间的点阵错配度 δ 并不像上述所强调的那样重要，因此在对无机水合盐相变储热材料的成核剂的选取上主要还是通过试验来确定有效的成核剂。

2）"爱迪生法"主要靠经验，通过对大量的材料进行测试来寻找成核剂，它们往往要比"科学法"来得成功。许多有效的成核剂在结构上与 PCMs 并没有明显的相符之处，对其成核活性的解释往往也是事后做出来的。有些具有间距适当低级晶格面的，似乎应为取向附生的成核剂；另一些很可能是通过发生了化学反应，就地生成的物质充当了成核剂；然而还有相当多的材料，它们具有成核效能的原因目前还找不到合乎逻辑的解释。

（3）冷手指法　该法是指保留一部分固态相变材料，即保持一部分冷区，使未融化的一部分晶体作为成核剂，这种方法文献上称为"Cold Finger"。这一方法非常简单，且行之有效。

（4）超声波成核法　由超声波发生器产生的超声波，通过埋在 PCMs 中的电极诱发 PCMs 在接近熔点时成核，从而减小 PCMs 的过冷度。

（5）弹性势能法　使用埋在过冷液内的弹性金属片产生的弹性波动而诱发结晶。由于诱发结晶后相变材料释放的热量中相当一部分用于加热过冷液体本身，因而热量的释放时间将会缩短许多。

（6）搅拌法　在储热装置里面安装一根回转轴，当小型电动机以 3r/min 的速度回转时，回转轴的位置提供晶核，同时回转轴旋转搅拌容器内的储能材料从而使其均匀，使容器内的温度保持接近壁温。如果液体温度低于结晶点，核发生装置促发结晶。因为储能材料不是在容器壁上结晶，而是以液体中的晶核为中心进行结晶，所以可防止容器壁上析出结晶所造成的传热效率的降低。此方法可以解决过冷、相分离、储热材料和热工质的传热、结晶生长速度，以及包晶反应速度等问题。

（7）微胶囊封装法　微胶囊相变材料是在固-液相变材料微粒表面包覆一层性能稳定的高分子膜而构成的具有核壳结构的新型复合相变材料。相变过程中，作为内核的相变材料发生固、液相转变，而其外层的高分子膜始终保持为固态，从而减少了 PCMs 过冷和相分离的现象。

3. 无机水合盐的析出机理

无机水合盐有稳定水合盐和不稳定水合盐两种类型。

稳定水合盐是指当水合盐加热至熔点熔化时，固相和液相具有相同的组成，即在固态 $AB \cdot xH_2O$ 中的 AB 含量和熔化后的液态中的 AB 含量相同，且能稳定存在而不分解，因此也称为共融结晶水合盐，其相变机理见式（5-40）。

不稳定水合盐的相变机理见式（5-41），即当 $AB \cdot xH_2O$ 型无机水合盐化合物受热时，通常会转变成含有较少物质的量的水的另一类型 $AB \cdot yH_2O$ 的无机水合盐化合物，而 $AB \cdot yH_2O$ 会部分或全部溶解于剩余的 $x-y$ 物质的量的水中。加热过程中，一些盐水混合物变为无水盐，并可全部或部分溶解于结晶水。若盐的溶解度很高，则当加热到熔点以上时，无机盐水混合物可以全部溶解；但如果溶解度不高，则即使加热到熔点以上，有些盐仍处在非溶解状态。此时，残留的盐因密度大而沉到容器底部。这种残留盐的析出，形成晶液分离。因此，晶液分离后形成的液相中，AB 的含量和原始固态 $AB \cdot xH_2O$ 中的 AB 的含量不同，故不稳定水合盐也称为不共融结晶水合盐。不共融结晶水合盐即在熔点，甚至熔点以上仍有部分盐类未溶解，出现固液共存的现象，且未溶解的固体沉积于容器底部。当此类水合盐冷却时，晶体会首先在饱和溶液和固体沉积物的交界面上生成，然后再向上发展。因而在固体沉积物项上形成一层起屏障作用的"锈"，它阻止了底部固体盐类与溶液的相互接触水合，从而不能形成原始的无机水合盐晶体。冷却过程结束时，容器中的储存材料分成三层：底部为未溶解的固体层；中间为已结晶的水合盐晶体层；顶部为溶液层，这种现象称为晶液分离。随着加热-冷却热循环的反复进行，底部的沉积物越来越多，系统的储能能力将越来越差，以至在经历一定热循环后完全丧失储能能力。

4. 克服晶液分离的方法

（1）搅动（或振动）法　此法是不断对水合盐储能材料进行适当地搅拌或对容器进行振动来减少或消除晶液分离。

（2）"浅盘"容器法　此法是把水合盐储能材料放入高度仅几毫米的浅盘容器中，由于容器高度很小，固体沉积的可能性很小，从而克服晶液分离。

（3）增稠（悬浮）剂法　此法是在水合盐储能材料中加入适当的增稠剂（或称悬浮剂），它们可增强溶液的黏性，使液体中的固体颗粒能较均匀地分布在溶液中而不沉积到底部，因而可基本上克服晶液分离。通常使用的增稠剂多为硅胶衍生物。

（4）额外水法　此法是在水合盐储能材料中加入适当的额外水，使得未溶解的盐类能够全部在熔点处溶解，即变成同元溶解。

除了以上所提的几种方法外，还有化学修正法、直接接触法等。

5. 几种结晶水合盐

一般说来，不同浓度的溶液被降温凝固时，可能出现以下三类主要的结果：

1）形成低共熔混合物。属于此类的有 $NaCl-H_2O$、$KCl-H_2O$、$CaCl_2$ 和 NH_4Cl-H_2O 等。

2）形成稳定的化合物。形成的化合物只有一个熔点，在此熔点上固、液有相同的成分，这个熔点称为同元（成分）熔点或称为调和熔点。

3）形成不稳定的化合物。这种化合物在其熔点以下就分解为熔化物和一种固体，所以在此熔点处，液相的组成和固态化合物的组成是不同的，熔化的分解反应可以表示为

$$C_2(s) \longleftrightarrow C_1(s) + 熔化物$$

此分解反应所对应的温度称为异（元）成分熔点或称为非调和熔点。

无机盐分为单成分和多成分无机化合物（盐）。无机盐一般均具有较高的相变温度和较大的相变潜热，但传热性能不好，对容器腐蚀或对人体有害，这在无机盐中显得尤为突出。表 5-11 列出了若干单成分无机盐的热物理性能数据。综合考虑，NaCl、NaF 和 $MgCl_2$ 是最优越的相变材料，$CaCl_2$、KCl、$KMgCl_3$、Na_2CO_3、$FeCl_3$、Na_2SiO_3、Na_2SO_4、NaOH、KOH、尿素是优越的相变材料，LiF 储能密度大，但经济上较差；其余材料还有待进一步研究。

表 5-11　若干单成分无机盐的热物理性能数据

物质	熔点/℃	溶解热/(kJ/kg)	导热系数/[W/(m·K)]	密度/(kg/m³)
H_2O	0	333/334	0.612/0.61	998(液,20℃) 917(固,0℃)

（续）

物质	熔点/℃	溶解热/（kJ/kg）	导热系数/[W/（m·K）]	密度/（kg/m³）
$HClO_3 \cdot 3H_2O$	8.1	253	—	1720
$ZnCl_2 \cdot 3H_2O$	10	—	—	—
$K_2HPO_4 \cdot 6H_2O$	13	—	—	—
$NaOH \cdot (7/2)H_2O$	15/15.4	—	—	—
$KF \cdot 4H_2O$	18.5	231	—	1447（液,20℃） 1455（固,18℃）
$Mn(NO_3)_2 \cdot 6H_2O$	25.8	125.9	—	1728（液,40℃） 1795（固,5℃）
$CaCl_2 \cdot 6H_2O$	28/29.2/29.6 /29.7/30	171/174.4/ 190.8/192	0.540（38.7℃） 1.088（23℃）	1562（32℃） 1802（24℃）
$LiNO_3 \cdot 3H_2O$	30	296	—	—
$NaSO_4 \cdot 10H_2O$	32.4/32	254/251.1	0.544	1485/1458
$NaCO_3 \cdot 10H_2O$	33	246.5/247	—	1442
$CaBr_2 \cdot 6H_2O$	34	115.5	—	1956（液,35℃） 2194（固,24℃）
$Na_2HPO_4 \cdot 10H_2O$	35/35.2/35.5/36	265/280/281	—	1522
$Zn(NO_3)_2 \cdot 6H_2O$	36/36.4	146.9/147	0.464/0.469	1828（液,36℃） 1937（固,24℃）
$KF \cdot 6H_2O$	11.4	—	—	—
$K(CH_3COO) \cdot (3/2)H_2O$	42	—	—	—
$K_2PO_4 \cdot 7H_2O$	45	—	—	—
$Zn(NO_3)_2 \cdot 4H_2O$	45.5	—	—	—
$Ca(NO_3)_2 \cdot 4H_2O$	42.7/47	—	—	—
$Na_2HPO_4 \cdot 7H_2O$	48	—	—	—
$NaS_2O_3 \cdot 5H_2O$	48	187/201/209.3	—	1600/1666
$Zn(NO_3)_2 \cdot 2H_2O$	54	—	—	—
$NaOH \cdot H_2O$	58	—	—	—

5.3.2 高分子储能材料

1. 石蜡

石蜡是精制石油的副产品，通常由原油的蜡馏分中分离而得，需要经过常压蒸馏、减压蒸馏、溶剂精制、溶剂脱蜡脱油、加氢精制等工艺过程从石油中提炼出来。石蜡主要由直链烷烃混合而成，可用通式 C_nH_{2n+2} 表示。短链烷烃熔点较低，链增长时，熔点开始增长较快，而后逐渐减慢，如 $C_{30}H_{62}$ 熔点是65.4℃，$C_{40}H_{82}$ 熔点是81.5℃，链再增长，熔点将趋于一定值。随着链的增长，烷烃的熔解热也增大。由于空间的影响，奇数和偶数碳原子的烷烃有所不同，偶数碳原子烷烃的同系物有较高的熔解热，链更长时，熔解热趋于相等。C_7H_{16} 以上的奇数烷烃和 $C_{20}H_{42}$ 以上的偶数烷烃在7~22℃都会产生两次相变，在低温处先发生固-固相变，它是链围绕长轴旋转形成的，温度略高时发生固-液相变，又由于石蜡是一种固-液相变材料，这些烷烃从固体到液体相变过程的总潜热接近于固-液相变时的熔解热，它被看作储热中可利用的热能。

表 5-12 中列出了一系列有机相变材料的热物理性质。与水合盐相比，石蜡具有很理想的熔解热。选择不同碳原子个数的石蜡类物质，可获得不同相变温度，相变潜热大约为 160~270kJ/kg。表 5-13 列出有机共熔相变材料的热物理性质。

表 5-12 有机相变材料的热物理性质

物质	熔点/℃	溶解热/(kJ/kg)	导热系数/[W/(m·K)]	密度/(kg/m³)
石蜡 C14	4.5	165	—	—
石蜡 C15~C16	8	153	—	—
聚丙三醇 E400	8	99.6	0.185/0.187	1125(液,25℃) 1228(固,3℃)
二甲基亚砜	16.5	85.7	—	—
石蜡 C16~C18	22~24	152	—	—
聚丙三醇 E600	22	127.2	0.187/0.189	1126(液,25℃) 1232(固,4℃)
石蜡 C13~C24	22~24	189	0.21	760(液,70℃) 900(固,20℃)
1-十二醇	26	200	—	—
石蜡 C18	27.5/28	243.5/244	0.148(40℃) 0.358(25℃)	0.765(液,70℃) 0.910(固,20℃)
1-十四醇	38	205	—	—
石蜡 C16~C28	42~44	189	0.21	0.765(液,70℃) 0.910(固,20℃)
石蜡 C20~C33	48~50	189	0.21	0.769(液,70℃) 0.912(固,20℃)
石蜡 C22~C45	58~60	189	0.21	0.795(液,70℃) 0.920(固,20℃)
切片石蜡	64	173.6/266	0.167(63.5℃) 0.346(33.6℃)	790(液,65℃) 916(固,24℃)
聚丙三醇 E6000	66	190.0	—	1085(液,70℃) 1212(固,25℃)
石蜡 C21~C50	66~68	189	0.21	830(液,70℃) 930(固,20℃)
联二苯	71	119.2	—	991(液,73℃) 1166(固,24℃)
丙酰胺	79	168.2	—	—
萘	80	147.7	0.132(83.8℃) 0.341(49.9℃)	976(液,84℃) 1145(固,20℃)
丁四醇	118.0	339.8	0.326(140℃) 0.733(20℃)	1300(液,140℃) 1480(固,20℃)
高密度聚乙烯 HDPE	100~150	200	—	—
四苯基联苯二胺	145	144	—	—

表 5-13　有机共熔相变材料的热物理性质

物质	熔点/℃	溶解热/(kJ/kg)	导热系数/[W/(m·K)]	密度/(kg/m³)
37.5%尿素+63.5%乙酰胺	53	—	—	—
67.1%萘+32.9%苯甲酸	67	123.4	0.130(100℃) 0.282(38℃)	—

石蜡中含油质会降低其熔点及其使用性能，石蜡的化学活性较低，呈中性，化学性质稳定，通常条件下不与酸（硝酸除外）和碱性溶液发生作用。石蜡在140℃以下不易发生分解碳化，具有一定的强度和塑性，不易开裂，但石蜡的软化点低，凝固收缩大，表面硬度小。

不同熔点的石蜡作为提炼石油的副产品可以得到。因此，系统工作温度和石蜡的熔点温度可以很好地匹配。石蜡是混合物，因此没有熔点尖峰，但是有些石蜡的熔点范围的确很窄。

石蜡作为一种 PCM 具有很多优点，如相变潜热高、几乎没有过冷现象、熔化时蒸气压力低、不易发生化学反应，且化学稳定性较好、自成核、没有相分离和腐蚀性、价格较低等。但它也有一些缺点，如需导热系数低和密度小等。为了提高石蜡的导热系数，强化石蜡的导热，主要从蓄热设备的改进，如需采用肋片、蜂窝、多孔介质等，在石蜡中需添加金属粉末、金属网、石墨等。石蜡作为相变蓄热材料的开发研究已经很深入，这些研究主要从提高石蜡的导热性能，以及利用添加剂降低石蜡的熔点，从而达到应用目的。以石蜡作为相变储能材料，金属泡沫铁作为导热增强材料。泡沫铁能缩短石蜡放热时间，提高放热效率。相比对照组厚为 10mm 和 15mm 的泡沫铁/石蜡复合相变储能材料的相变时间分别缩短了 1/3 和 1/4，相变放热密度分别减小了 1.60% 和 3.26%。两者的相变放热速率是相应对照组的 1.44 倍和 1.27 倍（图 5-31）。

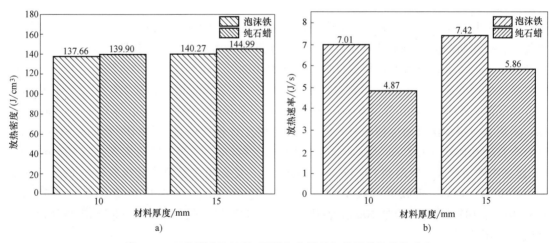

图 5-31　两种厚度泡沫铁/石蜡复合材料与纯石蜡的放热速率

石蜡价廉，性质稳定，因而可作为相变材料。然而，石蜡在固-液相变时易与其他被掺的材料发生作用，在实际应用中受到限制，微胶囊化是解决这一问题的一种方法。微胶囊技术是一种用成膜材料把固体或液体包裹形成粒径大小在微米或毫米级别的微小粒子技术。

2. 脂肪酸

脂肪酸有适合于蓄热应用的熔点，其通式可以用 $CH_3(CH_2)_{2n}COOH$ 表示，熔化热与石蜡相当，过冷度小，有可逆的熔化和凝固性能，是很好的相变储热材料。癸酸、月桂酸、肉豆蔻酸、棕榈酸、硬脂酸及其他的混合物或共晶物是应用比较多的相变材料。脂肪酸的化学性质取决于它所含的官能团的种类、数量和位置。脂肪酸都含有羧基（—COOH），所以羧基的化学性质是脂肪酸化学性质的重要方面。

脂肪酸相变材料在长期的热循环过程中其熔化温度、熔化潜热的变化很小，具有很好的热稳定性。这可以从脂肪酸的结构方面得到解释：脂肪酸分子内部由结构不同的烷基（$CH_3(CH_2)_n$—）和羧基（—COOH）两部分组成，由于氢键的作用，脂肪酸各分子羧基间成对地结合，生成缔合分子对。在结晶状态下的分子对层，脂肪酸的羧基和甲基的两末端基分别存在于平行的平面内，这样的结晶在分子间的引力中，甲基间的引力最小，亚甲基间的引力最大。升温过程中，脂肪酸晶体沿着甲基间的面断开，在熔化液中，脂肪酸以分子对的形式缔合在一起，这种缔合是十分牢固的，甚至在很高的温度下也是如此。由于甲基间的作用力是一确定值，并且不受热循环次数的影响，因此脂肪酸相变材料的熔化温度和熔化潜势的变化很小。

（1）棕榈酸　棕榈酸（Palmitic Acid，PA），分子式为$C_{16}H_{32}O_2$，结构式为$CH_3(CH_2)_{14}COOH$，分子量为256.42，学名为十六烷酸，熔点为63~64℃，沸点为271.5℃，密度为0.853g/cm^3。棕榈酸熔点适宜、价廉、原料易得、不易挥发，被广泛地用作相变材料。

有文献显示，选择相变潜热大、无毒、无腐蚀、不挥发且价格较便宜的棕榈酸作为主储热材料，采用"溶胶-凝胶"法，制备了以棕榈酸为基的硅系纳米复合相变材料。这种复合相变材料棕榈酸的储热能力相对比纯棕榈酸强，储热量大，这说明棕榈酸与二氧化硅复合后提高了其单位储热能力。而且，由于二氧化硅的导热系数较大，相应的复合材料的导热系数比纯有机酸的导热系数大，提高了相变储热材料的储、放热速度，从而提高了相变储热材料对热能储存的利用效率。

由于饱和一元脂肪醇类物质具有合适的相变温度、高熔化热、过冷小、无毒、无腐蚀性等优点，而脂肪酸类物质则具有原料易得、成本低廉、相变潜热大、长期稳定的优势。有研究者选取十四醇和棕榈酸两种相变材料按不同的比例，通过熔融混合的方法组合成了复合相变材料。以回收聚苯乙烯泡沫塑料（PS）为原料，以三氯化铝为催化剂，通过Scholl偶联法合成了超交联微孔聚合物（Hyper-Crossinglinked Foams，HC Foams），以HC Foams为载体，采用真空浸渍法吸附棕榈酸（PA）得到定型复合相变材料PA@HC Foams。HC Foams具有丰富的孔体积（1.25cm^3/g），合适的孔径（5.68nm）和较大的比表面积（1078m^2/g）。PA通过物理结合成功吸附到HC Foams的孔隙中。复合相变材料表现出较高的负载率和潜热，PA@HC Foams负载率（质量分数）可达77.53%，熔融潜热和结晶潜热值分别为148.50J/g、141.62J/g。通过100次冷-热循环后负载率损失仅为1.42%，展现出良好的热循环效果（图5-32）。

（2）硬脂酸　硬脂酸，学名十八烷酸，化学分子式为$CH_3(CH_2)_{16}COOH$，是一种以甘油酯形式存在于动物脂肪中的饱和脂肪酸。其密度为0.9408 kg/m^3（25℃，熔化后自然凝固），熔点为70~71℃，沸点为383℃，在80~100℃时慢慢挥发。由于硬脂酸熔点适宜，熔化焓较高，原料易得，对人体无任何毒害作用，且价格便宜，是一种具有较好应用前景的相变储能材料。

硬脂酸除了单纯的用作相变材料，还可以和无机材料结合，形成复合相变材料。有文献

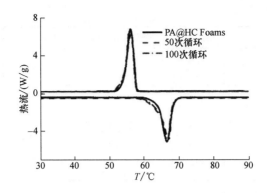

图 5-32　PA@HC Foams 循环 50、100 次后的 DSC 曲线

显示，采用"溶胶-凝胶"法将硬脂酸融入二氧化硅溶胶中，可形成以硅酸盐为核，周围吸附着脂肪酸分子的稳定结构。表 5-14 列出了硬脂酸/二氧化硅复合相变储热材料的相变温度和相变潜热。

表 5-14　硬脂酸/二氧化硅复合相变储热材料的相变温度和相变潜热

项　　目	硬脂酸质量分数（%）				
	10	15	35	45	75
相变温度/℃	46.93	49.61	52.23	59.9	62.7
相变潜热/(J/g)	25.68	70.68	88.33	151.7	196.8

从表 5-14 看出，随着复合相变储热材料中硬脂酸质量分数的不断增大，复合材料的相变潜热也是不断增大的，复合相变储热材料的相变潜热大小与对应的硬脂酸质量分数相当。同时还看到，复合相变储热材料的相变温度也随硬脂酸质量分数的增大而增大，但比纯硬脂酸的相变温度小。表 5-15 列出脂肪酸相变材料的热物理性质。

表 5-15　脂肪酸相变材料的热物理性质

物质	熔点/℃	溶解热/(kJ/kg)	导热系数/[W/(m·K)]	密度/(kg/m³)
棕榈酸丙酯	10	186	—	—
棕榈酸异丙酯	11	95~100	—	—
（癸酸-月桂酸）+十五烷（90:10，摩尔分数比值）	13.3	142.2	—	—
硬脂酸异丙酯	14~18	140~142	—	—
辛酸	16/16.3	148.5/149	0.145/0.158	862（液，80℃）1033（固，10℃）
癸酸-月桂酸65%~35%（物质的量分数）	18	148	—	—
硬脂酸丁酯	19	140	—	—
癸酸-月桂酸45%~55%（物质的量分数）	21	143	—	—
二甲基沙巴盐	21	120~135	—	—
乙烯丁酯	27~29	155	—	—

（续）

物质	熔点/℃	溶解热/(kJ/kg)	导热系数/[W/(m·K)]	密度/(kg/m³)
癸酸	31.5~32	152.7/153	0.152/0.153	878(液,45℃) 1004(固,24℃)
12-羟基-十八烷酸甲酯	42~43	120~126	—	—
月桂酸	42~44	177.4/178	0.147	862(液,60℃) 1007(固,24℃)
肉豆蔻酸	49~51	16.5/187/204.5	—	861(液,55℃) 990(固,24℃)
棕榈酸	61/63/64	185.4/187/203.4	0.159/0.162/0.165	850(液,65℃) 989(固,24℃)
硬脂酸	60/70	202.55/203	0.172	848(液,70℃) 965(固,24℃)

周子凡等人以氧化石墨烯为基质，硬脂酸作为相变材料，通过超声辅助液相插层法制得不同质量配比的复合相变材料。研究结果表明，复合相变材料中硬脂酸的最适合含量为80%，相变温度和相变潜热分别为65.44℃和120.45J/g，氧化石墨烯可改善硬脂酸的液相流动而导致泄漏的问题，对复合相变材料起到定型作用。戴磊等人研究了负载脂肪酸基相变材料硅藻土的热性能，结果表明，采用真空浸渍法或溶液插层法可将硬脂酸、月桂酸和单硬脂酸甘油酯等成功负载于煅烧硅藻土上；脂肪酸及其衍生物等相变材料以适当配比组合使用时，负载效果优于纯脂肪酸负载体系。硬脂酸或单硬脂酸甘油酯与月桂酸比例为3：7时，负载体系结构稳定，升温融化与降温凝固温度区间较窄，相变潜热值较大（图5-33）。

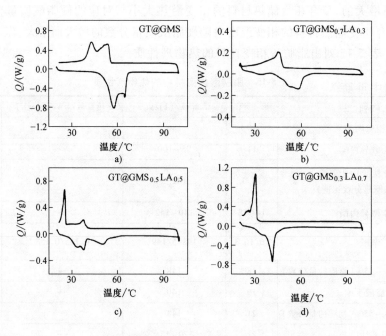

图 5-33　负载单硬脂酸甘油酯和月桂酸硅藻土的热分析曲线

刘红霞等人利用"步冷曲线法"及差示扫描量热仪对不同比例的月桂酸-癸酸二元复合体系的相变性能进行了试验研究，研究显示：该体系为具有最低共熔点的二元复合体系，当月桂酸与癸酸的摩尔分数之比为3∶7时，形成整个二元体系结晶温度最低点（199℃）。在小于此组分比例之前，体系的结晶温度随癸酸所占百分比增大而降低，大于此组分比例之后，体系的结晶温度随癸酸所占百分比增大而升高。

（3）多元醇　固-固相变材料具有如相变体积变化小、无相分离、无泄漏、腐蚀性小等特点。而多元醇是目前研究和使用较多的固-固储热材料，如新戊二醇、季戊四醇和三羟甲基氨基甲烷。多元醇的相变储能原理与无机盐的类似，也是通过晶型之间的转变来吸收或放出热量，即通过晶体有序、无序转变而可逆放热、吸热的，它们的一元体系固-固相变温度较高，适用于中高温储能领域，为使多元醇能够应用于低温储能领域，可把不同多元醇以不同比例组成二元或三元体系，降低它的相转变温度，从而得到相变温度范围较宽的储能材料，以适应对相变温度有不同要求的领域，表5-16列出了一些多元醇的热物理性质。

表 5-16　多元醇的热物理性质

多元醇	加热时相变温度/℃	相变热/(J/g)
新戊二醇（NPG）	44.1	116.5
2-氨基-2甲基-1,3丙二醇（AMP）	57.0	114.1
三羧甲基乙烷（PG）	81.8	172.6
三苯氧胺（TAM）	133.8	270.3
季戊四醇（PE）	185.5	209.5

193

选用季戊四醇（PE）作为相变蓄热材料，玻璃纤维毡作为相变材料基材，采用热压复合法研制用于高温热防护的轻质柔性蓄热材料——PER复合毡片，并通过缝制的方式与玻璃纤维针刺毯复合制备复合织物。PER具有高相变温度（177.9℃）和高相变焓（308.1J/g），但直接暴露在210℃以上的高温空气中会发生老化，颜色泛黄且其相变焓下降20%；在同样的热空气环境中重复5次升降温循环后，相变焓仅为94.1J/g。利用高温融化-混合的方法制备季戊四醇（PE）与三羟甲基乙烷（PG）的混合材料，使用DSC仪器分析相变温度与相变潜热，同时研究不同形核剂对混合材料的相变温度、过冷度的影响。PE与PG混合相变材料的相变温度区间基本在25℃以上，过冷度约为15℃，膨胀石墨作为形核剂，使过冷度有一定减小。增加复合相变材料中膨胀石墨的含量能提高材料各个方向的导热系数。以甘露醇为母体，利用熔融共混法制备甘露醇/SiO₂复合相变材料。甘露醇（Mannitol）和支撑体二氧化硅之间仅存在氢键作用，没有其他化学作用；通过对质量比为 m（SiO_2）/m（甘露醇）= 2（S/M-2）的复合材料具有良好的稳定性，S/M-2材料与甘露醇热扩散系数（α）测试结果表明：在40℃固态时复合相变材料的热扩散系数提高了近8倍（图5-34）；在相变温度以上，200℃时热扩散系数也提高了20%。

5.3.3　金属及合金储能材料

从20世纪80年代初起，美国特拉华大学著名的金属学教授Birchenall和苏联科学院的

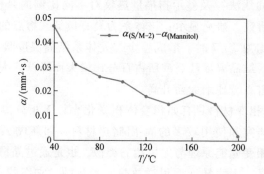

图 5-34　不同温度下 S/M-2 和甘露醇之间的热扩散系数差

Maltainov 等研究了合金的储热性能，认为金属相变材料在相变储能技术中作为储能介质有许多优势，同时 Birchenall 等对共晶合金的热物理参数进行了较为深入的研究，提出了三种典型状态平衡图和二元合金的熔化熵和熔化潜热的计算方法。之后，美国俄亥俄州立大学的 Mobley 教授则进行了过共晶合金储热球的研究。这些工作均为金属作为储能介质提供了新的概念和途径。

材料与能源科学家对富含 Al、Cu、Mg、Si、Zn 的二元和三元合金的差示扫描量热计（DSC）测量结果表明，Si 或 Al 元素含量大的合金有大的相变潜热，因而具有最好的质量或体积热储存密度，在这几种金属相变材料中，相变温度为 780~850K 的储能密度最大，Mg_2Si-Si 共晶合金高储能密度相变温度是 1219K。表 5-17 是 12 种作为相变材料较好的合金的测量值与计算值的比较。

表 5-17　共晶成分、温度及熔化热的测量值与计算值的比较

合金	温度/K			摩尔分数(%)			熔化热/(kJ/kg)				
	测量值	计算值	常规值	测量值	计算值	常规值	测量值	计算值	计算值	常规值	常规值
Si-Mg(Si-Mg_2Si)	1219	1183	1289	47.1	52	53	757	1255	1071	—	—
Al-Si	852	933	834	12	0	7	519	573	573	—	—
Al-Mg-Si	833	—	—				545	—	573	584	448
Al-Cu(Al-Al_2Cu)	821	654	790	17.5	15	17	351	443	—	360	381
Al-Cu-Si	844						422	561	410	—	—
Mg-Ca(Mg-Mg_2Ca)	790						264	431			
Al-Cu-Mg	779	546	541	Cu17	18	17	360		376	406	402
Al-Al_2Cu-Al_2MgCu	—	—	—	Mg16.2	12	11					
Mg-Cu-Zn	725						254		410		
Al-Mg(Al-$Al_3$$Mg_2$)	724	555	676	37.5	36	40	310		402		
Al-Mg-Zn	716						310		376	456	477
Mg-Zn(Mg-Mg_2Zn)	613	592	655	29	32	33	180		230	247	464

注：加入的相数，被看作是组分而非元素。

从 20 世纪 80 年代后期开始，中国科学院广州能源研究所和广东工业大学的张仁元教授及其课题组，全面进行了以铝基二元和三元合金作为相变材料的储热性能及技术应用的研究。

铝基合金作为相变材料的有铝硅、铝硅铜、铝硅镁等。铝硅合金（$w_{Si} = 12.5\%$）属于简单的共晶系，合金的共晶温度为850K。温度低于850K，固溶度小于1.659%。成分接近共晶温度的铝硅合金组织主要取决于冷却速度及硅含量。快速冷却有利于初生硅的生成，缓慢冷却增加共晶体含量。储能热释放过程长达几小时，可视为缓慢冷却。

在273～850K的温度范围内，含铝硅合金的固态比热容与温度呈线性关系，Schmidt认为铝硅合金的液态比热容近似恒定。合金的线膨胀系数随硅含量的增加而迅速下降，且不呈线性关系。当硅含量达40%时线膨胀系数降至1.2×10^{-5} m/(m·K)。合金的凝固收缩率受硅的影响较大。随硅含量的增加，凝固体积变化呈直线下降，硅含量为26%时达到零。其他元素则对凝固收缩率影响不明显。

Al-Si合金具有高储能密度，与常用的复合共晶盐相比，导热系数大几百倍而且性能衰减小，比其他铝基相变材料对容器的腐蚀小，它的过冷度很小。一般只在5℃以下，该合金性价比高，单位价格储热量高达28kJ/元，具有长期稳定应用的优点。Al-Si合金由于Si和杂质的含量不一，其相变温度为569.4～578℃，相变潜热为484.9～510kJ/kg。这种材料具有良好的抗高温氧化性能，经过反复的高温灼烧后，其氧化率小于0.01%，并逐渐稳定。长期（几百小时）高温熔化证明，表层氧化膜相当稳定，且具有一定的强度。因此，在密实的氧化膜的保护下，氧化对铝及其合金成分的影响可以忽略不计。

在相变储能技术中对Al-Si合金的使用温度控制在620℃以下，而且采用相变材料容器内壁的涂层技术，可以大大降低对容器的腐蚀和相变潜热的衰减。而且实验表明，相变循环次数越多，相变潜热的下降趋于稳定，经前后约1000次相变循环数据推算，10年下降为11%～16%。所以，容器抵抗Al-Si熔液腐蚀的办法可归纳为：①采用0Cr18Ni9作为材料；②内层使用高温涂料或表面氧化预处理；③储能装置的最高工作温度不超过600℃。石彦等人研究Al-Cu-Si基相变材料性能。研究结果表明，在Cu含量为35%～55%（质量分数）时，Al-Cu-Si合金相变温度为512.5～604.2℃，质量潜热为354.4～458.1J/g，体积潜热为1524.1～1763.8J/cm³。质量潜热和体积潜热均随着Cu含量的增加呈现出"双峰型"的变化趋势，Cu含量为42%（质量分数）时质量潜热最大，为458.1J/g Cu含量为48%（质量分数）时体积潜热最大，为1763.8J/cm³。Al-Cu-Si合金的热导率随着Cu含量的增加而降低，且在500℃时Al-Cu-Si合金的热导率为91.4～137.5W/(m·K)。综合研究表明，Al-Cu-Si合金在太阳能储热领域具有很高的应用价值。

金属及其合金作为相变材料的优点很多，例如，相变潜热大，导热系数是其他相变储能材料的几十倍和几百倍，相应的储能换热设备的体积小等。以单位体积（或质量）储能密度计的性价比也是相当理想的。表5-18列出了常用相变储能材料的热物理性质。

表5-18 常用相变储能材料的热物理性质

	相变储能材料	质量百分比	导热系数 λ_0/λ_1 [W/(m·K)]	熔点 T/℃	相变潜热 r/[kJ/(kg)]	固态比热容 C_s/[kJ/(kg·K)]	液态比热容 C_1/[kJ/(kg·K)]	密度 ρ_s/(kg/m³)	单位体积储热量/(MJ/m³)
1	$Na_2SO_4 \cdot 10H_2O$	44.09	0.544	32.35	251.2	1.76	3.30	1.485	373
2	$NaCH_3COO \cdot 3H_2O$	60.28	—	58	265	1.97	3.22	1.45	384
		9.72							

（续）

相变储能材料	质量百分比	导热系数 λ_0/λ_1 [W/(m·K)]	熔点 $T/℃$	相变潜热 $r/[kJ/(kg)]$	固态比热容 $C_s/[kJ/(kg·K)]$	液态比热容 $C_1/[kJ/(kg·K)]$	密度 $\rho_s/(kg/m^3)$	单位体积储热量/ (MJ/m^3)
3	石蜡	—	—	61	184.6	2.51	2.21	0.775	143.1
4	$NH_4Al(SO_4)_2·12H_2O$	47.69/52.31	0.55/—	93.95	269	3.05	1.706	1.65	444
5	$NaNO_3/NaOH$	43.4/56.6	0.489/0.18	240	244.3	—	—	1.82	445
6	$LiNO_3$	—	—	251	389	—	—	—	—
7	$NaCl/NaNO_3/Na_2SO_4$	20.5/29.8/49.7	—	286.5	177.7	—	—	1.936	344
8	$NaNO_3/NaCl$	95.4/4.6	—	297	191	—	—	2.26	430
9	$NaNO_3$	—	0.56/0.61	310	189	10.76(287)	—	2.261	701
10	$LiOH$	—	—	471	876	—	—	1.43	1253
11	$Al/Si/Fe$	—	180/—	577	515	0.939	1.17	2.6	1339
12	$NaOH$	—	—/0.92	612	301	—	—	2.13	641
13	LiH	—	10.54/—	688	3264	6.02(644)	6.26(704)	0.82	267 635
14	Li_2CO_3	—	—	720	608	—	—	2.11	1279
15	$NaCl$	—	1.6/—	804	486	8.4(267.5)	—	2.16	1050
16	Na_2CO_3	—	—	852	290	14.41(800)	15.82(900)	2.53	734
17	Na_2SO_4	—	—	880	202	9.18(313)	—	2.69	543
18	NaF	—	151.7/—	995	789	11.2(300)	—	2.8	2209

注：固态比热容和液态比热容栏中括号内数值为对应温度（单位为℃）。

思 考 题

1. 简述实际应用中对储能材料的要求。

2. 储热材料的类别有哪几种，有哪些要求？

3. 简述热力学第一定律和热力学第二定律。什么是卡诺循环？

4. 简述热机的原理及种类。

5. 热能储存的办法有哪些？各有什么特点？

6. 什么是相变潜热？

7. 简述热能储存的评价依据。

8. 什么是显热储存和相变储存？各有哪些特点？

9. 简述显热储存常用的介质、适用条件及优缺点。

10. 简述地下含水层储热系统的工作原理、组成及特点。

11. 简述相变材料的选取原则，并列举几种相变材料。

12. 什么是 Kopp 定则和 Trouton 定则？

13. 简述化学能储存技术的原理及特点。石油的储存应注意什么？

14. 目前正在研究的新型蓄电池有哪些？具有哪些特点？

15. 简述储能材料的分类、筛选原则及优缺点。

16. 简述固-液相变储能材料的原理及特点。列举几种常用的无机类相变材料，并简要分析其相变机理。

17. 简述固-固相变储能材料的种类，并简要分析其特点。

18. 简述无机水合盐储能材料的结构、过冷机理和析出机理。克服晶液分离的方法有哪些？

19. 常见的金属及合金储能材料有哪些？简述其优点。

参 考 文 献

［1］ 樊栓狮，王燕鸿，郎雪梅，等. 储能材料与技术［M］. 北京：化学工业出版社，2004.

［2］ 梁英教，车荫昌. 无机物热力学数据手册［M］. 沈阳：东北大学出版社，1993.

［3］ WETTERMARK G，CARLSSON B，STYMNE H. Storage of heat-a Survey of efforts and Possibilitites［M］. Stockholm：Swedish Council for Building Research，1979.

［4］ 张志英，鲁嘉华. 新能源与节能技术［M］. 北京：清华大学出版社，2013.

［5］ 黄犊子，樊栓狮. 采用 HOTDISK 测量材料热导率的实验研究［J］. 化工学报，2003，54：67-70.

［6］ WILLIAMS V A. Thermal Energy Storage［M］. Dordrecht：D. Reidel Publishing Cormpany，1981.

［7］ 李书萍. 金属和共熔加速剂的设计及其在高性能锂/钠硫电池中的应用研究［D］. 武汉：华中科技大学，2019。

［8］ 刘丽辉，莫雅菁，孙小琴，等. 板式相变储能单元的蓄热特性及其优化［J］. 储能科学与技术，2020（6）：1784-1789.

［9］ KRUPA I，NÓGELLOVÁ Z，SPITALSKY Z，et al. Positive influence of expanded graphite on the physical behavior of phase change materials based on linear low-density polyethylene and paraffin wax［J］. Thermochimica Acta，2015，614：218-225.

［10］ MU M，BASHEER P A M，SHA W，et al. Shape stabilized phase change materials based on a high melt viscosity HDPE and paraffin waxes［J］. Applied Energy，2016，162：68-82.

［11］ 吴韶飞，闫霆，蒯子函，等. 高导热膨胀石墨/棕榈酸定形复合相变材料的制备及储热性能研究［J］. 化工学报，2019，70（9）：3553-3564.

［12］ 王革华. 新能源概论［M］. 北京：化学工业出版社，2011.

［13］ 艾德生，高喆. 新能源材料：基础与应用［M］. 北京：化学工业出版社，2009.

［14］ 李果，欧阳婷，蒋朝，等. 碳纤维-纳米石墨片网络体导热增强石蜡相变储能复合材料的制备及表征［J］. 复合材料学报，2020（5）：1130-1137.

［15］ 吴其胜，张霞，戴振华. 新能源材料［M］. 上海：华东理工大学出版社，2012.

［16］ 张仁元. 相变材料与相变储能技术［M］. 北京：科学出版社，2009.

［17］ 万倩，何露茜，何正斌，等. 泡沫铁/石蜡复合相变储能材料放热过程及其热量传递规律［J］. 储能科学与技术，2020（4）：1098-1104.

［18］ 宋景慧，马继帅，李方勇，等. 季戊四醇与三羟甲基乙烷相变材料蓄热性能研究［J］. 太阳能学报，2017，38（9）：2498-2504.

［19］ 李奕怀，吴子华，王元元，等. 熔融共混法制备甘露醇/SiO$_2$复合相变材料与热物性研究［J］. 上海第二工业大学学报，2017，34（3）：170-175.

［20］ 汪洋等. 引领未来的系能源［M］. 兰州：甘肃科学技术出版社，2014.

［21］ BIRCHENALL C E，RIECHMAN A F. Heat storage in eutectic alloys［R］. Metallurgical Transactions. ASME and Metallurgical Sociery of AIME，1980，16A：1415-1420.

［22］ FARKAS D，BORCHENALL C E. New eutectic alloys and their heats of transformation［J］. Metallurgical Transactions A，1985，16：323-328.

［23］ 赵盼盼，胡芃，章高伟，等．PG固-固相变潜热型功能热流体制备及热物性研究［J］．太阳能学报，2018，39（5）：1227-1230．

［24］ 王会春，凌子夜，方晓明，等．六水氯化镁相变储热材料的研究进展［J］．储能科学与技术，2017，6（2）：204-212．

［25］ 刘莎．有机复合相变材料储热性能的理论预测及实验研究［D］．北京：北京建筑大学，2018．

［26］ 马贵香．硬脂酸基复合相变储能材料的制备、热性能及数值模拟研究［D］．北京：中国科学院大学，2019．

［27］ 李其峰．硅胶和多孔玻璃对固-固相变储能材料四氯合锌酸十四烷基铵储热性能调控［D］．泰安：山东农业大学，2016．

［28］ 石彦，赵君文，袁艳平，等．Cu含量对Al-Cu-Si合金相变储热性能的影响［J］．化工学报，2020（5）：2017-2023．

第6章
能源类防护材料

核能为人类提供了巨大的能源，同时也存在核辐射和核污染的风险。历史上发生过若干起由于核电站故障导致的核辐射和核污染事件。例如，1986 年 4 月 26 日，苏联切尔诺贝利核电站发生大爆炸，其放射性云团直抵西欧，爆炸最终导致 20 多万平方公里的土地受到污染，造成八千人死于核辐射导致的各种疾病。2011 年 3 月 12 日，日本东京电力公司福岛第一核电站发生泄漏事故，两年后又发生了辐射污水外泄事故，核电厂储存槽泄漏出约 300 吨高度污染的核辐射水，对人身健康和生态环境造成了一定的危害，如图 6-1 所示。因此，在开发、利用能源的过程中做好防护具有重要的意义。能源类防护材料也就应运而生，它是指用于防止或削弱在能源使用过程中所产生伤害的材料，包括核电废水防护材料、核电废气防护材料、核辐射防护材料、热电材料的防护材料等。

a) 苏联切尔诺贝利核电站　　　　　　　b) 日本福岛核电站

图 6-1　历史上的核辐射和核污染事件

本章主要介绍核电废水、废气的危害和核辐射防护材料，阐述热电材料的腐蚀与失效以及防护措施。

6.1　核电废水防护材料

任何事物都具有两重性，核能为人类提供了巨大的能源资源，但核能利

扫码看视频

用过程中产生的核废料处置不当也会给环境带来极大的危害。核废料最主要的环境污染是其具有强度不等的放射性。在国际放射性防护委员会（International Commission on Radiological Protection，ICRP）的建议下，各国政府对放射性的限值都做了具体规定。

核废料以气态、固态、液态三种形式存在。按其放射性强度可分为高放射性核废料和中、低放射性核废料。对中、低放射性液体核废料的固化一般采用水泥固化法、沥青固化法、塑料固化法进行固化处理，固化后储存或填埋处置。高放射性废液目前一般的处理办法是先进行 6 年以上时间的密封储存，然后浓缩，最后进行玻璃固化，固化后进行处置。高放射性废气目前的处理方法是去除其中的氚-85、氪和碘-129。分离氚-85 一般采用深冷法，分离出的氚-85 装入钢瓶；氪可采用氧化挥发法或同位素交换法处理；碘-129 可用水溶液洗涤、吸收剂吸收法处理。对高放射性核废料目前尚无最终的处理办法，由于其必须与生物圈隔离 600 万年以上，故目前通用的方法是将其固化后埋藏在地质构造稳定的地层深处。对中、低放射性核废料经处置后可在浅层地表埋藏，埋藏地点也可以利用废弃矿井。

总之，核废料的处置是一个很复杂的系统工程，目前尚无一劳永逸的处置办法，相信经过核科学家的努力，最终将会找到更为尽善尽美的办法。

6.1.1　核废水的产生

放射性废水是指核电厂、核燃料前处理和乏燃料后处理，以及放射性同位素应用过程中排出的各种废水，不同废水所含放射性核素的种类和浓度、酸度和其他化学组分等差异很大。核电站废水中，主要核素包括^{58}Co、^{60}Co、^{134}Cs、^{137}Cs、^{90}Sr、^{3}H 等；核燃料循环前段的废水中，核素以铀、镭及其子体居多，如铀矿的开采和选矿产生含铀、镭等天然放射性核素的矿坑废水或选矿废水；在核燃料元件制造中，各种金属的提纯和设备的清洗会产生含有少量铀的稀硝酸-氢氟酸废水，这种废水的污染水平相当低。乏燃料后处理废水中，主要核素包括^{137}Cs、^{90}Sr 及铀、钚、超铀核素等。按废水所含放射性核素的浓度可分为高水平、中水平与低水平放射性废水，按废水中所含放射性核素的种类，可分为 α、β、γ 三类放射性废水。

核电厂是产生放射性废水的重要来源，因不同堆型设计不同，产生的放射性废水数量和种类也有所不同，反应堆运行时产生的放射性废水主要来自循环冷却水。对于 CPR1000 堆型，运行中主要产生工艺排水、化学排水，以及地面排水和服务排水。其中，工艺排水为杂质含量很低的放射性废水，主要来源于硼回收系统和反应堆冷却系统等工段；化学排水的杂质含量和放射性活度都较高，悬浮物浓度最大可达 500mg/L，主要包括热实验室和去污厂房等产生的废水；地面排水和服务排水放射性浓度较低，含有一定的悬浮物等，主要包括不能回收的泄漏水、现场实验室废水，以及洗衣淋浴废水等。AP1000 堆型产生的放射性废水，主要包括含硼废水、地面疏水洗涤废水和来自实验室的化学排水等。

此外，有些医疗机构、同位素的生产和使用等过程、核研究机构、核武器制造，以及核动力舰船的运行，都会产生大量的中、低水平放射性废水。在医疗方面使用的同位素主要有^{198}Au、^{131}I、^{24}Na 及^{32}P 等，应用这些放射性同位素的同时会产生相应的放射性废水；在放射性免疫分析中也会产生大量的含有^{125}I 的废水；在进行核相关研究中产生的各种放射性废水，根据相关研究中所使用的同位素的种类、数量和目的等的不同，其水质存在较大差距。

1. 核燃料生产过程

核燃料的开采、加工过程是核废料产生的一个重要途径。例如，铀矿的开发与冶炼过程中就会有大量具有放射性的固体废物，留存于矿坑的水体也会具有放射性，冶炼过程的湿法作业也会产生大量具有放射性的核废水，除此之外还包含氡、钋等具有放射性的核污染气体。

2. 反应堆运行过程

在核电站的反应堆中通常会产生大量的裂变物质，这些物质通常是存留在燃料元件内部，但是当燃料元件发生破损的时候，其中的物质就会扩散泄漏到冷却水体中。这些冷却水循环至中子照射的程序后，由于放射性活化的反应而导致其自身也具有了放射性。

3. 核燃料后处理过程

核燃料的后处理阶段的主要产物就是数量较大的裂变产物。而核燃料进行切割与溶解的过程也会产生部分气体裂变产物。这些气体裂变产物大多会进入废气处理系统之中。其中九成以上的物质会在燃料溶解液里存在。如果产生一定的化学分离过程，这些物质则会在第一次萃取的酸性废液里大量聚集。这些废液的释热量非常大，也是放射性物质处理的重中之重。与此同时，在第二、三次萃取中也会产生大量的废液、弱放射性冷却水等物质。不过这些废水的活度较低，不是处理重点。

4. 其他来源

我国的一些核工业部门中存有部分已经报废的核设施，一些核武器生产与调试单位也会产生一部分核废料。具有放射性物质的某些医院科室、高校及科研单位同样产生放射性废水。以上放射性的核废物种类多样，形式不同。

6.1.2　核废水的危害

如果放射性物质未经妥善处理就被排放到水中，那么通过食物链的传递，放射性物质最终会进入人体，并对人体产生十分严重的危害。所以在众多核泄漏或核污染事故上，放射性核废液对环境造成的危害最大。一定量的放射性物质通过饮用水或者食物进入人体后，就会产生生物化学毒性，又因它会存留于人体内部而对人体的内脏直接产生辐射，这种作用称为内照射。各种电离辐射（如 X 射线、γ 射线、β 射线、α 射线）会引起电离、激发等作用而把能量传递给人体，对人体内部化学环境造成严重伤害。它会打断人体各组织中原子和分子间的化学键，尽管人体会自动做出反应，尝试对这种损害进行修复。但有时候这种伤害是不可修复的，并且在自动修复过程中还存在发生错误的可能性，对人体造成更加严重的伤害。

废液中的放射性物质能产生很强的辐射而导致染色体畸变、基因突变、细胞损伤等。并且放射性物质对人体和动物的损害通常存在较长的潜伏期，有时需经过 20 年以后才能表现出一些症状。核污染的危害并不是一时能解决的，很多科学家担心核污染会对几代人造成长久的影响。例如，在受切尔诺贝利核事故的辐射污染较强的白俄罗斯、乌克兰及俄罗斯地区，儿童罹患甲状腺癌的比例比其他地区要高很多，并且有增加的趋势。而且在切尔诺贝利地区，畸形婴儿的出生率要远远高于其他地区。这些都是核污染所带来的长期后果。

然而近期发生的福岛核泄漏事件的长久影响还没有完全体现出来。大量的核废水被排放至海水中并未得到妥善处理。为了减少核废水产生的危害，寻求及时有效的核污染废水的处理方法就变得十分重要。

6.1.3 核废水的处理现状

为了环境和人类的健康，高效地处理放射性核废水是至关重要的。目前，对高水平放射性核废水的处理方法一般分为固化和分离嬗变。固化即通过玻璃固化、陶瓷固化、水泥固化等形式，将放射性废水的高浓度核素封闭在稳定介质中，防止或减缓核素的迁移泄漏，固化体通常被进行深地质处置。分离嬗变即将锕系元素和长寿命的裂变产物通过化学方法分离出来，使其变为中、低水平放射性废水。中、低水平放射性废水常见的处理方法有化学沉淀、吸附、离子交换、蒸发浓缩、膜分离及生物法等。基于不同机理的高锝酸根分离方法如图 6-2 所示。

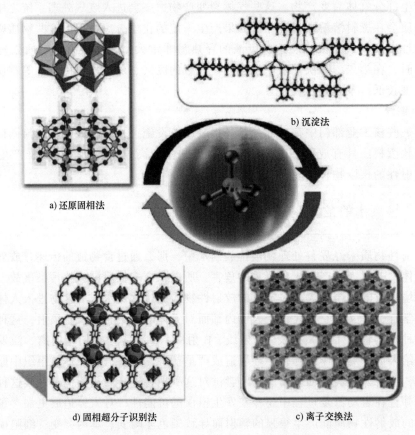

a) 还原固相法　　b) 沉淀法　　d) 固相超分子识别法　　c) 离子交换法

图 6-2　基于不同机理的高锝酸根分离方法

1. 化学沉淀法

化学沉淀法是利用投加的沉淀剂与核电厂放射性微量元素发生沉淀作用，适用于大体积及高盐度废水，与其他方法联用时常用作预处理。常用的沉淀剂有氯化铝、氯化铁、硫酸亚铁、碳酸氢钠、碳酸钙等，适宜的沉淀 pH 值为 9~13。化学沉淀法技术成熟，不仅对大多数放射性核素具有良好的去除效果，还能去除悬浮物、胶体、无机盐、有机物和微生物等。化学沉淀法操作方便，费用低，但也有净化因子低、产生污泥量大等局限性。

2. 吸附法

吸附法是利用多孔性的固体吸附剂处理放射性废水，使核素吸附在它的表面上，从而达到去除放射性核素的目的。常用的吸附剂有活性炭、沸石、高岭土、膨润土、黏土等，吸附剂可吸附分子、离子，对不同的核素有不同的选择性。吸附法工艺简单、去除率高、成本较低、方法有效，但是吸附法对吸附材料的要求较高，如吸附材料的表面积和吸附容量要大。

3. 离子交换法

离子交换法是一种常见处理放射性废水的方法，是利用放射性废水中的离子与离子交换剂上的可交换离子进行交换，使废水中放射性核素浓度降低，从而使废水得以净化的方法，如图 6-3 所示。离子交换法具有良好的化学和热稳定性、选择性高等特点，可用于去除多种放射性核素，但是离子交换法也有树脂堵塞、树脂再生、费用高等局限性。

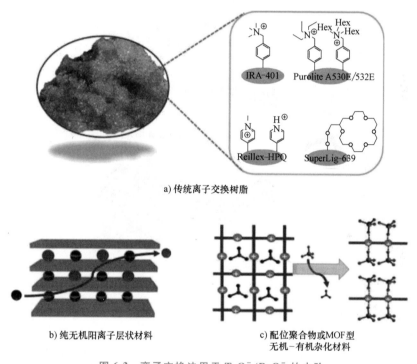

a) 传统离子交换树脂

b) 纯无机阳离子层状材料

c) 配位聚合物或MOF型无机-有机杂化材料

图 6-3 离子交换法用于 TcO_4^-/ReO_4^- 的去除

4. 蒸发浓缩法

蒸发浓缩法是通过加热的方式使溶液中部分溶剂蒸发而汽化，而后冷凝凝结为含溶质较少的冷凝液，从而使溶液得到净化的一种方法。除氚、碘等极少数元素之外，废水中的大多数放射性元素都不具有挥发性，故可用蒸发浓缩法对放射性废水进行处理。该方法适用于高、中、低水平放射性核废水，灵活性大、安全、稳定，且净化系数大于 10^4。但是，蒸发浓缩法也有一些缺陷：产生的浓缩液需进一步处理，费用高，对水质要求高，需要预处理。

5. 膜分离法

膜分离法是利用膜的选择性分离实现料液的不同组分的分离、纯化、浓缩的过程，较常用的是纳滤、微滤、超滤、电渗析、扩散渗析和反渗透等。膜分离技术具有高水通量和高脱盐率、化学稳定性好、能耗低、设备简单、操作方便和适应性强等多种特点，能够以高质量处理各种料液,其操作过程可实现自动化,产生的渗透液也可进行再利用。但是,此方法中主材料膜的相容性受到多因素制约,膜的寿命也较短。

6. 生物法

生物法吸附放射性物质是指利用自然界中微生物及其衍生物的天然亲和力来吸附放射性物质,细胞的不同部位对放射性元素的络合、离子交换等复杂过程使放射性元素浓缩至微生物体内,从而与自然界分离。其优点有:受 pH 值影响较小,不受碱金属离子的干扰,不会产生化学污染,污泥量极少,再生能力强,不受有机物影响等。但生物吸附法大多还处在理论研究阶段,并没有真正应用到工程中,它具有良好的生态效益和应用前景。

处理放射性废水还可用浮选、泡沫分离、电泳、氧化还原等方法。这些方法由于存在实际操作过程及处理技术等局限性,而尚未广泛应用。还原固定法用于 TcO_4^- 的分离固定如图 6-4 所示。

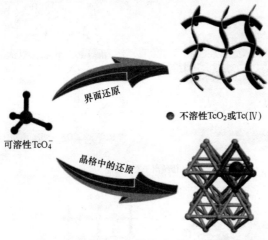

界面还原

不溶性TcO_2或$Tc(IV)$

可溶性TcO_4^-

晶格中的还原

图 6-4　还原固定法用于 TcO_4^- 的分离固定

6.1.4　核废水的处理材料

1. 纳米材料

(1)纳米氧化物　纳米氧化物在水解后表面富含羟基,可与放射性核素通过配位键形成络合物,从而吸附去除水体中的放射性核素。

1)二氧化钛(TiO_2)可被用于去除水体中的 PuO_2^{2+}、Eu^{3+} 等放射性核素,纳米 TiO_2 具有更大的比表面积和更丰富的羟基,因而可以更高效地去除水体中的核素离子。直径为 22nm 的纳米 TiO_2 颗粒吸附去除水体中 Th^{4+},在投加量为 0.1g/L、初始离子浓度为 7.6μmol/L、pH 为 3 的条件下,最大吸附容量可达 49.4mg/g。TiO_2 吸附 Th^{4+} 后生成了 Ti-O-Th 配合物,说明该吸附过程的机理主要是表面络合作用。在酸性条件下,以 TiO_2 为牺牲模板,通过与亚铁氰化钾 $K_4[Fe(CN)_6]$(简称 FC)的简单反应制备了空心花状亚铁氰化钛(hf-TiFC)。所得的 hf-TiFC 显示出比颗粒形式的 TiFC(g-TiFC)更快的 Cs^+ 吸附动力学,并且由于 hf-TiFC 的有效表面积增加,hf-TiFC 的最大吸附容量(454.54mg/g)比 g-TiFC 高 3 倍(图 6-5)。

2)纳米 Fe_3O_4 颗粒和纳米 Fe_2O_3 颗粒是一类具有磁性的吸附材料,可克服 TiO_2 纳米颗

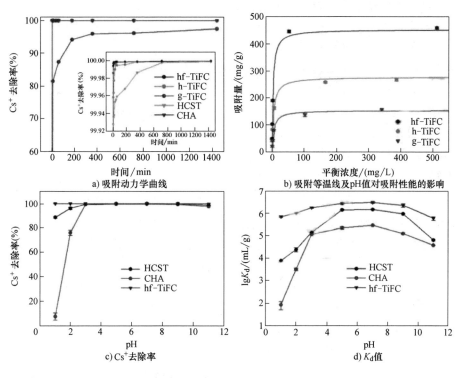

图 6-5　各种吸附剂对 Cs^+ 的吸附性能曲线

粒难以回收的问题。将直径约为 50nm 的磁性纳米 Fe_3O_4 颗粒包裹在钛酸盐内，制成多级介孔结构纳米复合材料，用于去除模拟废水中的 Ba^{2+}（代替具有相近离子半径和离子交换性质的放射性 Ra^{2+}），最大吸附容量为 118.4mg/g。复合材料在吸附 Ba^{2+} 后，可通过磁分离方法实现便捷分离。将两种具有光电催化特性的纳米颗粒（γ-Fe_2O_3 和 TiO_2）包埋入 PVA-藻酸钠中制成纳米复合微球，可借助光照调控对 Ba^{2+} 的吸附效果。在溶液 pH 为 8、初始浓度为 50mg/L 的条件下，纳米复合微球能够在 150min 内去除水体中 99% 的 Ba^{2+}，效果优于 γ-Fe_2O_3 微球和 TiO_2 微球。此外，也有研究者将磁性纳米颗粒与 SiO_2、壳聚糖、真菌等材料结合，从而改善了其对放射性核素的吸附效果。

3）纳米氧化银（Ag_2O）易与 I^- 生成不溶性沉淀物 AgI，因此在放射性核素 I^- 的去除方面有很好的应用潜力。I^- 的去除能力和去除速率取决于 Ag_2O 的比表面积，粒径较大的纳米 Ag_2O 颗粒比表面积较小，去除容量和反应活性不佳；而粒径较小的 Ag_2O 颗粒对 I^- 去除效果则明显提高，但小粒径的 Ag_2O 颗粒易团聚。为此，研究者们尝试将纳米 Ag_2O 颗粒固定在不同种类的基底材料上以减少其团聚，进而提高对 I^- 的去除效率。例如，固着在纤维素、铌酸钠复合物、钛酸盐纳米管的纳米 Ag_2O 能够更高效地俘获水中的放射性 I^-。

4）ZnO 是一种富含多羟基的环境友好型材料，纳米尺寸的 ZnO 颗粒可高效去除水体中的重金属。采用微波法制备了直径约为 57nm 的纳米 ZnO 颗粒，并尝试用于吸附放射性核素。在最优条件下，纳米 ZnO 颗粒对 UO_2^{2+} 的去除率可达 98.7%，最大吸附容量可达 1111mg/g；对 Th^{4+} 的去除率可达 97.0%，最大吸附容量可达 1500mg/g。

综上所述，多数纳米氧化物主要通过羟基与核素离子形成配位键，发生化学吸附，从而将放射性核素从水体中去除。由于纳米颗粒尺度较小，吸附后回收是阻碍其应用的主要难题之一，因此，纳米磁性氧化物易回收的优点使之备受青睐。另外，纳米 Ag_2O 在放射性核素去除中主要依赖于其与 I^- 形成稳定不溶性沉淀物的特性而达到去除放射性碘的目的，因此，主要应用于放射性碘的去除。

（2）纳米金属颗粒　一些纳米金属颗粒（如纳米零价铁和纳米银）可与部分放射性核素或基团发生氧化还原反应，生成低价态的不溶性单质或氧化物，实现放射性核素的分离。

1）纳米零价铁（Nanoscale Zero-Valent Iron，nZVI）是一种还原性强的纳米金属颗粒。在中性和碱性条件下，nZVI 是 1 个壳核结构，$\alpha\text{-FeO}$ 为核，表面包裹 1 层铁氧化物（FeO），nZVI 可与 UO_2^{2+} 发生氧化还原反应，生成不溶性的铀氧化物 UO_2，故常用于去除水体中的放射性核素铀。万小岗等探讨纳米零价铁对废水中铀浓度的去除效果，在 pH 为 5、UO_2^{2+} 初始浓度为 10mg/L 时，nZVI 对铀的去除率可达 99%，比普通铁粉还原速率高 15 倍。这是因为纳米铁的比表面积远远大于普通铁粉，在溶液中更容易生产悬浮的胶体，与 UO_2^{2+} 的反应更快更充分。nZVI 存在分散性较差、极易被氧化的问题，通常需要与其他功能材料复合使用。Xu 等发现，nZVI 负载在蒙脱石上可同时有效地解决其易氧化和易团聚的问题。nZVI 还可将 TcO_4^- 还原为低价态的不溶性的氧化物 TcO_2，从而达到去除的目的。将 nZVI（直径为 10~30nm）负载在不同支撑物上用于去除放射性废水中的 TcO_4^-。在中性环境（pH = 7）、TcO_4^- 初始浓度为 0.076mmol/L 的条件下，反应 18h 可去除 95% 的 TcO_4^-。国内外众多研究小组在多年的实验和理论探索过程中发现了许多 TcO_4^- 分离性能优异的材料。在分离理念上，TcO_4^- 分离也经历了从沉淀分离和还原固定到离子交换材料，再到固相超分子识别材料的不断转变和发展。基于离子交换和超分子识别的固相超分子识别材料如图 6-6 所示。这是一种通过多组分超分子组装策略制备的超分子金属有机材料，对于 TcO_4^-/ReO_4^- 具有优异的分离能力，其中超分子框架在发生阴离子交换后进行了超分子骨架的自适应重建，促进了 TcO_4^-/ReO_4^- 的有效适应。

2）与纳米氧化银类似，纳米银也可用于去除水体中的放射性核素 I^-。通过紫外光解法将纳米银颗粒负载在 TiO_2 颗粒上，获得了均匀负载的 Ag/TiO_2 材料，用于吸附溶液中的放射性 I^-。TiO_2 材料表面负载的 Ag 包括单质 Ag（0）和 Ag_2O 两种形态，以 Ag（0）为主。当 I^- 初始浓度为 220mg/L 时，对 I^- 的饱和吸附容量为 212mg/g。纳米 Ag 颗粒在吸附 I^- 过程中的作用：首先，Ag_2O 与 H^+ 和 I^- 反应生成 AgI；同时，受表面等离子体共振效应影响，Ag/TiO_2 受可见光激发产生电子/空穴（e^-/h^+）对。激发电子 e^- 被纳米 Ag 捕获，空穴 h^+ 将 I^- 氧化为 I_2。最后，I_2 被附近的纳米 AgI 颗粒吸收形成 AgI_3 或被 AgI_{2n-1} 吸收形成 AgI_{2n+1}。因此，Ag/TiO_2 光催化作用使 Ag_2O 吸附 I^- 的能力提高了 $2n+1$ 倍。

虽然可用于放射性废水处理的纳米金属颗粒种类较少，但其应用领域比较广泛，通常可与放射性核素形成不溶性沉淀物，吸附后易于回收。然而，纳米金属颗粒的分散性较差，在应用中常与其氧化物共存，负载活性基底材料有助于改善其分散性和吸附效果。

（3）纳米管　碳纳米管（CNT）经化学处理生成的含氧官能团可通过表面络合、离子交换和电化学势与离子形成非常稳定的配合物，从而显著改善了 CNT 对水体中放射性核素的吸附去除能力。Sun 等对比发现，硝酸氧化的多壁碳纳米管（Multi-Walled Carbon Nano-

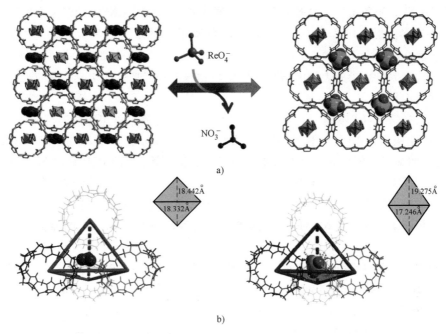

图 6-6　基于离子交换和超分子识别的固相超分子识别材料

tube，MWNT）对 UO_2^{2+} 等的饱和吸附量达 42.3mg/g，明显高于相同条件下 CNT 的吸附容量（25.7mg/g）。Li 等对比了 H_2O_2、HNO_3 和 $KMnO_4$ 3 种氧化方法处理的 CNTs 对 Cd^{2+} 的吸附效果。3 种氧化 CNT 的饱和吸附量分别为 2.6mg/g、5.1mg/g 和 11.0mg/g，均高于原始 CNT 的吸附能力（1.1mg/g）。磺化磁性 CNT 不但对 Co^{2+} 具有较好的吸附性能，室温下饱和吸附量为 8.42mg/g，而且自身的磁性有利于吸附后回收。利用羧甲基纤维素（Carboxymethyl Cellulose，CMC）、聚苯胺（Polyaniline，PANI）、壳聚糖（Chitosan，CS）等功能性材料修饰 CNT，能够改善其分散性和稳定性，从而增强对放射性核素的吸附效果。

钛酸盐纳米管（T3NT）具有优良的离子交换能力和较高的稳定性，比表面积大，孔隙率高，具有独特的层状结构，吸附放射性离子后，其晶相结构由亚稳态转为稳态，永久固化核素，防止二次污染。T3NT 在初始 Cs^+ 浓度为 250mg/L 的溶液中吸附去除率可达 85%；当初始 Cs^+ 浓度低于 80mg/L 时，吸附去除率可达 100%。在吸附 Cs^+ 后，T3NT 结构发生显著变化，长度从 100~200nm 缩短至 60~80nm，直径从 8nm 增加至 11nm，片层间距从 0.72nm 增加至 0.85nm。这是因为该吸附过程属于离子交换，尺寸较大的 Cs^+ 代替 H^+，增大了片层间距，破坏了部分管壁结构。Xu 等发现 UO_2^{2+} 通过离子交换方式进入纳米管后，导致其片层结构发生严重形变而破裂成纳米片，致使 UO_2^{2+} 被永久包埋。T3NT 对 Th^{4+} 的吸附机理是表面络合作用，吸附效果严重依赖 pH，但受离子强度影响很小。Xu 等利用真菌与 T3NT 耦合，制备成稳定的生物纳米复合材料，不但能够高效吸附去除水体中的 Ba^{2+}，还能实现吸附剂的快速回收。

（4）纳米纤维　碳纳米纤维（Carbon Nanofiber，CNF）的物化性质与碳纳米管（Carbon Nanotube，CNT）类似，但更廉价易得。通过水热法制备的 CNF 具有大量的含氧基团，对 UO_2^{2+} 和 Eu^{3+} 的吸附容量分别达到 125.0mg/L 和 91.0mg/L。通过等离子接枝和化学接枝两种方式改性 CNF，制备出富含氨基和羟基的两种偕胺肟基接枝 CNF，能够更高效地吸附水体中的放射性核素。前者对 $238UO_2^{2+}$ 和 $241Am^{3+}$ 的吸附容量分别是 588.2mg/L 和 40.8mg/L，均高于后者的 263.2mg/L 和 22.8mg/L。在不同 pH 条件下 CNF 吸附 UO_2^{2+} 的机理明显不同：当 pH = 4 时，吸附机理为外表面的络合作用；当 pH = 7 时，吸附机理由内表面络合作用和表面共沉淀共同主导。

钛酸盐纳米纤维（T3NF）与 T3NT 具备相似的物化性质，可用于放射性核废水的处理。T3NF 可选择性吸附水中放射性离子 Sr^{2+} 和 Ra^{2+}，且最大吸附容量分别是 55.2mg/g 和 229.3mg/g，明显优于传统的吸附剂（如层状黏土、沸石等）。T3NF 吸附放射性离子后会发生结构变形，使得放射性离子无法再解吸附，约 93% 的 Sr^{2+} 和 92% 的 Ra^{2+} 会永久保留。然而，纳米纤维与纳米管的结构明显不相同，纳米纤维的比表面积远小于纳米管，因此吸附性能较差。在相同条件下，T3NF 对 $^{137}Cs^+$ 的最大吸附容量为 68.5mg/g，明显低于 T3NT 的吸附容量（205.5mg/g）。

钒酸钠纳米纤维（Sodium Vanadate Nanofiber，VNF）由带负电的细小片层组成，片层间的 Na^+ 可与溶液中的核素离子发生不可逆的离子交换作用。Sarina 等制备的 VNF 对 Cs^+ 和 Sr^{2+} 的最大吸附容量分别为 294.6mg/g 和 93.5mg/g。VNF 片层间的 Na^+ 被 $^{137}Cs^+$ 置换后发生显著形变，当 65% 的钠离子被置换时，片层间距由 0.774nm 增至 0.845nm。纤维结构发生变形后，$^{137}Cs^+$ 会被牢牢束缚在纤维内部，离子交换逐渐停止。此外，VNF 负载 Ag_2O 粒子后可同时去除水体中的 $^{125}I^-$，在 $^{137}Cs^+$ 和 $^{125}I^-$ 初始浓度为 100mg/L 的模拟废水中，该纤维对两种核素的吸附去除率可达 90% 和 96%。

铌酸钠纳米纤维（Sodium Niobate Nanofiber，NNF）与 VNF 具有相似的结构和功能。Mu 等发现，NNF 对 Sr^{2+} 的最大吸附容量可达 280.4mg/g，纤维片层内的 Na^+ 与 Sr^{2+} 发生离子交换后，会引起片层结构变形，导致 Sr^{2+} 被牢固束缚。此外，Ag_2O 负载 NNF 形成的复合材料可同时去除水体中的 I^-，但吸附 Sr^{2+} 的容量有所减小。当复合材料中 Na 与 Ag 的物质的量之比为 1 时，复合材料对 I^- 的吸附容量为 337.6mg/g，对 Sr^{2+} 的吸附容量减少为 175.2mg/g。

一维纳米材料通过表面络合作用、离子交换等方式与放射性核素形成稳定的配合物，特别是钛酸盐、钒酸盐、铌酸盐等纳米管/纤维在吸附放射性核素后会发生结构形变，实现放射性核素的永久固化，避免二次污染，在放射性核废水处理中表现出较大的应用潜力。

（5）二维纳米材料　用于放射性核素吸附的二维纳米材料可分为石墨烯、纳米层状双氢氧化物和钛酸盐纳米薄片。石墨烯在水溶液中的分散性较差，因此使用前通常需要氧化处理，生成氧化石墨烯（GO）。GO 易于和各种放射性离子发生化学反应，在较大的 pH 范围内表现出优异的吸附性能，明显优于膨润土和活性炭。GO 表面存在的羟基、环氧基和羧基等含氧基团会影响 GO 与放射性核素的结合能力。Sun 等对比了 GO、羧基化氧化石墨烯（GO COOH）和还原氧化石墨烯（Reduced Graphene Oixde，rGO）对 UO_2^{2+} 的吸附性能发现，3 种石墨烯衍生物的吸附能力依次是 rGO<GO COOH<GO，解吸顺序为 GO COOH<GO<rGO，这是因为 rGO 和 GOCOOH 的吸附属于内层络合作用，而 rGO 的吸附属于外层络合作用。此外，氨化修饰也能增强 GO 吸附水中放射性核素的效果。氨化 GO（$GONH_2$）的吸附容量可达 116.35mg/g，明显高于 GO 的吸附容量（68.20mg/g）；当投加量为 0.3g/L 时，5min 内对 Co^{2+} 的吸附率可达 90% 以上。磺化 GO（$GOSO_3$）对放射性核素的吸附性能更优良，当投加量为 0.1g/L 时，

20min 内对 Cd^{2+} 的去除率大于 93%，吸附容量可达 234.8mg/g。将 GO 与聚丙烯酰胺（PAM）、普鲁士蓝、聚苯胺（PANI）、羟基磷灰石（Hydroxyapatite，HAP）、聚偕氨肟（Polyamidoxime，PAO）等功能材料复合，可在一定程度上改善 GO 的使用范围和吸附效果。

层状双氢氧化物（Layered Double Hydroxides，LDHs）是一类重要的二维层状化合物，因化学性稳定、成本低、毒性低等特点而被广泛使用。纳米 LDHs 因具有独特的片层结构和优良的离子交换能力，常被用于吸附水体中的放射性核素。

钛酸盐纳米片（Titanate Nanolamina，T3NL）可认为是由钛酸盐纳米管沿长轴线剖分得到的钛酸盐片层，因此具有与 T3NT 相似的物化性质。韩玉等采用水热制备了具有层状结构的 T3NL，吸附试验表明，纳米片对 Sr^{2+} 和 Ba^{2+} 的吸附容量分别为 117.4mg/g 和 339.2mg/g，明显优于 T3NF 的吸附容量（55.2mg/g 和 160.7mg/g），因为前者具有较大的比表面积。然而，纳米片对 Sr^{2+} 和 Ba^{2+} 的吸附容量仅为理论值的 40% 和 75%，说明片层间部分 Na^+ 无法进行离子交换。由于 Sr^{2+} 和 Ba^{2+} 与带有负电荷纳米片的作用力大于 Na^+ 与纳米片的作用力，离子交换后 T3NL 的片层间距（0.979nm）发生减小（0.903nm 和 0.938nm），致使离子交换无法继续，核素离子被永久固定。

二维纳米材料与一维纳米材料的吸附性质具有很大的相似性，但其结构明显不同，前者具有更高的比表面积，吸附位点更易于暴露并被充分利用，因此具有更高的吸附效率。然而，前者具有较小的尺寸和较好的分散性，不易于吸附后回收。

（6）三维纳米材料　用于放射性核素吸附的三维纳米材料是指由上述各种纳米材料为基本单元构成的具有多级结构的纳米复合物，它结合了多种纳米材料的特性，能够更有效地吸附水体中的放射性核素。将零维纳米 Ag_2O 颗粒（直径为 1~4nm）负载到零维 TiO_2 球表面，制成了三维纳米 Ag_2O/TiO_2 复合材料，TiO_2 的光学特性使得 Ag_2O 对 I^- 的吸附效果可被光照调控。利用零维纳米 Ag_2O 颗粒（5~10nm）修饰一维钛酸盐纳米管（Titanate Nanofiber，T3NF）和钛酸盐纳米纤维（Titanate Nanotube，T3NT），制备成具有三维纳米结构的 Ag_2O-T3NF 和 Ag_2O-T3NT 复合纳米材料，同步去除放射性阳离子和阴离子。将零维纳米 Ag_2O 颗粒（直径为 5nm）负载到二维纳米 $Mg(OH)_2$ 片（厚度为 5nm，白色）上，形成稳定的三维 $Ag_2O/Mg(OH)_2$ 复合材料（深棕色），克服了 Ag_2O 基纳米复合材料只能在有限 pH 范围内使用的缺陷。Hee-Man Yang 等人合成了空心花状的亚铁氰化钛（hf-TiFC）和空心亚铁氰化钛（h-TiFC），它的形成机理如图 6-7 所示，空心花状结构的亚铁氰化钛可以高效地去除水中的放射性铯。

因此，三维纳米材料是吸附材料未来发展的重要内容，它能够集合多种纳米结构和纳米材料的优势，多方面满足吸附去除水体放射性核素的需要。但是，三维纳米材料的制备通常需要比较精巧的结构设计和相对复杂的工艺流程。

2. 膜分离材料

（1）自支撑纳米分离膜　自支撑纳米分离膜是指仅依赖纳米材料之间的相互作用使其成为可用于分离的稳定薄膜。在现有文献报道中，可制备成自支撑纳米分离膜的常见纳米材料主要包括一维纳米管和二维纳米片。一维纳米管主要以 CNTs 为主，因其典型的空腔结构，可快速传递分子、离子或原子。CNTs 阵列常用于离子、气体分子、有机分子的分离，可看作是一种高效的纳米分离膜。二维纳米材料以石墨烯为主，单层石墨烯表面的纳米孔能够充当分子通道，已被用于海水淡化和气体分离等领域。因此，具有纳米孔的单层石墨烯可

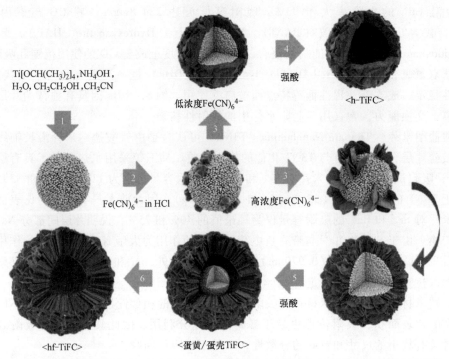

图 6-7　空心花状亚铁氰化钛（hf-TiFC）和空心亚铁氰花钛（h-TiFC）的形成机理图

看作是最薄的纳米分离膜。另外，石墨烯折叠或堆积形成片层间隙，也可充当分子通道，已被广泛应用于脱盐、油水分离、气体分离等领域。因此，具有片层结构的石墨烯膜也是一种优良的纳米分离膜。Rauwel 等在其综述文献中也探讨了将功能化石墨烯与普鲁士蓝制成薄膜用于分离 Cs^+ 的可能性。

纳米分离膜的应用研究多集中在常规离子的分离，在放射性核素分离方面的报道较少。采用分子动力学模拟研究了 GO 堆集膜对水中 TcO_4^- 的去除行为，GO 堆集膜能够高效去除水体中的 TcO_4^-。普通阴离子进入 GO 膜毛细管会发生自由能增大的现象，而 TcO_4^- 的情况相反。在进入高度为 0.68nm GO 片层时，TcO_4^- 和 SO_4^{2-} 的自由能分别为 $-6.3kJ/mol$ 和 22.4kJ/mol，说明前者的水化性质较弱。模拟发现，当 GO 片层高度为 0.48nm 时，TcO_4^- 和 SO_4^{2-} 的自由能差值最大，此时 GO 膜对 TcO_4^- 具有最高的选择吸附性。将含有交联剂聚乙烯亚胺（Polyethyleneimine，PEI）的钛酸钠纳米带（Sodium Titanate Nanobelt，TNB）（宽度为 21～80nm）分散液在微滤膜上过滤，通过层层自组装的方式形成自支撑 TNB 膜，并用于放射性核素 $90Sr^{2+}$ 和 $137Cs^+$ 的去除。静态吸附实验表明，在初始浓度为 1.5mmol/L，接触时间为 30min 时，TNB 膜对 $90Sr^{2+}$ 和 $137Cs^+$ 的吸附量可达 101.4mg/g 和 90.3mg/g。当吸附平衡时，TNB 膜对 $90Sr^{2+}$ 和 $137Cs^+$ 的去除率分别是 97.6% 和 57.5%。

（2）纳米材料改性复合膜　纳米材料改性复合膜是指采用过滤、层层自组装等方式将纳米材料以共价键或者静电作用等方式结合到支撑层表面而形成的复合膜。纳米材料对传统分离膜的改性能够增强分离膜的分离性能、耐污染性、化学稳定性等。

将氨化 GO 过滤沉积在聚偏氟乙烯（PVDF）微滤膜表面制成 $GO-NH_2/PVDF$ 复合膜，并在死端流过滤模式下测定 Co^{2+} 的去除效果。当 Co^{2+} 初始浓度为 30mg/L 时，随着 GO 膜厚度从 0.2mm 增加到 1.2mm，该膜对 Co^{2+} 的截留率从 68% 增至 94%。采用类似的方法制备了具有多孔结构的 GO-SO$_3$H/PVDF 复合膜，在死端流过滤模式下处理浓度为 2mg/L 的 Cd^{2+} 溶液，随着 GO 膜厚从 30μm 增至 180μm，该膜对 Cd^{2+} 的截留率从 32% 增至 96%。利用乙二胺和超支化聚乙烯亚胺（HPEI）对氧化石墨烯进行双面改性，通过过滤法在聚碳酸酯（PC）膜表面制备了 GO/PC 复合膜。在死端流条件下处理浓度为 1000mg/L 的模拟废水，复合膜对 Pb^{2+} 的去除率可达 95.7%。此外，该团队还验证了纳米材料改性中空纤维膜的可行性，他们通过层层自组装将 GO 沉积在聚酰胺-酰亚胺（Polyamide-Imide，PAI）中空纤维膜表面，所得复合膜对 Pb^{2+} 的去除率高于 95%。以 PVDF 微滤膜为支撑，将 SiO_2 纳米颗粒固定于膜表面，再将 CuFC 负载于 SiO_2 纳米颗粒和膜表面，制备成 CuFC/SiO$_2$/PVDF 复合膜。该膜对 Cs^+ 的截留率可达 99.9%。上述复合膜的离子去除能力主要源于纳米材料的吸附特性，其中，纳米材料作为主要分离层，提供离子吸附位点，而 PVDF 膜、PC 膜和 PAI 膜作为底膜，主要起机械支撑作用。虽然纳米材料赋予微滤底膜去除离子的能力，但两者间作用力较弱，复合膜仅能在死端流条件下处理模拟低放废水。而且，此类纳米复合膜存在离子穿透现象，一旦纳米材料吸附饱和，复合膜就会丧失离子去除能力。因此，此类纳米复合膜主要为纳米材料吸附溶液中的离子提供接触场所，膜自身的分离特性未被充分利用。

（3）纳米杂化复合膜　纳米杂化复合膜是指在分离膜制备过程中将纳米材料作为一种添加剂掺杂入聚合物溶液中形成混合基质膜。多壁碳纳米管（MWNT）/聚砜（PSF）超滤膜、iGO/PSF 超滤膜（iGO 为异氰酸酯处理的氧化石墨烯）、MWNT/聚酰胺（PA）反渗透膜、GO/PA 反渗透膜等研究表明，纳米材料能够从多方面改善传统分离膜的性能：①增加分离膜的调控维度，有利于分离膜的精细设计；②具有丰富的纳米孔可充当分子通道，能改善分离膜的渗透性；③携带有大量活性基团，可增加分离膜的表面亲水性和耐污染性；④机械强度比较高，具有一定的耐压、耐高温等特性，可以增强膜材料的机械稳定性、化学稳定性等。因此，纳米杂化复合膜同时具备纳米材料和传统膜材料的部分性质，更易满足放射性核废水处理的使用需求。

纳米杂化复合膜的应用多集中于传统水处理，在放射性核废水处理方面的报道也逐渐增多。通过过滤的方式将纳米金（直径为 13nm）和纳米银（直径为 30nm）嵌入醋酸纤维素膜（孔径为 0.22μm）内形成纳米复合膜，并将此膜用于去除水体中的 $^{125}I^-$。两种复合膜对 $^{125}I^-$ 的饱和吸附量可达 1.5mg/g 和 31mg/g，且对 $^{125}I^-$ 的去除具有很高的选择性，基本不受 Cl^- 的影响。将 GO 混入 PSF 铸膜液中（0.2%），制备成纳米杂化超滤膜。当操作压力为 414kPa，初始离子浓度为 50mg/L 时，该膜在 1h 内对 Pb^{2+}、Cu^{2+}、Cd^{2+}、Cr^{6+} 的去除率保持在 90%~96%。复合膜在酸处理再生后通量恢复率可达 90%，但截留率会明显降低。与大多数纳米材料改性复合膜类似，纳米杂化复合膜存在离子穿透现象，其离子去除能力主要源于纳米材料的吸附特性。不同之处在于，纳米材料被包裹于基膜内部，复合膜的稳定性得以改善，可在错流条件下处理放射性核废水。

6.2　核电废气防护材料

6.2.1　核电废气的产生

放射性废气是核电站正常运行和维修过程中不可避免的产物，根据废气来源及组成不同，压水堆核电站所产生的工艺废气可分为含氢废气和含氧废气两大类。含氢废气来源于一回路冷却剂，主要由核裂变反应所产生的 Xe 和 Kr 等惰性气体及氢气、氮气组成，此类废气虽然量少但放射性水平较高，必须经过特殊处理后才能向环境排放；而含氧废气来源于各种放射性液体贮槽的呼吸排气，主要成分是被放射性污染的空气，虽然数量大但放射性水平较低，一般经过简单处理就可满足排放要求，在有的核电站甚至将它与核岛厂房排风一并处理。所以通常所说的放射性废气一般是指含氢放射性废气。总的来说，常见放射性废气成分包括惰性气体（如 ^{85}Kr、^{41}Ar、^{133}Xe、^{135}Xe 等）、活化气体（如 ^{3}N、^{6}N、^{17}N、^{14}C、^{19}O、^{18}F 等）、放射性碘（^{129}I、^{131}I、^{133}I 等）、固体微粒和氚等，且在部分生产和实验过程中会出现含有粉尘、酸性气体、一氧化碳等成分的放射性废气，新组分的引入给后续处理带来了新的挑战。

6.2.2 核废气的危害

核辐射对于大自然整体环境的危害也是相当巨大的，甚至可以用毁灭性来形容。长期处于核辐射的环境中，生物的生存环境受到污染，使生物无法生存。在核辐射范围内的地区，已经是一片荒芜，对于自然环境中的土壤、地质及河流水道，甚至是吸入人体的空气都被污染了。从这一角度而言，高能量或者爆发性的核污染，对于自然环境实际上具有毁灭性的损害，因为核辐射对地质及水源的污染是不可逆转的，也是无法拯救的。

在核辐射的影响下，生命体会发生很大的变化，一般来说核辐射能够对人体的血液造成一定的影响，这些影响，往往会促使人类的生命体发生一系列的病变，而当前，人类医学所面临的难以攻克的难题——癌症，就有可能是因为核辐射而发生的。从广岛和长崎相关的数据可以看到，该地区的癌变概率在不断上升。因为遭遇了核辐射，当地人往往也会出现皮肤溃烂、恶心、呕吐等不同症状，这些都是因为核辐射具有较高的穿透力，会对人体的皮肤及组织器官造成一系列的负面影响。严重者甚至会导致精神出现涣散、头晕乏力等。但影响最大的，还是孕妇和胎儿，在当地畸形儿的生产概率也在逐渐上升。当地因为长期受制于高核辐射，而导致病症逐渐加重，甚至出现了死亡的情况，这也就证明了，长期在高辐射地区生活的人们，身体健康将受到巨大的危害。

6.2.3 核废气的研究现状

1. 加压贮存衰变

加压贮存衰变是通过加压废气在储罐或衰变室内滞留足够长的时间，使其中短寿命的放射性气体发生衰变，从而降低放射性水平的方法。该方法对于处理除 ^{14}C、^{85}Kr 和氚的大多数短半衰期气体有着较好的效果。在实际生产过程中，通过加压将放射性废气送入指定储罐或衰变室，使其滞留适宜的时间，让其发生充分的衰变，可达到净化的目的。目前，该方法仍常用于工艺废气的处理。

目前 M310 堆型核电站放射性废气处理系统常使用该处理系统，其中包括大亚湾、秦山二期、岭澳一期、岭澳二期、红沿河，以及宁德等核电站。从稳压器卸压箱、容控箱、反应堆冷却剂疏水箱和脱气塔而来的放射性废气经汇集后进入一个容积约为 $5m^3$ 的缓冲罐，废气平均流量约为 2.1m³/h（1atm，温度为 0℃，相对湿度为 0%）。废气经压缩并冷却后送入衰变箱贮存，一般衰变箱为 6 个，每个容积为 18m³。放射性废气在衰变箱的贮存压力为 0.65MPa，贮存时间为 45~60 天，使其中短寿命核素尽可能衰变，以降低废气中的放射性浓度。研究和应用表明，通过将放射性废气加压贮存，经过 60 天左右时间，大部分短寿命放射性核素已衰变到环境可接受水平，如 ^{133}Xe 可衰变掉 99.9% 以上。

2. 活性炭吸附滞留衰变

活性炭是一种疏水性吸附剂，它具有吸附容量大、化学和热稳定性好、容易实现解吸脱附等优点，在放射性废气处理中得到广泛应用。在应用过程中，利用活性炭对放射性气体（主要是 Kr 和 Xe）的优先选择吸附性，使进入活性炭床的放射性气体分子优先吸附在活性炭上，随着气流逐步流入，放射性气体中的废气分子不断地吸附、解析，在此过程中，其对应气体的放射性得到了充分衰变。

废气首先经过气体冷却器降温至约 7.2℃，然后经气水分离器除去其中大量水分，再通过活性炭保护床。上述过程主要是避免异常的水气夹带对后续的活性炭滞留床产生影响。之后，废气依次通过两级串联的活性炭滞留床，使放射性裂变产物吸附在活性炭上。滞留床出口气体经检验合格后引至烟囱，如图 6-8 所示。该活性炭吸附滞留衰变系统在 AP1000 堆型废气处理系统中投入使用，主要特点是针对性强且吸附效率较高，同时当该系统运行时，整个处理流程处于非能动状态，省去了压缩机、引风机等设备，有效提高了系统安全性和经济性，是一种具有发展潜力的放射性废气处理方法。

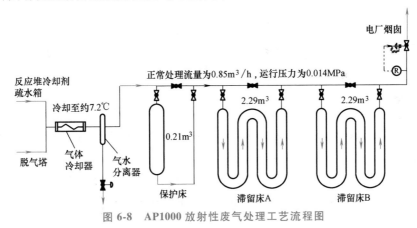

图 6-8　AP1000 放射性废气处理工艺流程图

3. 过滤处理

过滤技术主要是为了处理放射性废气中的固体颗粒，其尺寸不一，小的可低于 0.01μm，大的可大于 1000μm，其中 1μm 左右的微粒由于可累积于肺部从而对人体造成较大危害而成为净化处理中关注的主要对象。为实现放射性固体微粒的有效处理，一般会采取多级工艺组合模式。

首先对含尘的放射性废气进行预处理，其主要作用有：①去除其中的较大颗粒；②调节废气温度，降低湿度，减少腐蚀性气体含量；③降低微粒浓度，延长后续的高效过滤器的使用寿命。该方法在诸多废气处理工艺中都有体现，是一种常用的组合工艺，优点为处理效率高、简单实用，但在遇湿后阻力变大，造成气体短路而失效。因此，需引入气体预热器将放射性废气加热至过热状态，从而避免上述问题的发生。

6.2.4 核废气处理材料

活性炭延迟衰变处理技术是利用活性炭在一定条件下具有选择性吸附的特点，放射性气体流过活性炭时，使其放射性核素被吸附滞留在活性炭上，而废气中大量的氢气、氮气则穿过炭层流出，从而达到选择性吸附的效果。AP1000 核电机组的放射性气体废物处理系统（Gaseous Radwaste Sytem，WGS）在微正压、常温、小流量下运行，具有非能动、模块化的特点。

活性炭是一种比表面积大的多孔型炭质吸附剂，其评价指标主要分为活性炭物化性能与吸附性能两类，且两类指标相互关联。核电厂一般需要在废气处理中的活性炭具有高强度和高吸附系数，因为高强度可以保证专用活性炭使用寿命尽量长，而高吸附系数代表活性炭的吸附效果好。由于在放射性气体中核素氪与氙放射性含量最高，因此活性炭延迟处理重点关注活性炭对氪、氙的吸附能力。但由于活性炭对氪、氙的吸附性能需要通过特定试验进行测定，因此为便于初步判断活性炭的性能，可采用物化指标中的比表面积、孔容积、粒度分布指标来初步表征专用活性炭的吸附性能。

1. 基材选择

活性炭按照其原料种类划分可分为木质活性炭、果壳活性炭、煤质活性炭、石油类活性炭等。其中木质及果壳活性炭因其具有比表面积大、活性高、微孔发达、吸附速度快、吸附容量高、易再生、脱色力强、孔隙结构较大、经久耐用等特点，广泛应用于各类气液吸附。

上海核工程研究设计院、中国辐射防护研究院与北京核工程研究设计院都已开展过关于活性炭基材的相关研究工作。上述研究通过比对市场上不同基材活性炭的吸附系数后，选择吸附性能最佳的椰壳活性炭作为后续开展吸附性能试验的对象。

2. 活化工艺选择

为获得满足专用活性炭的吸附性能指标，需要尽可能提高孔径为 0.6~1.2nm 的微孔（即吸附氪、氙分子的最佳吸附孔径）所占的比例，增强活性炭对氪、氙分子的吸附性能。同时，合理的活化工艺也会提高活性炭的强度，延长活性炭的使用寿命。

活性炭的活化工艺主要分为化学活化法和物理活化法。考虑化学活化法所调整的孔径不适合专用活性炭的吸附对象，而且采用大量化学试剂对环境与设备的腐蚀较严重。

6.3 核辐射防护材料

辐射防护材料的研究具有重要的民用价值和军事意义，随着核技术带来的不可估量的效益，作为高新技术，世界各国以战略地位投入大量资金和科研力量，正由于其特殊性，各国对该方面的核心技术都采取技术封锁和保密措施，公开报道相对较少。我国从 20 世纪 50 年代开始对辐射防护材料进行研究，通过研究人员的不懈努力，防核辐射的混凝土、特种防辐射合金材料、防核辐射玻璃、个人防护的纤维材料等许多方面取得开创性成果，让核技术在其他领域的发展协同互补，为我国对核资源的开发和应用提供了安全保障。相对其他核辐射而言，γ 射线与中子的防护更加困难，也是近年来国内外学者对辐射防护内容研究的重点，并取得了一些进展，尤其在福岛核事件后，新型的辐射防护材料有了许多新的成果，总体趋势为：材料生产过程低能环保，易成型加工；具有较高的屏蔽性能，满足多类型屏蔽要求；成本低廉，具有良好的使用性能和抗老化性能。

6.3.1　X/γ射线防护材料

根据射线及物质的相互作用及原理，传统的防护材料铅具有较高的原子序数和密度，也是最早用于屏蔽光子的材料，并且现在还在大面积使用，由于其力学性能较差，存在吸收弱区等不足，需要通过各种途径来改善其性能。近些年来，屏蔽材料以金属合金材料、高分子复合材料、有机玻璃和混凝土等几类为主，以满足核电、放射医疗、航空电子、辐照加工等核技术运用领域的辐射防护。金属合金辐射防护材料大多要求既能满足射线的屏蔽，又要作为结构工程件承载受力的作用，在高强度的辐照下，易出现腐蚀、裂纹、空穴等引起构件失效从而导致事故发生。哈尔滨工业大学耿林等对金属基辐射防护材料进行了研究，通过将含有防护元素的金属氧化物，以及金属盐与单质利用粉末冶金的方法成型，得到的复合材料力学性能和屏蔽性能都比金属单质有明显提高。用钨取代铅制备了铅合金和非铅合金的医用 X 射线辐射防护服材料，对比了铅（Pb）、铅芯橡胶（Pbrubber）、铅/聚氯乙烯（Pb/PVC）、Wrubber、锡-钡聚合物（Sn-Ba/polymer）对不同能量下 X 射线的屏蔽率及铅当量，并利用 EGSnrc 软件进行模拟，在 60keV～120keV 低能量的射线屏蔽中，由于铅的吸收弱区，含其他 Sn-Ba 成分的要优于 Pb，并以此还制备了三种以两种金属为基体的双层非铅合金材料，其中包括 Sb/W、Sb/Bi、Bu/Bi 非铅合金，经过屏蔽性能测试发现，低原子系数的金属在高原子系数之前的组合使得材料屏蔽性能更好，并且在相同的质量衰减系数情况下，非铅合金要比铅合金的质量减少 25%。针对一些复杂环境和使用要求，新型的结构和制备方法也运用到防护材料的研制过程中，Chen 等研制了一种伽马射线屏蔽的新型超轻泡沫材料，分析了闭孔钢基体与铝基体复合泡沫金属相对铝合金的用蔽性能以及开孔泡沫金属填充第二相的屏蔽性能，并用 XCom 软件进行模拟，发现泡沫金属比合金的屏蔽性能要好，而且质地更轻。对于本身具有特殊性能的非晶材料，通过添加屏蔽性能优异的元素，充分发挥材料的性能，钱鹏等研究了稀土 Sm 微合金化对 Cu 基非晶合金结构与热稳定性的影响，对 662keV 能量的屏蔽性能介于金属 Pb 和 Al 之间，达到功能结构一体化，具有潜在的应用价值。

高分子复合材料一般以具有屏蔽元素的粒子作为填料，高分子聚合物作为基体的复合材料，这样的材料具有比重小、易加工、满足各种性能要求等突出优点，逐渐成为辐射防护材料研究的热点。北京化工大学刘力课题组对稀土/高分子基复合材料在射线屏蔽中的应用做了大量研究：高稀土含量的复合高分子屏蔽材料对热中子具有良好的吸收能力；并对稀土/高分子基材料的工艺性能及耐老化等性能进行了探讨。张瑜等通过 γ 辐照接枝的化学合成方法成功将氧化铅与丙烯酸反应生成的丙烯酸铅添加到环氧树脂中，不仅具有良好的屏蔽性能，还使得两相聚合物体系分散成海岛结构，材料表现出更高的韧性和强度。张红旭等利用吸收边互补原理应用软件模拟对屏蔽的金属粒子的筛选与设计，然后与环氧树脂进行复合，制备了不同含量配比，单层与多层的复合屏蔽材料，并通过添加碳纳米管对其复合材料进行改性与修饰，使得综合性能得以提高。通过球磨的方法使纳米级的钨粉被聚乙烯包覆，使之与乙烯丙烯聚合物复合成型的屏蔽材料，对比微纳米尺寸对不同射线能量的屏蔽性能，发现纳米级别的材料在一定能量区域要表现更好，并用 Monte Carlo N Particle Transport Code

（MCNP）对其进行模拟得到相似的效果。通过添加 2% ~ 10%（体积分数）的 WO_3 到环氧树脂中来改善对诊断医疗 X 射线的屏蔽性能，WO_3 含量的增加到 6% 时，将恶化材料的力学性能，并且还研究了 WO_3 的纳微米尺度对材料在 10 ~ 20keV 时微米的比纳米的屏蔽性能更好，而在 20 ~ 40keV 时则表现出相同的性能，但纳米复合的材料表现出更优异的力学性能。研究了钨粉改性热固性环氧树脂对高能量 ^{60}Co 的屏蔽性能，以及辐照老化对材料力学性能和内部交联分解作用的影响。这些都利用含有辐射防护功能的微粉作为填料与高分子材料复合，具有质地轻、易加工、性能优异等特点，应用广泛。

屏蔽玻璃要求具有高透光性，在可视化操作带有放射性的设备中应用广泛，Bi_2O_3 具有和铅接近的屏蔽效果且屏蔽能量范围更宽，利用铋、铅和钡的氧化物制备了辐射防护玻璃材料，还利用 WinXCom 软件研究了 Bi_2O_3-PbO-BaO 玻璃体系对 662keV γ 射线的屏蔽效果。将氧化铋和其他一些粉体如 BaO、PbO、SiO_2 共同加入硼酸盐玻璃中，利用氧化铋对 γ 射线的屏蔽能力制备出一种新型的透明陶瓷玻璃，该透明陶瓷对核辐射具有良好的屏蔽效果。PbO-BaO-B_2O_3 防护玻璃材料中，防护性能随着铅盐和铋盐含量的增加而增加，屏蔽效果要比相同厚度的混凝土等材料要好。国内对辐射防护有机玻璃也有相关研究，张兴祥等发现，与普通有机玻璃相比，含铅、硼、钡的有机玻璃板材分别对相应的 X、γ 射线，热中子，裂变中子具有良好的屏蔽性能，还系统地研究了含有 2.5% ~ 10%（质量分数）的稀土钆对有机钆玻璃的性能影响，结果表明有机钆玻璃是一种性能优良的新材料，不但具有很强的耐蚀性、热稳定性和对 X、γ 射线及热中子辐射的屏蔽性能，而且具有良好的耐辐照老化和透光性能。

6.3.2 中子防护材料

对于中子的屏蔽作用其实就是对快中子进行减速及对慢中子进行吸收，重金属原子可以慢化快中子，由于中子的质量接近于质子，所以含氢元素较高的水、烯烃聚合物、石蜡等截面积大的材料都能使快中子有效慢化和吸收。含锂以及含硼的化合物、稀土元素等物质也能有效吸收快中子慢化下来的热中子；中子与物质相互作用时，与光子、电子一样也发生非弹性散射，但是伴随产生 γ 射线，许多裂变中子源的裂变过程也伴随 γ 射线的发射，对于中子的防护实际上是对 n-γ 混合场射粒子的屏蔽。

以氨基聚合物树脂为基体添加 B_4C 粉末，制备出具有可反复折叠的柔性中子屏蔽材料，不仅中子防护效果好，还能耐 200℃ 高温。与含有纳米 B_2O_3 粒子的聚乙烯醇防护材料相比，含有微米 B_2O_3 的聚乙烯醇材料对热中子的防护性能要显得更为优异，通过不同球磨工艺，得到不同 BN 纳米管形态，得到不同防护效果。伊朗 Adeli 等研究了不同微米尺寸的 B_4C 对低黏度的环氧树脂复合材料的中子屏蔽性能，小尺寸的填料能提高 50% 的屏蔽性能，并且通过加入氢氧化铝阻燃剂和 WO_3 伽马屏蔽材料，其对热中子慢化和混场屏蔽具有明显效果。WO_3 和氢氧化铝（Aluminum Hydroxide，ATH）对增强复合材料屏蔽性能的影响如图 6-9 所示。在国内也有许多对中子防护的研究，曹晓舟等将用硅烷偶联剂 KH-550 处理氧化钐，与高分子量聚乙烯快速球磨之后采用热压工艺制备出一种分散均匀，具有较高拉伸能强度和硬度的氧化钐/聚乙烯复合材料，能有效慢化和吸收中子。同样地，也制备了用于中子屏蔽的碳化硼/超高分子量聚乙烯（Ultra-High Molecular Weight Polyethylene，UHMWPE）复合材料，研究了热压温度、硅烷偶联剂添加量、碳化硼含量对材料的冲击强度、弯曲强度等性能的影响。在防护中子的同时还能有效提高材料的力学性能,通过添加不同长度的短切碳纤维改善碳化硼环氧树脂基的材料性能。

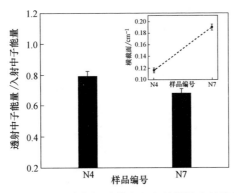

图 6-9　WO$_3$ 和氢氧化铝对增强复合材料屏蔽性能的影响

6.3.3　柔性核辐射防护材料

近年来,由于柔性屏蔽材料具有柔韧、比重小、可以任意弯曲、反复折叠、剪裁和使用方便等特点,特别在一些设备无法处理的孔洞和缝隙处,可起到环境密封和辐射保护的双重效果,因此其应用受到广泛关注。近些年来研究较多的是以具有核辐射防护功能的微粒作为填料、以聚合物作为基体的复合材料为研究方向,朝着无毒无害的和谐方向发展。我国核动力研究院也致力于研究在核电复杂射线场中运用的柔性防护材料,其中包括一种无硫橡胶。通过混炼工艺研究了一种丁苯橡胶基柔性屏蔽材料,利用合理的多组分添加剂来改善胶料的理化性能,这种材料不仅可以任意变形,柔软性好,并且还具有良好的屏蔽性能,具有结构适应性强、加工简单等优点,但是还是添加传统的铅,并且胶料黏度大,混炼不良,极易出现分散不均匀,可塑性大小不一,高温硫化易焦烧等缺点仍存在。研究了在天然橡胶中添加 Bi-W-Gd-Sb 体系重金属元素对 CT 能量屏蔽性能的影响,发现在 55~70keV 能量下时,添加少量的稀土 Gd 和 Sb 要比纯的 Bi 和 W 屏蔽效果优异。研究了 PbWO$_4$ 增强三元乙丙橡胶复合材料的制备,探讨了材料在 0~200kGy 照射下抗辐射老化性能的变化,以及 KIH-570 硅烷偶联剂对粉体的影响。γ 辐照对辐照剂量下三元乙丙橡胶(Ethylene Propylene Diene Monomer,简称为 EPDM)复合材料力学性能的影响如图 6-10 所示。两种不同形貌的纳米钨酸铅填料填充天然橡胶的辐射防护材料具有良好的屏蔽性能,通过表面修饰使得使用性能大大提高,又减少铅的含量,相对铅橡胶来说安全性能更高。利用 K 边吸收区中不含铅的稀土和钨改性氯丁橡胶,得到了性能良好的防护橡胶手套。上述柔性材料大多是功能填料改性高分子材料和掺杂的复合纺织纤维等,防护性能还有待提高。

在传统的辐射防护理论中,辐射屏蔽材料对射线的防护效果与材料的微观结构无关,仅仅取决于射线种类、能量,以及防护材料的组成元素和密度等,国内外许多防护材料也是基于上述理论设计出来的。但是近些年来,随着新型材料的不断发展,发现微纳米粒子对材料内部电子云分布、小尺寸效应、晶体周期性边界条件、粒子空间排布等产生的影响,会导致材料的声、光、电磁、热力学等物理性质发生变化,这对材料整体屏蔽效果具有一定影响。

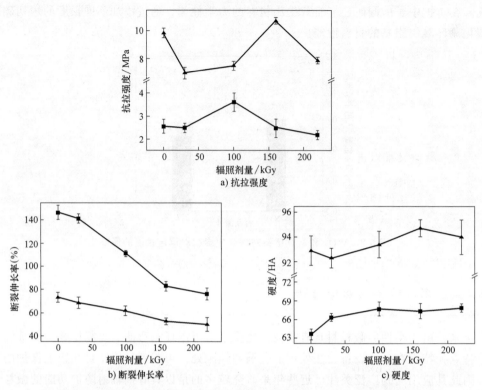

图 6-10   γ 辐照对辐照剂量下三元乙丙橡胶（EPDM）复合材料力学性能的影响

▲—不含 PbWO$_4$ 的 EPDM 复合材料   ■—400 质量份 PbWO$_4$ 的 EPDM 复合材料

美国 RST 公司利用钽元素对聚合物进行掺杂改性，使得聚合物的电子云结构类似高原子系数的金属元素，利用电子共振效应来吸收射线能量，材料没有生物毒性，但价格昂贵，且技术封锁。从石墨纤维纵向横向分布、排布分层空间结构增强的聚乙烯来研究对屏蔽材料性能的影响，使得材料具有出众的力学性能和屏蔽效果。高原子序数的元素能为高能量光子提供更大的质量衰减系数和积累效应，低序数的元素反之；将高原子序数的元素和低原子序数的元素混合可以改变等效原子系数从而消除累积效应。

6.4   热电材料的防护

进入 21 世纪以来，随着全球工业化的发展，人类对能源的需求不断增长，在近百年中，工业的消耗主要以化石类能源为主。人类正在消耗地球 50 万年历史中积累的有限能源资源，常规能源已面临枯竭，化石燃料在使用时排放大量的 CO_2、SO_2、NO、NO_2 等有害物质，严重污染大气环境，导致温室效应和酸雨。引起全球气候变化，直接影响人类的身体健康和生活质量，并且严重污染水土资源。因此，开发新型环保能源替代材料已越来越受到世界各国的重视。

热电材料是一种能将热能和电能相互转换的功能材料，1823 年发现的泽贝克效应和 1834 年发现的帕尔帖效应为热电能量转换器和热电制冷的应用提供了理论依据。其中发展新型的、环境友好的可再生能源及能源转换技术引起了世界发达国家的高度重视。热电半导体是采用热电效应将热能和电能进行直接转换的一种无污染的绿色能源产品。其中温差发电是利用热电材料的泽贝克效应，将热能直接转化为电能，不需要机械运动部件，也不发生化学反应。热电制冷是利用帕尔帖效应，当电流流过热电材料时，将热能从低温端排向高温端，不需要压缩机，也无需氟利昂等制冷剂。因而这两类热电设备都无振动、无噪声，也无磨损、无泄漏、体积小、重量轻，安全可靠、寿命长，对环境不产生任何污染，是十分理想的电源和制冷器。于是美国能源部、日本宇宙航天局等发达国家的相关部门都将热电技术列入中长期能源开发计划，我国也将热电列入国家重点基础研究发展计划（973）的大规模发展的新能源计划中。热电材料与器件发展态势如图 6-11 所示。在 21 世纪全球环境和能源条件恶化、燃料电池又难以进入实际应用的情况下，热电技术更成为引人注目的研究发展方向。热电半导体行业作为一个新兴行业，其市场需求呈现逐年增长的态势，在 2016—2020 年全球半导体热电器件销售市场规模年均增速为 9.3%。目前，已经商用的热电行业的原料最主要的是 Bi_2Te_3 基热电半导体材料。商业化的 Bi_2Te_3 基热电半导体材料以炼铜行业的副产物铋、碲、硒等为原料，按一定的配比和特殊的掺杂经定向生长得到 Bi_2Te_3 基热电半导体晶棒。热电半导体产业化可将提纯制造为主原料的产业延伸至目前国际上最为热门的新材料、新能源高新产业，这对于提升稀缺原料附加值，发展高技术材料加工运用技术具有十分重要的意义。

温差发电是泽贝克效应在发电技术方面的应用，而材料的 ZT 值决定了其发电效率。在低品位废热（小于 400℃）的回收利用范围上，Bi_2Te_3 基热电材料的 ZT 值是最高的，其优值系数可高达 $3×10^{-3}～6×10^{-3}K^{-1}$，也是工业化最为成熟的。

随着空间探索兴趣的增加、医用物理学的进展，以及在地球难以日益增加的资源考察与探索活动，需要开发一类能够自身供能且无须照看的电源系统，温差发电尤其适用于这些行业的应用。

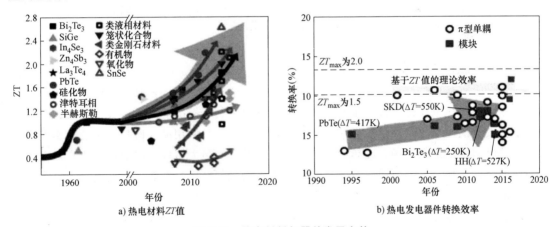

图 6-11　热电材料与器件发展态势

6.4.1　热电材料的分类

热电材料的种类繁多，按材料分有 λ 铁电类、半导体和聚合物热电材料等，依其运作温度可分为以下三类。

1）碲化铋及其合金。这是被广为应用于热电制冷器的材料，其最佳运作温度小于 450℃。

2）碲化铅及其合金。这是被广为应用于热电产生器的材料，其最佳运作温度大约为 1000℃。

3）硅锗合金。此类材料亦常应用于热电产生器，其最佳运作温度大约为 1300℃。

目前，研究较为成熟并且已经用于热电设备中的材料主要是半导体金属合金型热电材料。这些热电材料中的金属化合物及其固溶体合金有 Bi_2Te_3/Sb_2Te_3、$PbTe$、$SiGe$、$CrSi$ 等。

1）方钴矿型（Skutterudite）热电材料。Skutterudite 材料的通式为 AB_3，复杂的立方晶格结构是这类材料的显著特点，其单位晶胞中含有 32 个原子，最初主要研究 $IrSb_3$、$RhSb_3$ 和 $CoSb_3$ 等二元合金，其中 $CoSb_3$ 的热电性能较好。尽管二元合金具有良好的热电性能，但其热电数据受到热导率的限制。而热电材料已用于产业化的有 Bi_2Te_3/Sb_2Te_3 等。

2）金属硅化物型热电材料。过渡元素与硅形成的化合物在元素周期表中被称为金属硅化物。常见的有 $FeSi_2$、$MnSi_2$、$CrSi_2$ 等。由于金属硅化物材料的熔点很高，因此适合于温差发电应用，具有半导体特征的 β-$FeSi_3$，并且价格低廉、无毒，具有高抗氧化性。所以刚开始主要研究该类金属硅化物。当向 β-$FeSi_3$ 中掺入不同杂质，可制成 P 型或 N 型半导体，这类热电材料适合于在 200~900℃ 温度范围内工作。

3）氧化物型热电材料。氧化物型热电材料的主要特点是可以在氧化气氛里、高温下长期工作，大多数无毒性、无环境污染，且制备简单，制样时在空气中可直接烧结，无须抽真空，成本费用低，安全且操作简单，因而备受人们的关注。

随着纳米科技相关研究蓬勃发展，热电材料应用的相关研究亦是欧、美、日各国在纳米科技中全力发展的重点之一，无论在理论方面还是实验方面均有很大的研究空间，纳米材料具有比块材更大的界面，以及量子局限化效应，故纳米结构的材料具有新的物理性质，产生新的界面与现象，这对提升 ZT 值（热电优值）遭遇瓶颈的热电材料预期应用有突破性的改善，故纳米科技被视为寻找高 ZT 值热电材料的希望。

220

6.4.2　热电材料的应用现状

加快半导体热电器件的进一步开发和运用，不仅有利于解决能源危机和环保问题，还将大大改善人类的生活质量，是人类文明进步的标志之一。日常用品、医疗卫生、航空航天和军事是热电制冷的最大市场，废热回收利用是热电发电的最大市场，以上两项也是热电半导体器件的目标市场。从当前情况看，热电半导体无论是制冷还是废热回收发电已经呈现出初步繁荣的景象。

1. 国内应用现状

在国内，中科院物理所半导体室于 20 世纪 50 年代末至 60 年代初开始半导体制冷技术研究，当时在国际上也是比较早的研究单位之一。20 世纪 60 年代中期，热电半导体材料的性能达到了国际水平，20 世纪 60 年代末至 80 年代初是我国半导体制冷器技术发展的一个台阶。在此期间，一方面半导体制冷材料的优值系数提高，另一方面拓宽其应用领域，因而才有了现在的半导体制冷器的生产及其次产品的开发和应用。在中科院热电技术的推广及产业化下，目前我国半导体制冷技术已具备较高的水平，中低端半导体制冷产业已发展形成规模化产业，在经济快速发展和消费升级大背景下，我国国内半导体制冷电器消费需求增长，半导体制冷式产品市场需求攀升，市场规模在 2020 年达到了 24.1 亿元，同比增长 13.1%，在未来有着较大的增长潜力。但依据客户需求设计并生产较大制冷温差的多级热电制冷装置的技术还不成熟，因而得到国内研究者的广泛关注。2015 年，赵举等人利用 Ansys 软件对四级热电制冷器进行了制冷性能的模拟测试，并进行实验验证模拟，通过研究发现，环境温度对制冷器性能具有一定影响，随着热端温度和热电单元高度的升高，制冷温度分别表现出升高和降低的趋势。徐颖达等人针对多级热电制冷器的制冷性能，在 2018 年将单神经元 SN-PID 技术应用于升降温速率调控的三级热电制冷器模型，采用遗传算法对升降温速率进行寻优，结果表明，各热端温度的偏差都在 0.08℃/min 以下，调整时间不超过 12s，在高精度温度控制领域具有重要的研究意义。2020 年，沈远航等人将多级热电制冷器应用于电子倍增 CCD 相机，设计了杜瓦绝热和制冷的方案，建立了相机稳态热分析的模型，用迭代法对杜瓦和芯片的温度场进行了拟合，验证了该方法的有效性。

2. 国外应用现状

国外专门从事半导体制冷器生产的厂家以美国的 MARLOW、MELCOR 和日本的 KOMATU SELECTRON ICS 三家公司最具代表性。其产品主要运用于国防、科研、工农业、气象、医疗卫生等领域，用于仪器仪表、电子元件、药品、疫苗等的冷却、加热和恒温。同时西方国家还发展了各种便携式的热电制冷器、小冰箱和经济食品箱等。目前如何制备高温差的普通器件，根据客户需求制备微型化和优化的多级制冷器是国外制冷行业的技术发展趋势。如何掌握行业领先的半导体热电制冷技术，根据客户需求开发新的产品，发展高附加值的高端制冷产品是国内外制冷行业的技术发展趋势。随着能源供应日益紧张，如何对废热进行回收利用已成为一项重要的课题，人们开始意识到利用低品位能源和废热进行发电对解决环境和能源问题的重要性。半导体热电发电的特点特别适合对低品位能源的回收利用。就技术角度看，余热温度越低，利用的技术难度越大。利用热电转换发电，则不受温度的限制，有可能利用温度低于 400K。温差仅几十度的低温余热，因此，热电转换的潜力是很大的。这些废热包括工厂的低温余热、垃圾焚烧热、汽车尾气、自然热等。随着工业化进程的加快，废热的数量是巨大的，工业余热的合理利用是解决能源问题的一个重要方面。

鉴于上述温差发电的优点，国外主要发展了温差发电在军事、航空航天、医学领域、余热和废热利用等方面的应用。目前，温差发电在需要长期工作而又不需太多维修的设备中作为能源广泛使用，包括荒漠、极地考察时的通信设备、电子仪器用电，无人值守信号中继站、自动监测站、无线电信号塔的用电；地下储藏库、地下管道等的电极保护；自动发出数据的浮标、救生装置、水下生态系统及导航、全球定位系统辅助设备等。

3. 军事方面的应用

在军事方面，早在 20 世纪 80 年代，美国就完成了 500~1000W 军用温差发电器的研制工作，并正式列入部队装备。自从 1999 年开始，美国能源部启动了能源收获科学与技术项目。研究利用温差发电器件，将士兵的体热收集起来用于电池充电，其近期目标是实现对 12h 的作战任务最少产出 250W·h 的电能。在航空方面，美国国家航空和宇航局已经先后在其阿波罗月舱，先锋者、海盗、旅行者、伽利略和尤利西斯号宇宙飞船上使用以各种放射性同位素为热源的温差发电装置。该电力系统已经安全运行了 21 年，预计可继续工作 15~20 年。2019 年 Bhan 等人发现当采用三级热电制冷器时，制冷温度可达到 -78℃；当采用四级热电制冷器时，制冷温度可达到 -95℃，包括散热系统在内的整个制冷系统，重量仅为

0.75kg。2011 年 Sofradir 公司运用四级热电制冷器生产了处于非常温运行的浅制冷型焦平面红外探测器，该类探测器可在 200K 和 250K 两个定点温度下工作。

4. 医学领域方面的应用

在医学领域中，温差发电主要用于向人体植入的器官和辅助器具供电，使之能长期正常工作，如人造心脏或心脏起搏器。20 世纪 70 年代发展起来的微型放射性同位素热源温差电池为解决上述应用问题提供了解决方案。如由 Medronic 制造的心脏起搏器，以 Pu-238 作为核热源，温差电器件为 Bi_2Te_3，工作寿命为 85 年。于子淼等人考虑到冷冻外科手术对仪器设备温度的特殊要求，在 2014 年制作了一种基于三级热电制冷器降温的氮气冷冻刀，开展了设备制冷性能试验研究。

随着能源供应日益紧张，如何对废热进行回收利用已成为一项重要的课题。日本能源中心开发的用于废热发电的温差发电机 WAT-100，功率密度为 $100kW/m^3$。美国、日本已开发了利用汽车尾气发电的小型温差发电机。2014 年，华能集团在北京福田牌皮卡汽车上进行了汽车尾气温差发电装置的实车试验，发电模块的峰值功率达到了 300W。Luo 等人提出了一种基于典型板式热电装置的收敛式热电装置，其中换热器的热侧壁设计为向内倾斜，并建立数学模型研究了倾斜角度的影响，结果表明，倾斜角度的设计可以明显地提高流体的雷诺数和对流换热系数；倾斜角度越大，热侧温度越高。

热电材料是能将热能和电能直接相互转化的功能材料，它的出现为解决能源紧缺和环境污染提供了广阔的应用前景。其中 N 型 Bi-Sb 合金是性能优异的热电和磁电功能材料，是制备固态电制冷器件、温差发电器件和磁电器件的重要材料。Bi_2Te_3 是目前已知的室温附近性能最佳的热电材料。稀土元素特殊的 4f 电子层结构使它们在光电磁和化学性质上表现出优异的性能。当温度下降时，4f 电子的传导受到抑制，其电阻减小，这就正好满足作为热电变换材料的要求，近年来正逐步应用于热电材料中。热电转换技术的研发链如图 6-12 所示。

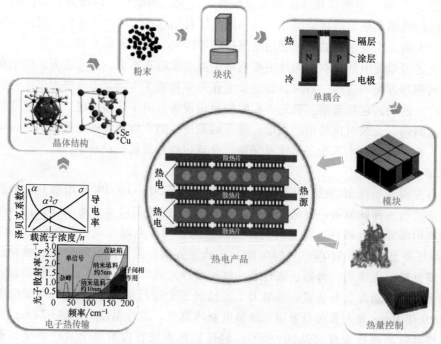

图 6-12　热电转换技术的研发链示意图

6.4.3 热电材料的腐蚀与失效

近年来，随着航空航天及新能源技术需求的发展，热电器件在发电领域的应用也逐渐受到人们的关注。然而，当人们尝试以传统热电制冷片进行发电应用时，热电器件却很快就失效了。

热电器件的失效是一个复杂的物理和化学过程（图6-13），与材料和器件的制备过程、器件中各部件的微观结构特征及其演化、服役外场的动态变化等多种因素相关。影响热电器件服役行为的因素众多，包括器件的内在因素和服役环境，其中热电材料的成分与结构等本征性质是主要内因之一。

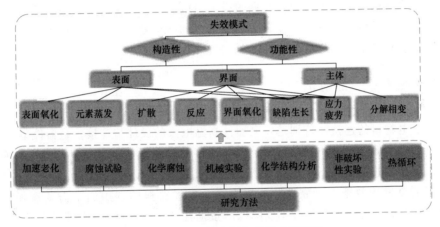

图6-13 热电器件主要失效模式框架图

填充方钴矿（Skutterudite，SKD）器件作为具有应用前景的中温区热电发电器件受到工业界和学术界的重视，方钴矿材料和器件的服役性能也得到了比较广泛的关注。NASA-JPL报道了SKD在高温下Sb元素的升华会直接引起材料热电性能的改变，同时高温挥发的Sb在器件内较低温度部位沉积将造成局部短路从而加速器件的失效。国际上多个研究团队先后报道了在有氧环境下SKD在400℃以上会发生严重的氧化（尤其是P型材料会粉碎性开裂）并最终导致器件完全失效。另外，器件中的异质界面也是器件中易发生性能蜕变和失效的薄弱环节。例如，由于材料与电极的热膨胀系数差异造成应力集中使界面结合部分成为应力损伤的主要部位；界面两侧元素在高温下的相互扩散和化学反应导致界面组分和结构发生演变，由此产生的附加界面热阻和界面电阻会造成器件性能衰减，严重时将导致器件失效。

在热电器件的实际应用环境中，复杂多变的外场条件是影响器件服役行为的重要外因。大多数热电发电应用均要求器件能够长期在大温差、高温或含有水、氧甚至腐蚀性气体的环境下工作，对于柔性器件还要求其能够长期在折绕状态下使用，构成器件的关键部件（热电材料、电极、基板等）在长期服役过程中将不可避免地产生性能劣变和功能损伤，尤其是器件中众多异质界面极易产生结构蜕变、损伤甚至破坏。NASA-JPL研究了放射性同位素热电发电机（Radioisotope Thermoelectric Generator，RTG）中使用的SiGe和PbTe器件的服役特性，公开报道了多任务同位素温差电池（Multi-Mission Radioisotope Thermoelectric Generator，MMRTG）的输出功率年衰减率为3%~5%。与空间电源RTG相比，工业余热、汽车尾气废热发电等地面应用的服役环境更为复杂和多变，例如，冷热交替的热循环会引起应力疲劳，高湿空气对器件主要部件的氧化与腐蚀会造成器件损伤。

目前有关器件服役性能的研究主要是针对热电材料、电极材料、界面等独立部件在某些单一变量条件下的结构与性能演变所做的局部性和定性的探讨。然而，器件的真实失效过程往往是由多个部件在复杂耦合变量下的集体行为所导致的，且各种环境变量间所产生的耦合效应对器件真实服役行为产生的影响极为复杂。例如，汽车尾气废热发电系统中的热电器件需要承受低频率的热冲击和机械振动，热-力耦合外场及其动态变化将会增大器件的失效概率，其作用机制尚不清晰。目前，国际上关于器件服役过程中的性能演变与失效机制的系统性的理论研究尚无先例，如何诠释热电器件在动态温度场、应力场、随机振动等多个外场耦合的复杂真实服役环境下的失效机制是热电领域面临的重要挑战。

热电材料内部因素导致的失效：长期服役的热电器件，其高温端电极与热电材料的界面处易发生元素相互扩散或化学反应，导致界面组分和结构发生变化，产生附加界面电阻和热阻，从而造成器件性能衰减，甚至导致器件失效。

6.4.4　热电材料的防护

电极与热电材料的连接，特别是发电器件高温电极的设计与连接，是器件集成的关键技术。电极材料自身的物理性质（热导率、电导率、热膨胀系数等）及其与热电材料的匹配、电极与热电材料间的结合状态（结合强度、界面电阻、界面热阻、界面高温及化学稳定性等）直接影响器件的效率、可靠性和使用寿命。电极材料的选用通常需要遵循以下原则：①电极材料具有高的电导率和热导率以降低能量损耗；②电极材料的膨胀系数要与其相连接的热电材料尽量接近，从而避免应力集中降低材料或结合面的强度甚至导致断裂；③电极与热电材料界面结合强度高，且接触电阻和接触热阻低；④在器件工作温度范围内，电极与热电材料间无严重扩散或反应；⑤电极材料具有一定程度的抗氧化性和高温稳定性；⑥电极与热电材料连接工艺简单。

目前，低温 Bi_2Te_3 基热电器件主要采用 Cu 作为电极，利用焊接技术将表明金属化的陶瓷与电极相连接，其元器件的制备技术比较成熟并广泛应用于热电制冷器件，但对于发电应用，锡焊的熔点限制了器件的工作温度，并且服役过程中高温端焊锡与碲化铋基热电材料会发生较严重的扩散和反应，影响器件的使用寿命和稳定性。美国 Hi-Z 公司曾报道了采用金属铝作为高温端电极，利用等离子喷涂的方法在碲化铋热电材料上直接喷涂铝电极，这种无焊锡电极结构有助于提高器件的工作温度，但由于等离子喷涂过程中铝易被氧化，影响电极材料的电导率。Li 等提出采用电弧喷涂制备电极材料，可实现多种金属或合金电极的无氧化喷涂。

对于应用于中高温区发电的热电器件，由于工作温度的提高，电极材料的选择及电极与热电材料的界面结构设计更加困难。早期美国 NASA-JPL 提出用弹簧压力接触的方式制备 $CoSb_3$ 基方钴矿（SKD）热电发电器件，但界面电阻和界面热阻较大，影响器件效率的提升。Fan 等用 Mo 作为电极，Ti 作为过渡层，用放电等离子体烧结（Spark Plasma Sintering，SPS）经两步法（先制备 Ti-Mo，再与 SKD 连接）实现了电极与方钴矿热电材料的连接，但金属 Mo 与 SKD 的热膨胀系数相差较大，界面处残余应力较大、容易产生裂纹，影响结合强度和器件的可靠性。Wojciechowski 等用 Cu 片做电极，用电阻加热钎焊技术连接电极与 SKD 元件，但 Cu 与基体材料热膨胀系数相差较大，且焊接过程中钎料元素扩散导致热电材料性能降低，后来通过调节 Cu-Mo、Cu-W 合金电极组分，利用 SPS 一步烧结法实现了电极的互连，有效缓解了热膨胀系数不匹配的问题。与 Mo 电极相比，Mo-Cu、Cu-W 电极与 SKD 热电材料之间界面的残余应力大幅度减小，界面强度和器件的可靠性得到提高。在此基础上，采用 Mo-Cu 片作为电极，通过 Cu-Ag-Zn 共晶合金钎焊的方法实现了 P、N 热电臂的互连，且接头界面结合良好。对于使用温度在 900℃ 以上的热电发电器件，电极材料的选择与连接技术更为困难。其中，硅锗基器件主要采用 C、W、Mo-Si 作为电极材料，连接方式有弹簧压力接触、热等静压、热压烧结和放电等离子烧结等；氧化物热电发电器件主要采用银浆直接连接银电极，但银浆在高温下容易挥发从而导致器件失效。

近几年中，关于 $CoSb_3$ 基填充方钴矿器件界面稳定性的研究较多，$CoSb_3$ 材料中的主要成分 Sb 元素在高温下易与 Cu、Mo、Ni 等常见的金属（电极）材料发生相互扩散和反应，从而导致材料性能恶化或电极失效。El-Genk 等研究发现，以 Cu 为电极的方钴矿器件在 600℃ 加速实验 150d 后，输出功率下降 70%，其主要原因是高温端界面接触电阻率的大幅上升。

因此，针对不同的热电材料，可以选用特定的导流电极使其具有良好的热膨胀匹配性能，以及通过在电极和方钴矿材料之间引入阻挡层来缓解界面扩散或反应。

用 Ti 作为扩散阻挡层，经过 550℃ 的恒温老化实验后发现，Ti/方钴矿界面处存在明显的元素扩散，并逐步形成由脆性金属间化合物 TiSb、$TiSb_2$ 和 TiCoSb 组成的扩散层，导致界面强度下降、接触热阻和接触电阻上升。针对该电极体系，Gu 等对过渡层组分做了调整，使用 Ti+Al 混合物为过渡层，利用 Ti 和 Al 的高活性获得良好的连接，同时在 SPS 烧结过程中 Ti 与 Al 间发生固相反应，在 Ti 颗粒表面生成高温稳定并且导电性良好的 Ti-Al 金属间化合物（图 6-14a）。这种核壳结构（Ti-Al 中间层结构）比纯 Ti 过渡层在高温条件更加稳定，可以阻止两侧元素的相互扩散。通过 $Ti_{100-x}Al_x-Yb_{0.6}Co_4Sb_{12}$ 界面在 600℃、真空条件下的加速老化实验发现，过渡层 Al 含量对界面扩散具有显著影响，其中，$Ti_{94}Al_6/Yb_{0.6}Co_4Sb_{12}$ 界面扩散层厚度的生长速度低（图 6-14b）。同时，Al 的添加使得界面电阻率在老化后仍然维持在 $10\mu\Omega \cdot cm^2$ 以下（图 6-14c）。Gu 等采用磁控溅射制备了 $Ti/Mo/Yb_{0.3}Co_4Sb_{12}$ 元件，高温老化试验发现，Mo-Ti 中间层有效地抑制了 Ti 向 $Yb_{0.3}Co_4Sb_{12}$ 的扩散，并基于界面接触电阻率的变化趋势预测 $Ti/Mo/Yb_{0.3}Co_4Sb_{12}$ 元件在 550℃ 下服役寿命可达 20 年。

1. 制备针对高温下氧化和降解的 Mg_2Si 的防腐涂层

Z. T. Tani 等已经提出了用磁控溅射制备 Mg_2Si 的防腐蚀涂层。在 873K 加热 3h 后，与未涂层样品相比，具有涂层的样品表现出了更好的耐蚀性。但是磁控溅射是一种成本较高的方法，因为需要创建靶标并使用专用的真空装置。

在这项工作中，基于无定形碳氧化硅 SiOC（黑玻璃）的存在，有希望使硅化镁保护膜具有较好的力学性能和化学稳定性。

使用溶胶-凝胶法通过适当选择的有机硅化合物的水解产生保护涂层。溶胶是通过将三乙氧基甲基硅烷（Methyltriethoxysilane）、二乙氧基甲基硅烷（Diethoxymethylsilane）、乙醇和用盐酸酸化的水混合而制备的。试剂的物质的量之比为 2∶1∶6∶6。使用浸涂法以 5cm/min 的速度和 30s 的浸入时间沉积获得溶胶，然后将样品涂覆一层或两层。在 40℃、80℃ 和

225

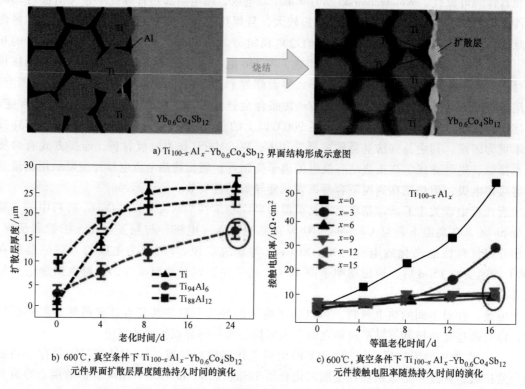

a) $Ti_{100-x}Al_x$-$Yb_{0.6}Co_4Sb_{12}$ 界面结构形成示意图

b) 600℃，真空条件下 $Ti_{100-x}Al_x$-$Yb_{0.6}Co_4Sb_{12}$ 元件界面扩散层厚度随热持久时间的演化

c) 600℃，真空条件下 $Ti_{100-x}Al_x$-$Yb_{0.6}Co_4Sb_{12}$ 元件接触电阻率随热持久时间的演化

图 6-14　热电材料的防护

150℃下，以 1℃/min 的速度进行预干燥，干燥时间为 4h。干燥后，将样品在氩气气氛下于 400~550℃退火 0.5 h。

有报道合成了具有均匀相和化学组成的 Mg_2Si 材料。通过傅里叶变换红外光谱、拉曼光谱、漫反射红外傅里叶变换光谱研究，以及温度编程氧化/还原技术表明，Mg_2Si 已开始在大约 750℃下开始氧化。在 350~400℃下，MgO 沉淀物开始在其表面上形成，并且整个过程会随着温度的升高而强烈加速，导致高于 500℃的可见样品劣化。将获得的 Mg_2Si 样品进行基于黑玻璃（SiOC）的非晶态腐蚀防护涂层的涂覆工艺（使用溶胶-凝胶法）。该保护涂层的特点是在 450℃时具有连续性和良好的附着力，但是在较高温度下会开始破裂，而且重复的浸没不能防止破裂，较厚的涂层也会破裂。获得的结果非常令人鼓舞，并证实了使用非晶态 SiOC 涂层保护 Mg_2Si 基材料（以及其他热电材料）抗氧化的潜力，并且有关这种保护涂层的长期性能的进一步研究仍在进行。

2. $Yb_{0.3}Co_4Sb_{12}$ 方钴矿上电化学沉积的铝基涂层

通过直流电镀技术，在 $Yb_{0.3}Co_4Sb_{12}$ 基板上成功沉积了 Al、Al-Ni 和 Al-Ni-Al 三种保护涂层。对它们进行比较，其中铝涂层看起来像具有许多微孔的网状结构。在空气中进行热老化测试后，由于 Al 涂层的结构松散，在 Al 涂层和 $Yb_{0.3}Co_4Sb_{12}$ 之间生成了一个识别为 $CoSb_2O_4$ 的中间层，该中间层无法保护 $Yb_{0.3}Co_4Sb_{12}$ 使其受到氧化。另一方面，Al-Ni 或 Al-Ni-Al 涂层中的 Al 和 Ni 在热老化试验中会相互扩散，从而在原始涂层中形成有序的细晶粒结构，从而有效地防止了方钴矿的氧化和升华。与没有涂覆或仅涂覆有 Al 的样品相比，涂覆有 Al-Ni 或 Al-Ni-Al 样品热电性能的稳定性得到显著提高。Al-Ni 或 Al-Ni-Al 涂层样品的 ZT 值在 873K 在空气中热老化 30 天后几乎没有变化。考虑到制备过程，Al-Ni 涂层被认为是防止 $Yb_{0.3}Co_4Sb_{12}$ 氧化和抑制锑升华的合适涂层。

在进一步提高器件效率和功率密度的同时，提高器件的服役稳定性和可靠性依然是器件集成的关键技术。热电材料自身的力学性能及高温稳定性不容忽视。另外，为满足柔性和异型器件的应用需求，高性能柔性热电材料及柔性器件技术将成为新的竞争焦点。以界面工程为核心的器件集成技术需要协同满足低能量损耗和高稳定性的要求，因此界面结构及其综合性能优化的设计理论与方法亟待建立。热电材料和器件的全链条、全寿命周期的综合评价方法和评价技术尚未建立，尤其是在动态温度场等苛刻的服役环境下，材料与器件的性能稳定性及可靠性设计尚缺乏理论模型和评价技术支撑。因此，建立热电器件的失效评估模型与器件可靠性、服役寿命评价理论与方法至关重要。

思　考　题

1. 核废料的分类有哪些？一般怎样处理？
2. 核废水是如何产生的？主要来源在哪？核废水有哪些危害？主要的处理方法有哪些？各有什么优缺点？
3. 核废水处理的纳米材料有哪些？处理核废水的机理分别是什么？
4. 核废水处理的膜分离材料有哪些？试根据具体材料分析其处理核废水的机理。
5. 核电废气是如何产生的？有哪些危害？
6. 核电废气的处理现状是什么？处理材料有哪些？
7. 核辐射防护材料有哪些？试举例说明。
8. 什么是热电材料？热电材料有哪几类？
9. 试分析热电材料的应用现状和存在的问题。
10. 请举例说明热电材料的腐蚀和失效是怎样发生的。
11. 电极材料的选用应遵循哪些原则？
12. 试分析热电材料未来研究和发展的主要方向。

参考文献

［1］　倪依雨，王鑫，谈遗海，等. 核电厂放射性废气处理系统专用活性炭的性能研究［J］. 核安全，2014，13（3）：73-77.

［2］　赵海洋，倪士英，张林. 纳米材料在放射性废水处理中的应用进展［J］. 化工进展，2020，39（3）：1057-1069.

［3］　那平，孙千益，李呈呈，等. 层结构硫代锡酸盐的制备及去除痕量 Cs^+ 离子［J］. 天津大学学报（自然科学与工程技术版），2019（12）：1322-1328.

［4］　李坤峰，王子凡，刘春雨，等. 核屏蔽材料铅硼聚乙烯高温熔融处理研究［J］. 硅酸盐通报，2020，39（2）：552-555.

［5］　梅雷，柴之芳，石伟群. 面向核废料处理和环境去污的 $^{99}TcO_4^-$ 分离进展［J］. 中国科学基金，2019（6）：592-600.

［6］　李利娜，孙润军，陈美玉，等. 辐射防护材料的研究进展［J］. 合成纤维，2019，48（10）：21-24.

［7］　高晓菊，燕东明，曹剑武，等. 核防护用中子吸收材料的研究现状［J］. 陶瓷，2016（11）：15-22.

［8］　陈威. 柔性核辐射防护复合材料制备及性能研究［D］. 南京：南京航空航天大学，2017.

[9] AKMAN F, KAAL M R, N Almousa, et al. Gammaray attenuation parameters for polymer composites reinforced with $BaTiO_3$ and $CaWO_4$ compounds [J]. Progress in Nuclear Energy, 2020, 121: 103257.

[10] 王建龙, 刘海洋. 放射性废水的膜处理技术研究进展 [J]. 环境科学学报, 2013 (10): 4-21.

[11] YANG H-M, PARK C W, KIM I, et al. Hollow flower-like titanium ferrocyanide structure for the highly efficient removal of radioactive cesium from water [J]. Chemical Engineering Journal, 2019, 392: 123713.

[12] 詹瑛瑛. 原位合成锰氧化物法处理模拟核电厂含 Co^{2+} 放射性废水研究 [D]. 上海: 华东理工大学, 2016.

[13] NIERODA P, MARS K, NIERODA J, et al. New high temperature amorphous protective coatings for Mg_2Si thermoelectric material [J]. Ceramics International, 2019, 45 (8): 10230-10235.

[14] LESZCZYNSKI J, NIERODA P, NIERODA J, et al. Si-O-C amorphous coatings for high temperature protection of $In_{0.4}Co_4Sb_{12}$ skutterudite for thermoelectric applications [J]. Journal of Applied Physics, 2019, 125 (21): 215113.

[15] PATEL P C, GHOSH S, SRIVASTAVA P C. Unusual ferromagnetic to paramagnetic change and bandgap shift in ZnS: Cr nanoparticles [J]. Journal of Electronic Materials, 2019, 48 (11): 215113.

[16] 胡晓凯, 张双猛, 赵府, 等. 热电器件的界面和界面材料 [J]. 无机材料学报, 2019, 34 (3): 269-278.

[17] 张骐昊, 柏胜强, 陈立东. 热电发电器件与应用技术: 现状、挑战与展望 [J]. 无机材料学报, 2018, 34 (3): 279-293.

[18] 杨盼. 分段温差发电半导体热应力分析及疲劳寿命研究 [D]. 秦皇岛: 燕山大学, 2016.

[19] 阮中尉. 方钴矿热电材料的疲劳行为的试验研究 [D]. 武汉: 武汉理工大学, 2012.

[20] KOHRI H, YAGASAKI T. Corrosion behavior of Bi2Te3-based thermoelectric materials fabricated by melting method [J]. Journal of Electronic Materials, 2016, 46 (5): 1-6.

[21] GONCALVES A P, LOPES E B, MONTEMOR M F, et al. Oxidation studies of $Cu_{12}Sb_{3.9}Bi_{0.1}S_{10}Se_3$ tetrahedrite [J]. Journal of Electronic Materials, 2018, 47: 2880-2889.

[22] DONG W, ZHOU Z, ZHANG L, et al. Effects of Y, GdCu, and Al addition on the thermoelectric behavior of CoCrFeNi high entropy alloys [J]. Metals, 2018, 8 (10): 781.

[23] LIN J, MA L, ZHENG Z, et al. Metallic Zn decorated beta-Zn_4Sb_3 with enhanced thermoelectric performance [J]. Materials Letters, 2017, 203: 5-8.

[24] 杨仁尧. Mg_2Si 与镍化物热电接头的界面形貌及性能优化 [D]. 太原: 太原理工大学, 2017.

[25] 李华一. 宽温域温差发电装置中梯度热电材料与界面连接的研究 [D]. 天津: 天津大学, 2014.

[26] ADELI R, SHIRMARDI S P, AHMADI S J. Neutron irradiation tests on B4C/epoxy composite for neutron shielding application and the parameters assay [J]. Radiation Physics & Chemistry, 2016, 127: 140-146.

[27] ADELI A, SHIRMARDI S P, AHMADI S J. Preparation and characterization of gammaray radiation shielding $PbWO_4$/EPDM composite [J]. Journal of Radioanalytical & Nuclear Chemistry, 2016, 127: 140-146.